贵州师范大学博士点建设经费资助

系统自然地理学

——理论与方法

周国富　编著

气象出版社
China Meteorological Press

图书在版编目(CIP)数据

系统自然地理学:理论与方法/周国富编著. —北京:气象出版社，2010.8
ISBN 978-7-5029-5033-0

Ⅰ. ①系…　Ⅱ. ①周…　Ⅲ. ①自然地理学
Ⅳ. ①P9

中国版本图书馆 CIP 数据核字(2010)第 161228 号

系统自然地理学——理论与方法

Xitong Ziran Dilixue—Lilun yu Fangfa

出版发行:气象出版社

地　　址:北京市海淀区中关村南大街 46 号	**邮政编码**:100081
总 编 室:010-68407112	**发 行 部**:010-68409198
网　　址:http://www.cmp.cma.gov.cn	**E-mail**:　qxcbs@263.net
责任编辑:胡育峰	**终　　审**:黄润恒
封面设计:博雅思企划	**责任技编**:吴庭芳
印　　刷:北京中新伟业印刷有限公司	
开　　本:787mm×1092mm　1/16	**印　　张**:11
字　　数:282 千字	
版　　次:2010 年 8 月第 1 版	**印　　次**:2010 年 8 月第 1 次印刷
印　　数:1—1500	**定　　价**:32.00 元

前　言

自然地理学是地理学的重要组成部分，主要以地球表层各自然要素相互作用形成的自然地理系统（地理环境）为对象，分析研究各自然地理要素系统或整体的物质组成、运动变化，以及空间分布和相互作用，探寻规律，为协调人地关系服务。自然地理学涉及内容和研究范围十分广泛，按研究对象可分为综合自然地理学、部门自然地理学和专门自然地理学；部门自然地理学又可进一步分为植物地理学、土壤地理学、动物地理学、气候学、地貌学等学科。多年来，由于实行分科教学，导致知识分散，自然地理的理论被淡化和分散化，学生在学习完各自然地理分支学科后，对自然地理的理论缺乏完整理解和系统掌握，在自然地理教学中，自然地理学的理论与方法显得极为薄弱，不仅没有开设专门的课程，也没有相应的教材。为满足学习需要，提供全面阐述自然地理理论与方法的书籍十分必要。为此，作者在总结多年从事自然地理理论与方法教学的基础上，编写了《系统自然地理学——理论与方法》一书，供地理、环境等专业的本科生、研究生参考和学习。

本书通过对自然地理各学科知识内容的系统分析研究，对自然地理学中具有较强理论性和规律性的知识进行总结。从理论上看，具有一般性特征和意义的自然地理理论包括地理系统论、自然地理环境物质循环与能量流动理论、地理空间过程与空间相互作用理论、地域分异与空间结构理论、自然地理环境演化理论和人地关系理论等。这些理论贯穿于自然地理各学科，是各自然地理学科都涉及和必不可少的内容，也是地理学与其他学科的重要区别。同时，自然区划，自然地理系统分类（土地类型划分等），地理的调查、观测方法，在自然地理学中也具有十分重要的地位和作用，亦是其必不可少的内容。

由于作者水平有限，对相关理论与方法的理解不一定与各位同行专家一致，难免有不当之处，敬请读者和各位同行进行探讨并批评指正。

本书编写中使用了部分公开出版物的资料和图片，由于时间和各种原因限制，未能与各位作者进行联系。在此，特向各位作者表示感谢，并提醒读者阅读本书时，有关内容应以原著为准。

本书在编写过程中得到地理学界多位专家的支持和指导，得到贵州师范大学、贵州师范大学地理与环境科学系领导的大力支持，在此一并表示感谢。

目 录

前 言

第一章　自然地理系统概述

第一节　自然地理系统概念

一、系统的概念

系统与系统分析，即系统论，是20世纪40年代发展起来的一种新的科学方法论，目前已运用到科学和社会经济研究的各个方面，对分析、解决问题具有十分重要的作用。系统概念是系统论的重要内容。所谓系统，是指处于一定的相互作用关系中，并与环境发生关系的各组成部分的总体(冯·贝塔朗菲 1987)。系统由一定的要素组成，系统要素之间和系统与环境之间存在相互作用和联系，并按一定的规则形成特有的结构，执行一定功能。系统组成要素是系统的基本组成部分，一般指构成系统的各种要素或子系统。系统要素可以是物质，也可以是概念，因而系统可以是物质系统，也可以是概念系统。结构是系统的各组成部分根据一定的规则形成的质与量的搭配关系和各要素在空间上的排列组合形态和功能上的搭配关系。结构决定系统的形态和外部特征。功能则是系统具有的一种能力，是指当系统在受到外界干扰时所产生的物理的、化学的、生物的反应。结构是完成系统功能必不可少的物质基础，受系统功能的制约和影响，有什么样的结构就有什么样的功能，有什么样的功能就有什么样的结构。

系统可以分为很多类型，如：

(1)按系统的组成，可分为物质系统和概念系统。物质系统又可分为自然系统、社会系统和自然(生态)社会系统等。自然系统包括自然地理系统、地球系统、宇宙空间系统等，社会系统包括经济系统、文化系统、人口系统等。概念系统是人们为了认识问题和分析问题的方便而按系统观念构建的抽象系统，如思维系统等。

(2)按系统大小，可将系统分为巨系统、大系统、小系统，或宏观系统和微观系统。

(3)按系统与外界的联系，可将系统分为开放系统和封闭系统。前者指系统与外界(系统的环境)有大量而频繁的物质能量交换，后者则缺少与外界的物质能量交换。封闭与开放是相对的，没有绝对的开放与封闭的区别。

(4)按系统稳定形式或运动状态，可将系统分为动态系统和静态系统。动态系统是指系统组成、结构等随时间变化的系统，静态系统的系统状态参数则不发生随时间变化的现象，系统组成、结构等相对稳定。动与静也是相对的。

(5)按对系统内部情况的了解程度，可将系统分为黑箱系统、灰箱系统和白箱系统。

二、系统特征

1. 层次性

系统从大到小可分成若干层次，一般把系统内部划分出的系统称为子系统，而系统则称为母系统或系统，而系统本身又可以归属于更大的系统。如地球，一方面内部可划分出外层系统、表层系统和内部系统，另一方面它又归属太阳系，而太阳系则又属于银河系。

2. 整体性

系统的整体性，即系统的有机联系性，和作为一个整体所具有的功能大于局部功能之和的特性，即“整体大于局部之和”。有机性即不可分性。作为一个整体，系统的各组成部分不能分割，如分割则会使系统功能丧失。如生物个体的器官、肢体一旦分割开来一定时间，就失去其生命特征，不再具有其功能。此外，系统的功能不是系统各部分功能的简单相加之和，而是体现出一种大于各部分功能加和的“有机性整体性”。如生物体，作为一个系统生物个体的整体功能与组成生物体的元素、器官的功能之和是不同的，各部分功能只有相互配合才能共同完成整体功能。

3. 动态性

系统处于不断运动变化之中，系统的起源与组织过程有关，系统的演化是稳定与不稳定的交替，而系统的崩溃则是系统自繁殖的结果。组织是形成系统的过程，组织过程有的是人为的，有的是自然发生的。自然形成的系统一般都是经过自组织过程形成的，自组织是自然系统特有的一种现象。人们把在一组事物或变量之间自动发生的、不需要这组事物或变量之外的力量进行干预就能进行的组织过程称为自组织过程。自然界发生自组织现象是因为存在一个核心和核心与环境之间的相互作用，由于核心的引力影响，各要素便按力平衡的原则围绕核心形成系统。

系统状态总是处于不断的变化之中，系统向某一方向的变化叫系统演化。系统演化有进化和退化两个方向。进化乃系统结构与功能的优化，对系统的稳定与系统功能的发挥有利。退化则是系统结构与功能的恶化，是向系统崩溃方向发展的一种变化。发生系统退化有多方面原因，其中系统内部熵增加是主要原因，但如果系统具有耗散结构，则可以通过负熵的输入来抵消系统内部的熵增加，从而保持系统的稳定，阻止系统退化。系统的演化一般是系统从一个稳定状态向另一个稳定状态的变化过程，“稳定——不稳——稳定”是系统演化的基本过程，在演化过程中系统从一种稳定状态向另一种稳定状态过渡。系统是否发生演化受系统本身和外界干扰强度的双重影响，系统内外矛盾斗争的结果决定系统演化的方式、方向和速度。

系统在演化过程中，内部某些因素(变量)值会不断增大，速度越来越快，即出现自繁殖现象。一般来说，当系统中的破坏因素不断积累，并产生自繁殖时，系统退化便不能制止。当这些破坏因子的数量积累到一定程度，超过系统稳定的阈值，系统便崩溃。

运用系统的观点和理论，把事物看成系统，并对其组成、结构、功能，以及运动变化进行分析，为我们提供了一种新的、有效的分析问题、解决问题的工具。

三、自然地理系统

自然地理系统是指由自然地理各组成要素构成的、具有一定空间结构与整体功能的自然综合体(整体)。自然地理系统又称地球表层系统或自然地理环境，由大气、水、土壤、生物、岩石五大部分(要素系统)组成，五大要素之间相互作用、相互影响，形成了具有整体功能的巨系统。

自然地理系统是具有耗散结构的开放系统，位于地球系统表层，对其垂直范围不同学者有不同看法，但普遍认同是位于大气、水、固体物质交织部分的地球表层，水平范围则有大有小。自然地理系统的开放性主要体现在系统与大气层的其他部分、宇宙空间和地球内部之间的频繁而大量的物质能量交换上。这种交换一般被称为“流”，如物质流、能量流、信息流。在这个开放系统中，只要外界干扰处于一定范围内，系统就可以长期保持稳定，维持系统内物质能量的良性循环。这主要是因为自然地理系统具有一种负反馈机制，能够不断从宇宙空间和地球内部汲取能量和物质，并通过相互制约的结构自动控制和调节系统的状态，消除内部不稳定因素，抵消系统的熵增加。

自然地理系统有明显的层次性。从大到小，首先是地球表层系统，其次是陆地系统和海洋系统，再次是陆地内部和海洋内部的各大区域系统，如各自然(大地貌)区，以下则是各区域系统，如地带、自然地区，最后是中小尺度的自然地理系统(图 1-1)。

- 地球表层系统
  - 陆地系统
    - 热带雨林系统
      - 岛屿热带雨林系统
      - 内陆热带雨林系统
      - ……
    - 寒带针叶林系统
    - ……
  - 海洋系统……

图 1-1　自然地理系统层次结构示意图

自然地理系统是十分复杂的大系统，不仅在组成上，而且在结构和功能上均是如此。在组成上，系统包括大气、水、生物、岩石、土壤五大子系统，而各子系统又由处于固、气、液三态的各种物质组成，各子系统之间还形成交叉衍生系统，如各种生态系统。从结构看，自然地理系统不仅有垂直结构，还有水平结构，每种结构又有许多变化。自然地理系统有多种功能，如物质能量的循环、流动所形成的生产、消费、生命运动等现象。

用系统理论理解和分析自然地理环境是现代地理学的重要标志。运用系统理论能较好地分析处理自然地理这一复杂的事物。

第二节　自然地理系统的物质组成

自然地理系统的物质组成可从物质系统——物质组合——化合物——元素层次顺序进行说明。自然地理系统由大气、水、生物、岩石、土壤五大物质系统(圈)组成，各系统圈层又由各种物质的混合物组成，各种混合物又由化合物组成，化合物则由分子、原子组成。

一、大气圈

构成自然地理系统的大气部分主要是大气圈近地面的对流层，厚度 8～18 km。对流层是大气层物质的集中部分，也是各种天气现象发生最为频繁的层次，对人类社会的影响最为直接和重要。其物质组成包括各种气体、液体和固体微粒物质等，大气是这些物质的混合物。含水量极少的空气叫干空气，主要由氮(N_2)、氧(O_2)、氩(Ar)等气体组成。其中，N_2 和 O_2 约占总体积的 99%，加上 Ar 约占 99.96%，其他物质仅占不到 0.04%。N_2、O_2、Ar 一般称为大气的主要成分，含量相对稳定少变。CO_2、水汽(H_2O)、SO_2、CO 及其他惰性气体等，含量较少，称为微量成分。CO、H_2O_2 和 NO_2、NO、N_2O_5 等比微量物质更少量的物质称为痕量物质，这类物质不仅含量低，而且数量变化极大，空间分布严重不均匀(表 1-1)(王建 2001)。

表 1-1 底层大气主要成分及含量

主要成分	含量(体积%)	平均滞留期	分子量
氮(N_2)	78.08	1 百万年	28.02
氧(O_2)	20.95	1 万年	32.00
氩(Ar)	0.93	10 亿年	39.94
二氧化碳(CO_2)	0.03(可变)	15 年	44.00
臭氧(O_3)	0.000001(可变)		48.00
甲烷(CH_4)	0.000165	7 年	16.04
水汽(H_2O)	(可变)	10 天	18

大气物质的分布不均匀，底层密度大，成分复杂，越往上，密度越小，成分越简单。近地面大气包含几乎全部 CO_2、水汽和固体尘埃，而臭氧(O_3)等则相对较少。

大气的组成成分是不断发展变化的。在地球形成的早期，大气在组成上与现代大气有明显的不同，那时的大气层氧、氮、水均较少，气体的主要成分是甲烷(CH_4)。到元古代，氧的含量也仅及现代的三分之一。直到中生代，氧气含量才与现代大气相似。有人类以来，大气成分也在不断变化，其中 CO_2 的数量的增加是最明显、最有影响的。据不完全统计，大气中 CO_2 的含量在工业革命以来的近百年时间里浓度增加了 28%，且以每年 4%的速度递增(伍光和等 2000)。

CO_2、水汽等物质虽然含量少(CO_2 只占底层大气的 0.03%，水汽占 0～5%，含量均随地域和季节而变)，但其意义十分重大。CO_2 的作用主要体现在对能量的影响上。CO_2 虽然不能直接吸收 0.76 μm 以下的短波太阳辐射，但能够大量吸收来自地面的长波辐射，特别是对波长 13～17 μm 的红外线有强烈的吸收作用，是低层大气的能量源泉；对水循环也有影响，对天气变化起到很大作用。此外，CO_2 还能向周围大气及地面进行长波辐射，加热地表，形成温室效应。因 CO_2 增加而导致的气候变化对人类的影响很大，CO_2 及气候效应早在 20 世纪中期就已引起人们的广泛重视，并成为全球变化研究的主要内容。

大气中的 CO_2 来源于海洋、火山活动、植物的新陈代谢和人类对化石燃料的开发利用。海洋是 CO_2 的最大库存地和主要的调节器，海洋不仅从大气中吸收 CO_2，也向大气排放 CO_2。据研究，海洋中 CO_2 含量是大气的 60 倍，每年由海洋向大气输送的 CO_2 量大约是 150 亿 t，海洋从大气吸收的 CO_2 大约是 200 亿 t。人类社会的能源利用是大气 CO_2 增加的主要原因，因燃烧化石能源而产生的 CO_2 量到 1995 年已达到每年 220 亿 t(罗汉民 2000)。尽管 2005 年全球控制 CO_2 排放量的《京都议定书》已经生效，但各国并未严格履行约定，据联合国发布的

Little Green Data Book(2007)(《绿色数据小手册》)提供的数据，2007 年全球 CO_2 排放量仍比 1990 年增加了 16%，温室效应越来越严重。

植被，特别是热带雨林也是重要的 CO_2 调节者，全球森林等植被每年从大气中吸收的 CO_2 量几乎达到人类排放的 50%。砍伐森林等改变土地覆盖状况，必将大大增加大气中 CO_2 的含量，产生温室效应。据《绿色数据小手册》，森林砍伐和土地用途改变是发展中国家 CO_2 排放的主要推动力。

水汽在热量方面的作用类似 CO_2，但水汽还是天气现象的始作俑者。水汽的运动变化形成了风、云、雨、雪，以及阴、晴等天气现象和天气变化。水汽的吸放热过程还使大气的热量得以重新分配，使全球热量达到平衡。

二、水圈

水圈是地球表面岩石圈之上的各种水体的总称，包括海洋和陆地水体两部分，按其所处位置及形态，可分为海洋、河流、湖泊、沼泽、冰川、冻土、永久积雪、极地冰盖和地下含水层等天然水体(表 1-2)。海洋面积占地球表面积的 70.8%，是地球上最大的水体，总体积 13.38 亿 km^3，占全球总水量的 96.5%。冰盖、冰川和永久积雪是陆地上的最大水体，总水量 0.24 亿 km^3。另外，也有一部分水存在于生物体之中。

表 1-2　全球水体分布及百分比

水体种类	水的总量		咸水		淡水	
	水量 (10^{12} m^3)	占总量 %	水量 (10^{12} m^3)	占咸水 %	水量 (10^{12} m^3)	占淡水 %
海洋水	1 338 000	96.538	1 338 000	99.041		
冰川与永久积雪	24 064.1	1.736 2			24 064.1	68.697 3
地下水	23 400	1.688 3	12870	0.9527	10 530	30.060 6
永冻层中冰	300	0.021 6			300	0.856 4
湖泊水	176.4	0.012 7	85.4	0.0063	91	0.259 8
土壤水	16.5	0.001 2			16.5	0.047 1
大气水	12.9	0.000 9			12.9	0.036 8
沼泽水	11.47	0.000 8			11.47	0.003 27
河流水	2.12	0.000 2			2.12	0.006 1
生物水	1.12	0.000 1			1.12	0.003 2
总计	1 385 984.61	100	1 350 955.4	100	35 029.21	100

资料来源：中国资源科学百科全书·水资源学》

(一)海洋

海洋是地球水体的主要库存地，水量为 1 338 000 万亿 m^3，占全球水量的 96.8%，

海洋面积达 3.61 亿 km^2(表 1-3)(伍光和等 2002)，占地球面积的 70.8%。全球海洋被大陆分隔成四个部分，分别为太平洋、大西洋、印度洋和北冰洋。面积最大的是太平洋，其次是大

西洋，最小的是北冰洋。

表 1-3 世界大洋面积及百分比

大 洋	面积($\times 10^4 km^2$)	百分比(%)
太平洋	17 868	49.6
大西洋	9 430	26.2
印度洋	7 492	20.8
北冰洋	1 230	3.4
总和	36 020	100

海水是含有多种溶解固体和气体的水溶液，其中水占 96.5%，其他物质占 3.5%。海水有约 80 种天然元素，但这些元素的含量差别很大，通常把每升海水中含 100 毫克以上的元素，叫常量元素，不足 100 毫克的叫微量元素。现在，所有的常量元素都已经过精确的测定，微量元素经过测定的也达到 40 余种。海水盐分(表 1-4)中，氯、钠、镁、硫、钙、钾、溴、锶、硼等元素为最多，约占海水的 99%，另外，硅、氟、锂、碘也是较多的元素。

表 1-4 海水主要盐分(潘树荣等 1985)

元素	浓度($mg \cdot L^{-1}$)	元素	浓度($mg \cdot L^{-1}$)
Cl	18980	B	4.6
Na	10561	Si	3
Mg	1272	F	1.3
S	884	Li	0.17
Ca	400	I	0.06
K	380	Mo	0.01
Br	65	U	0.003
C	28	Ag	0.00004
Sr	8	Au	0.000004

盐类物质以氯化物最多，其次为硫酸盐，二者几乎占海水中盐类的全部。一般把每千克海水中的含盐总量称为海水的盐度，用‰表示。把单位体积海水的物质总重量称为海水的密度，用 $g \cdot cm^{-3}$ 表示。盐度、密度和温度是衡量海水理化性状的主要指标。

盐度的高低反映海水中所含盐分物质的多少。全球各大洋、各海区盐度不一，盐度最高的在红海北部，最高时达 42.8‰，最低处在波罗的海北部的波的尼亚湾，最低时只有 3‰。全球平均盐度约为 35‰，但会随着季节和区域而变。一般来说，温度高、海水蒸发强烈的海区盐度高，降雨多、温度低的海区盐度低。

盐度的测量有两种方法，最早是 1902 年 Knudsen 等人基于化学分析的测定方法；1978 年后，采用 "电导率"进行测度，用实用盐标公式测度海水盐度。实用盐标是指在温度为 15 ℃，压力为 1 个标准大气压时，海水样品的电导率与标准氯化钾溶液(KCl 的含量为 32.4356×10^{-3})的电导率之比值。(陈建民，徐依吉 2003)

温度是衡量海洋水体热量状态的一个指标。从垂直方向看，水温一般从上往下逐步降低，但表层降低速度较慢，往下则急速降低。从水平方向看，水温变化较为复杂。一般从低纬度向高纬度递减，但高温区不在赤道，而在回归线附近的少雨区。水温的地区差异是导致洋流和海水上下层之间运动的主要原因。

海水的密度比纯水大，多在 1.022～1.028 $g \cdot cm^{-3}$之间。海水密度与水温、盐度、压力等有关，一般而言，水温高的地区密度小，水温低的地区密度大。因此，越向两极，海水密度越大；越向海底，海水密度也越大。温度相同时，盐度增加密度也增大。由于大洋表层温度在赤道区域最高，同时盐度在此区域也是极小值，因而赤道附近海域表层海水的密度达最小值，随着纬度的升高，水温逐渐降低，密度逐渐增大。

（二）陆地水

陆地水包括河流、湖泊、沼泽、冰川、地下水等水体，其中，冰川是陆地水体中水量最大的水体，体积为 24 064.1 万亿 m^3，约占陆地淡水总量的 68.7%。冰川主要分布在南极大陆（南极冰盖），海拔较高的山地也有部分冰川分布（前者叫大陆冰川，后者叫山岳冰川）。目前，冰川的开发利用量较少，还不是人类利用的主要水体，但冰川的运动却形成各种地貌，对地表形态有较大影响。陆地水与海洋相比，其连续性和圈层性均不全面，具有断续分布的特点，并渗透到土壤、岩石圈之内。

河流是陆地上呈线状分布的水体，尽管河水水量只有 2.12 万亿 m^3，仅占淡水总量的 0.006%，但河流是人类所需水资源的最重要组成部分。河流的组成物质主要是水，其次是各种溶解在水中的盐类物质（矿物质），以及颗粒较小的固体物质。河流在流动中不断接收来自于沿线的径流汇聚，形成以大河为中心的干流和众多支流的水系，河流水体的汇集范围即流域。各条河流和水系的水量、走向和季节变化与河流流经地区的自然环境条件有关，特别是与降雨有关。有的河流源远流长，河水补给形式多样，既有冰雪融水补给，又有地下水、湖泊等水源补给。河流作为地表物质搬运的主要动力，在地理环境的物质循环中具有十分重要的意义。世界主要河流见表 1-5：

表 1-5　世界主要河流

河名	长度（千米）	流域面积（万平方千米）	流量（立方米/秒）
尼罗河	6648	334.9	2640
亚马逊河	6500	705	175000
长江	6300	180.85	31060
密西西比河	6020	322.1	18410
黄河	5464	75.2	1820
鄂毕河	5410	299	12700
巴拉那—拉普拉塔河	4700	297	14880
刚果河	4700	345.7	41300
澜沧江—湄公河	4500	81	11000
黑龙江	4440	185.5	9800
勒拿河	4400	249	17000
马更些河	4240	184.1	11320
尼日尔河	4200	189	5700

续表

河名	长度（千米）	流域面积（万平方千米）	流量（立方米/秒）
叶尼塞河	4102	258	19800
圣劳伦斯河—大湖	4023	146.3	10000
赞比西河	3540	133	7000
伏尔加河	3530	136	7710
墨累河—达令河	3490	106	715
怒江—萨尔温江	3200	32.5	10000
印度河	3180	96	7000
雅鲁藏布江—布拉马普特拉河	2900	93.5	16290
圣弗朗西斯科河	2900	63.11	2690
多瑙河	2850	81.6	6430
恒河	2700	112	13000
育空河	2554	83	6800
阿姆河	2540	46	1520
底格里斯河—幼发拉底河	2430	105	1500
科罗拉多河	2320	63.2	104
珠江	2214	45.4	11590
第聂伯河	2200	50.4	1670
奥里诺科河	2150	94.8	25220
奥兰治河	2100	85.2	350
伊洛瓦底江	2090	41.1	12660
哥伦比亚河	1954	66.8	5350
伯朝拉河	1809	32.2	4100
沃尔特河	1600	39.8	1180
朱巴河	1500	19.6	200
塞内加尔河	1430	44.1	815
莱茵河	1320	22.4	2500
元江	1183	15.8	3800
易北河	1165	14.5	703
海河	1090	26.34	717
淮河	1000	18.7	1110
北德维纳河	744	35.7	3490
纳尔逊河	643	115	2600
菲茨罗伊河	563	14.3	166
泰晤士河	338	1.14	67
涅瓦河	74	28.1	2530

资料来源：中国资源科学百科全书·水资源学

湖泊和沼泽水是地表水体的另一组成部分。湖泊是地面低洼处积水形成的水流速度较小、水体相对静止的水域，大多与河流有关。根据形成原因，湖泊可分为火山(口)湖、构造湖、溶蚀湖、河成湖、风成湖、冰成湖、海成湖、堰塞湖等。按湖水性质又分为淡水湖、咸水湖和盐湖等。地表湖泊总面积约为 270 万 km^2，水量约为 176.4 万亿 m^3，是仅次于冰川的陆地水体。其中，淡水湖为 91 万亿 m^3，咸水湖为 85.4 万亿 m^3。世界最大的淡水湖是北美洲的苏比利尔湖，湖面面积为 8.226 万 km^2。里海是世界面积最大的咸水湖，湖面面积达 3.7 万 km^2。世界主要湖泊见表 1-6。

表 1-6　世界主要湖泊

湖泊	所在国家	面积(km^2)
里海	伊朗、俄罗斯、加拿大、哈萨克斯坦、土库曼斯坦、阿塞拜疆	371 000
苏比利尔湖	加拿大、美国	82 260
咸海	哈萨克斯坦、乌兹别克斯坦	64 500
维多利亚湖	坦桑尼亚、肯尼亚、乌干达	62 940
休伦湖	加拿大、美国	59 580
密西根湖	美国	58 020
坦葛尼喀湖	布隆迪、坦桑尼亚、扎伊尔、赞比亚	32 000
贝加尔湖	俄罗斯	31 500
大熊湖	加拿大	31 330
大奴湖	加拿大	28 570
乍得湖	喀麦隆、乍得、尼日尔、尼日尼亚	10 360～25 900
伊利湖	加拿大、美国	25 710
温尼伯湖	加拿大	24 390
马拉维湖	马拉维、莫桑比克、坦桑尼亚	22 490
巴尔喀什湖	哈萨克斯坦	17 000～22 000
青海湖	中国	3 960
鄱阳湖	中国	4 630

资料来源：中国资源科学百科全书・水资源学

沼泽是地下水位较高、地表积水的地域，面积不大，总水量也只有 11.47 万亿 m^3，但作为陆地上重要的湿地生态系统，是众多生物的栖息生存之地，在自然地理系统中意义重大。

冰川是在寒冷气候条件下由固态大气降水的多年积累，经过密实和变质作用形成的能自身运动并长期存在的天然冰体。按照形态和规模，冰川可分为大陆冰盖和山地冰川两大类。现在地球上有两大冰盖，即南极冰盖和格陵兰冰盖，共占世界冰川总面积的 97%、总体积的 99%。山地冰川根据形态又可划分为悬冰川、冰斗冰川、山谷冰川、平顶冰川或冰帽、再生冰川和山麓冰川等。世界上冰川总面积达 1 622.75 万 km^2，占世界陆地面积的 11%，储水量估算为 2 406 万 km^3，占世界淡水总量的 68.7%。世界冰川分布和水量见表 1-7。

表 1-7　世界冰川分布和水量

分布区	面积(km^2)	储水量(km^3)
南极大陆	13 980 000	21 600 000
格陵兰岛	1 802 400	2 340 000
北极岛屿	226 090	83 500
亚洲	109 058	1 630
欧洲	21 415	4 090
北美洲	67 522	14 062
南美洲	25 000	6 750
大洋洲(新西兰和新几内亚)	1 015	107
非洲	23	3
合计	19 227 500	24 064 100

资料来源:中国资源科学百科全书·水资源学

地下水即位于地下的水,包括含于土壤和岩石中的水体。地下水是陆地水体中极为重要的组成部分,水量约 23 400 万亿 m^3,占总水量的 1.7%。按矿化度大小,地下水可分为淡水、微咸水、咸水和卤水 4 种:矿化度小于 2 $g \cdot L^{-1}$的地下水为淡水,2～3 $g \cdot L^{-1}$的为微咸水,3～50 $g \cdot L^{-1}$的为咸水,大于 50 $g \cdot L^{-1}$的为卤水。其中,淡水 10 530 万亿 m^3,占陆地淡水的 30.1%,是人类淡水资源的主要部分,提供了人类生活生产用水的绝大部分。

根据埋藏条件,地下水分为上层滞水、潜水和承压水三类。上层滞水是存在于局部隔水层之上的重力水。潜水是指埋藏在地下第一个稳定的隔水层之上的具有自由水面的地下水,承压水则是位于第一、第二隔水层之间的地下水。所谓隔水层是相对于透水层而言的组成物质密度大、水分不容易透过的岩石或土层。承压水由于补给区高于其他部分而形成一定的压力,能够在地表形成自流水,如喷泉、自流井等。地下水分布十分广泛,在干旱的沙漠地区也存在大量的地下水,为该地区生物的生长发育创造了条件,也为人类开发沙漠地区提供了物质基础。

此外,水圈的水体还包括土壤水,生物水和大气水及岩石水等组成部分。

三、岩石圈

岩石圈是地球的刚性外壳,是自然地理系统的"地基",一般指地壳,但并非整个地壳或岩石圈都是自然地理系统的组成部分。为叙述方便我们将对整个地壳组成物质予以介绍。

地壳的物质组成可以从三个层次进行说明:一是元素层次,二是矿物层次,三是岩石层次。化学元素是构成物质系统的基础,也是地壳的最基本组成要素。矿物是由各种化学元素组成的具有相对稳定的化学元素构成的化合物或混合物,岩石则是由矿物组成的混合物。从地壳组成来说,岩石是基本组成部分,矿物是基本物质,元素是基础。

(一)化学元素

组成地壳的化学元素应该说是所有化学元素,因为目前人类所发现的化学元素在地壳中都存在。当然，有主要元素和次要元素之分。O，Si，Al，Fe，Ca，Na，K，Mg，H，Ti 十种化学元素是地壳的主要组成元素，占全部组成元素的 99%还多，其他元素则不到 1%，其中 O 占 46.4%，Si 占 28.15%，Al 占 23%，三者合计达 82.78%。化学元素在地壳中的平均含量一般称为克拉克值。

（二）矿物

化学元素在地球物理和地质作用下，经过化合，形成具有固定化学元素组成和物理性质的均质物，即矿物，这相当于生物体的细胞，是构成岩石的基本物质。矿物在地壳上的分布是不均匀的，集中分布的地方形成矿床。矿物是十分重要的资源，是社会经济发展必不可少的物质条件，矿物的多少对一国或一地具有特别重要的意义。矿物资源富集的地区，都是具有较大经济潜力的地区。地壳矿物很多，据不完全统计，约有 3000 多种，常见的有五六十种。构成岩石的矿物叫造岩矿物（表 1-8），主要有长石、石英、云母、角闪石、辉石、橄榄石、方解石等二三十种，他们占岩石矿物的 99%以上。

表 1-8　地壳主要造岩矿物（王根厚等 2008）

矿物	主要化学成分	基本物理特性	主要岩石
长石	$KAlSi_3$，$NaAlSi_3O_8$，$CaAlSi_3O_8$	玻璃光泽，硬度 6，二向完全解理。正长石解理接近正交，肉红色；斜长石解理斜交，浅灰白色	花岗岩、变质岩的主要造岩矿物
石英	SiO_2	无解理，贝壳状断口，脂肪光泽，硬度 7，比重 2.5～2.8	碎屑岩、酸性岩浆岩的主要造岩矿物
云母	$KAl_3Si_3O_{10}(OH)_2K(MgFe)_3AlSi_3O_{10}(OH)_2$ 等	片状或鳞片状，单向完全解理，易剥离成片，玻璃及珍珠光泽，硬度 2～3，成分复杂多变	主要分布在片麻岩、千枚岩等岩石中，酸性岩浆岩中也较多。
角闪石	$Ca_2(Mg,Fe,Al)_5[(Al,Si)_4O_{11}]_2(OH)_2$	暗绿色，玻璃光泽，不透明，长柱状，硬度 5～6	常见于闪长岩、正长岩、辉长岩中
辉石	$Ca(Mg,Fe,Al)[(Al,Si)O_3]_2$	常呈灰褐、褐色、绿黑色，短柱状，两组解理，硬度 5.6	基性、超基性岩的主要造岩矿物
橄榄石	$(Mg,Fe)_2[SiO_4]$	橄榄绿色，玻璃光泽，两组解理，硬度 6.5～7，贝壳状断口	岩浆岩中较多，变质岩中也有分布。
方解石	$CaCO_3$	透明至半透明，玻璃光泽，三组解理，硬度 3～3.5	常见于各种碳酸盐中，是沉积岩的主要造岩矿物
白云石	$CaMg[CO_3]_2$	多呈白色，玻璃光泽，三组解理，硬度 3.5～4	常见于白云岩、白云质灰岩中

（三）岩石

岩石是构成地壳的物质子系统，按形成过程和原因分为三大类，即沉积岩、岩浆岩和变质岩。

(1)沉积岩

沉积岩是在外力作用下形成的一种次生岩，分布面积最广，占岩石出露面积的75%。沉积岩是由已经存在的包括沉积岩、岩浆岩、变质岩等先成岩在外力作用下经过风化(剥蚀)、搬运、沉积、固结四个环节，形成的新的岩石。

沉积岩一般是在浅海和湖泊中沉积形成的，其岩性、结构均与其他岩石不同。按沉积环境，沉积岩一般分为濒海相、浅海相和湖相沉积岩。任何一种沉积岩都具有层次性，具有层面结构和层理结构，各岩层中夹有生物化石和有机物。

按物质组成，沉积岩又分为碎屑岩、黏土岩和生物化学岩三类。碎屑岩是由各种大大小小的碎屑经胶结而成的沉积岩，其碎屑有两种，一种是火山碎屑，一种是一般岩石的碎屑，故也分为火山碎屑岩和(正常)碎屑岩。火山碎屑岩的岩石颗粒一般较大，常见有火山角砾岩、火山集块岩和凝灰岩。一般碎屑岩碎屑颗粒也有大小之分，按构成岩石的碎屑颗粒根据大小分为砾岩、角砾岩、砂岩、粉砂岩等。

黏土岩的组成物质颗粒较细，多黏土矿物和其他微细物质，由粒径<0.01 mm的黏粒物质构成，黏土矿物占岩石的比重超过60%。呈泥质结构。具页理结构的叫页岩，泥块状的叫泥岩。

生物化学岩绝大多数是在生物作用和生物化学作用下形成的，因此，岩石具有化学结构，如鲕状、豆状、显晶和隐晶结构，生物结构如化石、印迹等。此类岩石多矿物成分较为单一的岩石，常见的如碳酸盐岩、盐岩、有机岩等，其中碳酸盐岩是最为普遍的一类岩石，属于碳酸岩的石灰岩和白云岩则是分布最广泛的可溶性岩石，也是岩溶地貌的物质基础。

(2)岩浆岩

岩浆岩是由地幔物质和地壳岩石熔融物质即岩浆在运动过程中凝固形成的岩石。岩浆岩如随火山喷发到地表，就形成喷出岩，如仅侵入其他岩石而不喷出地表则形成侵入岩。岩浆岩因形成过程不同，其物质组成也有所差别，从而形成不同的岩石。一般根据岩石中硅石(二氧化硅)含量多少，将岩浆岩分为酸性岩(含量>65%)、中性岩(含量52%～65%)、基性岩(含量45%～52%)和超基性岩(含量<45%)。喷出岩有流纹岩、玄武岩、安山岩等，侵入岩有闪长岩、辉绿岩、花岗岩等岩石。

(3)变质岩

变质岩也是一种次生岩石，是由内力(主要是岩浆活动)引起的变质作用形成的岩石。内力引起的变质作用包括接触作用、交代作用、动力作用等。动力作用即由构造运动引起的区域岩石破裂、变形和重结晶过程，一般发生在地壳断裂带，如环太平洋断裂带、喜马拉雅——阿尔卑斯断裂带。动力作用可形成构造角砾岩、碎裂岩、千糜岩等。接触作用和交代作用发生在岩浆与围岩接触时。前者指岩浆侵入围岩，在岩浆的高温、高压作用下，围岩发生重结晶作用，使围岩中的物质发生分化，从而导致围岩的物质组成和结构发生变化，形成新的岩石，如黏土岩变成角岩，灰岩变成大理岩，砂岩变成石英岩等。后者指岩浆侵入围岩，在岩浆的高温、高压作用下，围岩中的物质熔解到岩浆中或岩浆中的气体进入围岩中，使接触地带发生化学反应，形成岩石变质，产生新的岩石种类，如碳酸盐岩变成矽卡岩。然而，变质作用往往是多种多样的，变质岩的形成不能简单地归为一种原因。常见的变质岩有板岩、千枚岩、片岩、片麻岩等。

岩石之间存在密切的物质联系，三类岩石以岩浆为基础相互转换。岩浆凝固形成岩浆岩，在外力作用下发生风化、溶解、破碎作用，使岩石变成碎片，然后由外力搬运到低洼处沉积下来。碎屑物质不断堆积、压紧，并发生岩化，最终形成沉积岩石。伴随地壳运动，沉积岩一部分经交代作用形成变质岩；一部分融到岩浆之中成为地幔岩浆，喷出或侵入围岩成为岩浆岩；还有一部分则在外力作用下被风化、搬运、沉积，在其他地方和其他时间变成新的沉积岩。变质岩一样可以转变为沉积岩，也可重新成为岩浆，变成岩浆岩，或继续变成另外的变质岩。在三大类岩石的不断转化中，地球内力引起的地壳运动和地球外力引起的风化、搬运等物质运动相互影响、共同作用，驱使岩石之间不断转化、变化。三大类岩石之间的转化过程伴随地质地貌的变化。

三、土壤圈

土壤是岩石风化后经水、生物、气候等共同作用形成的衍生物，介于大气圈—水圈—岩石圈—生物圈的交互作用部位，处于“过渡区域”，是具有“肥力”的部分，由固体物质和空隙组成，空隙中充满气体和液体。三相物质所占的体积比例为固体 50%，液体 15%～35%，气体 15%～35%，气体和液体互为消长，气体多时即较为干旱，液体就少，反之亦然。固体物质包括矿物质、有机质和某些活生物，其中，矿物质占其体积的 38%，有机质占 12%(李春生 1981)。矿物质是土壤的主要物质，一般包括从母岩直接风化而来的原生矿物和经化学作用后形成的次生矿物。土壤不同，其矿物组成情况也不同。有机质是土壤的重要组成部分，是具有肥力的重要原因，主要来源于植物的枯枝落叶和动物的排泄物或尸体。土壤有机质包括生物遗体经腐化后形成的土壤腐殖质和未完全腐化的中间产品。应注意的是岩石风化物和第四纪沉积的土状物质不等于土壤，而只是土壤的成土母质。

土壤有一定的厚度，并分为有机层(枯枝落叶层)(O)、腐殖质层(A)、淋溶层(E)、淀积层(B)、母质层(R)等几个层次。A—E—B 层即土层。有的将 E、B 层称为过渡层。各层的厚薄依土壤类型和区域情况而定。

土壤的形成过程称为成土过程，即在一定气候条件下，母岩或母质与生物、水、空气等进行物理、化学、生物反应，进行物质能量交换，形成土壤的过程。主要的成土过程有灰化过程、黏化过程、钙化过程、富铝化过程、腐殖化过程、盐碱化过程、泥炭化过程、潜育化过程等。相应地，主要的土壤类型也有灰化土、棕壤、黑钙土、黑土、黄(红)壤、盐碱土等。在成土过程中，生物的作用十分重要，具有不可替代性。主要成土过程及相应的土壤如下：

(1)腐殖化过程

腐殖化过程是十分重要的成土过程，几乎所有的土壤都会发生，是土壤形成肥力的基本过程。腐殖化过程指在各种植物的作用下，在土体，特别是土体表层进行的腐殖质积累过程。由于植被类型、覆盖率以及有机质的分解情况不同，腐殖质的类型和积累情况也不同。腐殖层一般呈暗黑色。

(2)灰化过程

灰化过程是在冷湿环境下发生的成土过程，指土体表层 SiO_2 残留，Fe_2O_3、Al_2O_3 淋溶、淀积的过程。一般发生在寒冷、郁闭的针叶林(云杉、冷杉)植被下。由于有机酸溶液在下渗过程中能使上部土体中的碱金属和碱土金属溶解，因此土体中的铁铝胶体淋失并淀积在下部，而 SiO_2 则残留在上部，形成灰白色的淋溶层，即灰化层。灰化过程形成灰化土。

(3)黏化过程

黏化过程是指土体中黏土矿物的形成和积累过程。黏化过程在温暖气候条件下容易发生，一般在土体内部 20～50 cm 处，原生矿物在温度和水分的作用下发生强烈的分解作用，随之产生次生黏土矿物。黏土矿物形成后随水下渗，形成淀积层，即黏化层。黏化过程在黑土、黑钙土、褐土等土壤中极为常见。黏化过程形成棕壤、褐土等。

(4)富铝化过程

土壤的富铝化过程即土体中的脱硅、富铁铝过程。一般发生在热带和亚热带高温多雨地区。在一定的温度和湿度条件下，土体中的硅酸盐会发生强烈水解，释放出盐基物质，使盐基离子和硅酸大量淋失，而铝、铁(锰)等元素却发生沉淀，形成铁铝富集的土体，土体中甚至出现铁结核或铁盘层。

(5)钙化过程

在半干旱地区，土体中碳酸盐随水向下淋溶、淀积的过程。在半干旱地区，降雨的季节性较强，土壤的淋溶也是季节性的，易溶盐多淋失，钙也发生移动，在土体中部沉积形成钙积层。钙化过程形成黑土、黑钙土等土壤。

此外，还有盐碱化、泥炭化、潜育化等过程。

土壤按成土过程和土壤性状分成若干类型，其等级按土纲、亚纲、土类、亚类、土科、土属、土种、亚种等层次划分，但名称多按习惯命名，如水稻土、黄壤、红壤、紫色土、石灰土等。根据《中国土壤分类与代码》(GB/T 17296—2000)，我国土壤大致分 12 个土纲，27 个亚纲，60 个土类，234 个亚类(表 1-9)。

土壤在陆地地表覆盖形成土被，但土被并不连续，陆地水面、岩石裸露区域并无土壤覆盖。

表 1-9　我国的土壤分类(GB/T 17296—2000)

土　纲	亚　纲	土　类
铁铝土(A)	湿热铁铝土(A1)	砖红壤、赤红壤、红壤
	暖湿铁铝土(A2)	黄壤
淋溶土(B)	暖湿淋溶土(B1)	黄棕壤、黄褐土
	湿暖温淋溶土(B2)	棕壤
	湿温淋溶土(B3)	暗棕壤、白浆土
	湿寒温淋溶土(B4)	棕色针叶林土、灰化土
半淋溶土(C)	半湿热半淋溶土(C1)	燥红土
	半湿暖温淋溶土(C2)	褐土、灰褐土
	半湿温半淋溶土(C3)	灰褐土、黑土、灰色森林土
钙层土(D)	半湿温钙层土(D1)	黑钙土
	半干温钙层土(D2)	栗钙土
	半干暖温钙层土((D3)	黑垆土
干旱土(E)	干温干旱土(E1)	棕钙土
	干暖温干旱土(E2)	灰钙土
漠土(F)	干温漠土(F1)	灰漠土、灰棕漠土、
	干暖温漠土(F2)	棕漠土
初育土(G)	土质初育土(G1)	黄绵土、红黏土、新积土、龟裂土、风沙土
	石质初育土(G2)	石灰土、火山灰土、紫色土、磷质石灰土、粗骨土、石质土
半水成土(H)	暗半水成土(H1)	草甸土、潮土
	淡半水成土(H2)	砂浆黑土、半灌草甸土、山地草甸土

续表

土　纲	亚　纲	土　类
水成土(J)	矿质水成土(J1)	沼泽土
	有机水成土(J2)	泥炭土
盐碱土(K)	盐土(K1)	草甸盐土、滨海盐土、酸性硫酸盐土、漠境盐土、寒原盐土
	碱土(K2)	碱土
人为土(L)	人为水成土(L1)	水稻土
	灌耕土(L2)	灌淤土、灌漠土
高山土(M)	湿寒高山土(M1)	草毡土、黑毡土
	半湿寒高山土(M2)	寒钙土、冷钙土、冷棕钙土
	高寒高山土(M3)	寒漠土、冷漠土
	寒冻高山土(M4)	寒冻土

四、生物圈

由动植物等生物及生物系统构成的圈层叫生物圈。地球生物大多数位于地球表层上下约100米范围内，超出100米范围的生物较少。

(一)生物

地球生物种类繁多。据不完全统计，地球生物最终可能有3 000多万种(按发现速度预测的可能值)。目前，已被鉴定的生物大约350万种，尚有大批生物未被人类认识和分类。在自然地理系统中，植物特别是高等植物具有十分重要的意义。

植物是地球的主要生物和重要的自然地理因素。地球上的植物约有37万种，其中藻类植物25 800多种，菌类约90 000种，地衣26 000余种，苔藓40 000多种，蕨类12 000多种，裸子植物800余种，被子植物则占一半以上，达到226 000多种(崔玲华2005)。植物广泛分布于除极地冰盖之外的地球陆地表层和海洋。其中陆生植物种类繁多，分布广泛，但以水热条件较好的热带雨林地区最多。

动物是地球上比较活跃的生物，包括陆生动物和海洋动物，总数约200万种，其中哺乳动物4 300多种，鸟类约9 000种，爬行动物600多种，两栖动物3 500种，鱼类23 000种(按发现速度预测的可能值)。

数量众多的微生物在自然地理系统中也起着十分重要的作用。

(二)生物群落

生物在地表集聚形成生物群落。生物群落具有一定的组成，并有一定结构和功能。外貌、种群是认识群落的重要标志，而种类数量的多少、地面覆盖度、在群落中的重要值则是衡量种群的重要指标。数量的多少一般用群落中某种生物种群的密度进行衡量。重要值多在植物地理学中出现，一般用相对密度、相对频度、相对显著度(优势度，指一个种全部植株胸高断面积之和)的综合值来衡量。

群落的类型划分一般按群丛、群系、群系纲三级单位进行。群丛是最小单位，指种类组成、结构、外貌都基本一致的生物群落。群系是群丛的组合，群系纲则是建群种生活型相近、与水热条件相适应的群系的组合。

（三）生态系统

生物与环境相互作用形成生态系统。生态系统是自然地理系统最重要的子系统，是地球物质能量转化的核心。生态系统由生物和环境组成，生物包括生产者、消费者和分解者。生产者主要是绿色植物，消费者主要是动物，分解者主要是微生物。各种生物以食物链为纽带相互依存，构成整体。在消费者中，按食物链位置分出营养等级：初级消费者（食草动物）、次级消费者（吃初级消费者的食肉动物）、高级消费者（吃次级消费者的动物）。

以上物质或物质系统构成自然地理系统的物质基础，尽管被人为地分成几个部分，但自然地理系统的物质组成实际上是很复杂的，物质子系统之间难以截然分开。"你中有我，我中有你"是自然地理系统物质组成的写照，大气中既有气体，也有水圈、生物圈、岩石圈固体物质，而水圈或其他圈层中也同样有其他圈层的物质。总之，自然地理系统是由各种各样的物质或物质系统组成的复杂的大系统、巨系统。

第三节　自然地理系统的结构与功能

一、自然地理系统结构

自然地理系统结构体现在系统物质在系统中的空间分布和物质之间的排列组合关系上，自然地理系统的结构也同样包含这两个方面。自然地理系统的组成物质及系统结构主要表现在明显的成层结构、镶嵌结构、带性结构和等级结构等方面。

（一）成层结构

自然地理系统的结构首先是成层结构，也就是在垂直方向上自然地理系统各组成部分成层分布，形成自下而上层次分明的空间格局。垂直分层性有两种，一是按密度大小分层：上层是密度最小的气体，其下是密度居中的液体和生物，底部是固体的土壤和岩石。各层之中也按密度形成许多层次，如地壳、地幔、地核，属于自然地理系统的岩石圈从上而下可分为风化层（土层）、硅铝层和硅镁层；大气圈的对流层、平流层、中间层、暖层、散逸层，其中属于自然地理系统的对流层也有成层性，从下往上可分为下层（扰动层或摩擦层，2 km 以下）、中层（2～6 km）、上层（6～12 km）、对流层顶部（与平流层的过渡区）；海洋的表层海水、中层海水、底层海水等。这种成层性是地球固有的一种结构形式，原因与地球引力的空间分布有关。二是与太阳光能分布有关的生物群落的分层性，首先是植物的分层：上层为喜光植物，下层是耐阴植物，中间为介于二者之间的中生性植物；其次是动物的分层：树生动物、地面动物和地下（洞穴）动物。海洋生物分布也有这种光源分层性。

（二）镶嵌结构

自然地理系统的各组成部分在空间分布上互相交叉，相互融合，构成镶嵌结构。

如水圈的水除分布在海洋、湖泊、河流等水圈外，还分布在大气层、土壤、岩石、生物之中，形成你中有我、我中有你的镶嵌格局。生物、大气等也同样如此。镶嵌结构在水平方向和垂直方向均有所表现。最为典型的是自然地理系统之间的过渡性，如海洋与陆地系统之间的过渡。以河流为例，从陆到海，依次出现生物、河水理化性状的逐步海洋化，在河口地区则既有陆地生物也有海洋生物，陆地物质和海洋物质相交汇，构成明显的过渡区域。又如山地与平原之间的过渡。从山地到平原，中间一般有一个丘陵区和山前洪积物、冲积物分布的山前区。形成镶嵌结构与自然地理系统的物质循环与能量流动有关，也是自然地理过程产生的结果。三相物质之间的转换和交换，使自然地理系统各部分相互联系，相互融合，产生镶嵌结构。

（三）带性结构

所谓带性结构是指自然地理系统及各组成要素在地球表面呈条带状分布和排列的现象。这种分布是地域分异的结果。首先，从低纬度向高纬度，依此出现由热到冷的热量带及因此而产生的带状自然地理系统并在各大陆上产生自然地理系统的地带性结构，即热量带。一般地，从赤道到南北极依次分为：热带——亚热带——暖温带——中温带——寒温带——寒带——极地带（伍光和等 2002）。其次，从海边到内陆（有湿热海风吹向陆地的地区），则出现由湿润到干旱的变化，形成湿润、半湿润、半干旱、干旱的带状自然地理系统结构。再次，出现从低到高的类似于从低纬度到高纬度的带状自然地理系统结构，即垂直地带性结构。当然，带状结构并不一定都是规则和规律可寻的。

（五）等级结构

自然地理系统的等级结构是指因系统复杂程度不同、大小不等而形成的各级子系统关系。本章第一节已有叙述。

二、自然地理系统功能

自然地理系统的功能就是自然地理系统在接受外界物质能量输入后产生的运动变化，包括各种地理现象（过程）、物质能量转化流动、抗外界干扰（系统稳定）、自我发展等。

（一）自然地理现象

自然地理现象是自然地理系统在从宇宙空间获取太阳能、从地球内部获取地热能后产生的系统反应，是自然地理系统功能的一种表现。自然地理现象首先是各种大气现象，包括各种天气现象和气候现象，其次是地质地貌现象，再次是水文现象，最后是各种生物（命）现象。

大气现象即由大气运动变化产生的自然现象，其中天气现象是最普遍、最易于了解和认识的部分，包括阴、晴、雨、雪，风、云、雷、电，霜、雾、虹，冰雹、霰、龙卷风、台风等现象。气候现象包括冷、热、干、湿等大气状态，及与各种天气现象的组合，如高温多雨，季风、梅雨等。此外，大气现象还包括极光、极昼、极夜等天文现象。

地质地貌现象（含过程）大多是由地球内力引起的地壳运动产生的各种现象，包括火山、地震、海陆变迁等，以及由构造运动产生的现象和过程，如各种褶曲、断裂。但外力作用也产生对地貌形成和变化有影响的自然现象与过程，如风化、冲刷、侵蚀、溶解、搬运、沉积等。这些地质地貌现象（过程）对地表岩石进行各种塑造，形成多姿多彩的地表地貌。

水文现象是由水的运动变化引起的各种现象，这里特指不包括气体水产生的现象，包括海洋潮汐、洋流、浮冰现象，河流的汇流、洪水、河冰等。

生物（命）现象是地球自然地理系统特有的现象，包括生长、发育、繁殖、死亡等现象，如植物的发芽、生长、开花、结果等，动物的捕食、怀孕、生产、衰老等。此外，还有生物之间的分工合作，以及组织、社会、等级等。

(二)物质能量转化、流动

自然地理系统的物质能量流动是自然地理系统功能的最好反映。自然地理系统具有这样的能力:当有外界能量输入时,系统会将能量进行转化,并按一定的规则和路径进行传递,形成能量流,而系统内部的各组成部分的物质伴随能量流动也发生移动,形成物质流。这种流动一方面使整个自然地理系统的组成要素、各子系统、各区域联成一体,从而具备系统的整体性;另一方面,在物质能量流动过程中产生的各种自然地理现象和自然地理过程,不仅形成各式各样的景观、环境,还化解了系统受到的各种干扰、破坏,保持系统稳定。(具体内容详见第二章相关部分)

(三)抗干扰能力

自然地理系统由于形成了耗散结构,从而具有抗外界干扰,保持自我平衡的功能。

一般来说,当外界给予系统的干扰强度在一定程度之内,自然地理系统就能够通过物质能量的流动将干扰进行化解。自然地理系统有一种机制,即负反馈机制,它能通过系统将物质形态进行转化,将有害物质无害化。如人类排出的污水,只要强度和浓度在河流自我净化调节范围之内,河流便能通过物理稀释、生物降解和化学分解降低影响,并通过流动而最终消除影响。

(四)进化与发展

自然地理系统能够不断发展,即有序化、组织化程度越来越高,物质形态越来越复杂,在远离热力学平衡点的位置建立稳定性非常好的系统状态。这种能力是具有耗散结构系统的共同点。生命形式从低级向高级的发展是自然地理系统自我发展的最好表现,这种能力与抗干扰的能力和负反馈机制密不可分。

总之,自然地理系统功能是自然地理系统在接受外界物质能量(信息)输入后产生的一种反应,系统向外界的输出的物质能量或信息,代表自然地理系统能够完成的任务或工作。

第二章　自然地理系统物质循环与能量流动

物质循环与能量流动是自然地理系统的基本功能，是各组成部分、各子系统联成一体的重要条件。在自然地理系统的能量驱动下，各种化学元素在空间上进行不断迁移，自然物质在系统各圈层之间不断交换，有的物质则构成了循环。自然地理系统的物质循环是指系统物质从某一形式的物质状态出发，经过若干物质形态后又回到起始状态的一种具有封闭路径的运动形式，主要包括地质循环、水循环、大气循环、生态（物）循环四个基本过程。物质循环运动伴随有能量流动，没有能量的驱动，物质不能进行迁移和循环，但能量的传递是单向的，因此，只有流动而没有循环。从外部来的能量流动沿两条路线进行：一是太阳光沿生物链的传递，二是以水为载体的热能在各圈层之间的传递。地球内能的流动与物质迁移、循环的关联程度比外能要低，对物质循环作用较大的主要是重力作用（势能）和热能。

物质循环与能量流动理论在处理实际问题时有较大的应用价值，特别是在污染物的空间转移和污染问题的解决方面十分重要。

第一节　地表物质迁移与地质循环

地表物质的迁移与搬运作用有关。根据搬运作用的形式，地表物质迁移主要有两种，一是固体物质机械迁移，二是可溶性物的化学迁移。地表固体物质的迁移，主要是随风产生的黄土、细沙的位置移动和随水发生的泥沙运动，以及随冰川运动发生的物质空间位移。可溶性物质主要进行化学迁移，它是在水的作用下发生溶解后随水进行移动，一般从陆地向海洋迁移。地表物质迁移是自然地理系统物质地质循环的一个环节。从长期趋势看，地表物质运动会形成环路：地幔与地壳之间的循环。这个循环称为地表物质的地质循环。

一、地表物质与化学元素迁移

地表物质迁移指地表的化学物质以及由化学物质组成的土壤、岩石碎屑等在风、水流和重力作用下发生空间位移，从一地被搬运到另一地的过程。物质迁移以两种形式进行，一是物质的机械迁移，一是物质的元素迁移。机械迁移的形式多种多样，但主要通过大气、水（冰川）、生物三条途径完成。化学元素迁移主要通过水和生物进行。

地球表层的物质、物质元素能否进行迁移受很多因素影响。从物质本身来说，主要与物质元素组成化合物的能力、形成各种离子的能力、溶解能力、形成络合物的能力和被胶体吸附的能力等化学性状，以及物质的大小、形状等物理形状有关。环境要素在物质元素迁移中的影响也很大，包括环境物理化学条件和区域自然地理条件，如空气动力条件、水流速度、酸碱性、氧化还原条件、胶体种类和性质等，对元素的迁移影响巨大。区域自然地理条件包括气候、水文、地形地貌、土壤、植被等的组合情况，它们共同形成了物质迁移的大环境，决定物质迁移的理化条件。物质元素能够进行迁移的能力一般用元素迁移强度予以衡量。此概念由前苏联学者 A. I. Perel'man 提出，用于衡量水迁移强度和生物迁移强度(目前尚无描述空气迁移强度的值)。

(一)大气迁移

大气迁移是指物质以大气为载体进行的迁移过程。能够进行大气迁移的物质大多是气体、水和颗粒较细的固体，以及重量较轻的生物体。物质的大气迁移以大气运动为基础。

1. 固体物质的大气迁移

固体物质的大气迁移通过风沙过程完成。风沙过程多发生在干旱、半干旱地区。全球干旱、半干旱地区(荒漠)面积约占陆地面积的五分之一，也就是说，全球五分之一的陆地都能发生风沙过程。风沙过程形成风沙地貌、黄土地貌，并使受其影响的周边地区出现沙尘天气。

沙粒在空气中的移动，有悬移、跃移、蠕移三种形式。悬移，即浮在空气之中移动，能被悬移的多是粒径在 0.2 mm 以下的沙粒。据研究，当风速超过 5 $m \cdot s^{-1}$ 时，粒径小于 0.2 mm 的沙粒就能悬移，风速越大，能悬移的沙粒就越大。离地面越高，悬移的沙粒就越小。

粒径较大的沙粒不能在空中悬浮，只能靠近地面移动。当风速超过起沙速度(即能够让沙移动的速度)，沙粒在风的作用下，能够被风吹起或发生翻滚、跳跃，然后落下、停止，不断跳跃式地进行移动，称跃移。能跃移的沙粒粒径一般小于 2 mm，0.1～0.15 mm 的沙粒最容易发生跃移。移动的距离不仅与风速有关，而且也与地面状况有关。如地面是坚硬的卵石，则可使下落的沙粒受到较大的反弹力量，跃起较高，从而移动更远。反之，如果是松散的沙石地面，下落的沙粒则会陷入沙中，落下后便不再移动，移动距离较近。粒径 0.5～1.5 mm 的沙粒一般以蠕移为主，大于 2 mm 的则只能在移动沙粒的冲击下发生缓慢移动或在其他物质被吹走后缺乏支持受重力作用而蠕动，以蠕移方式前进。当然，当风速变大时，较大粒径的沙粒也可以进行悬移或跃移。风力与沙粒移动的关系见表 2-1。

表 2-1　风力与沙粒移动的关系(王数，东野光亮 2005)

风级	风的名称	风速($m \cdot s^{-1}$)	搬运沙粒直径(mm)
3	微风	4.5～6.7	0.25
4	和风	6.7～8.4	0.50
5	清劲风	9.4～11.4	1.00
6	强风	11.4～13.0	1.50

沙粒的大气迁移一般发生在地面上 30 cm 以内，高于 30 cm 沙粒就少而小。能够在比较高的空中进行迁移的物质，是粒径较小的黏土和粉沙。一般来说，由于粉沙和黏土的颗粒极小，被风吹起后只要风速不变就很难下落，故能移送到几百或上千千米远的地方。

显然，当某地的风速超过起沙风速，沙粒就发生大气迁移；当风速发生变化特别是变小时，沙粒便从空中落下或停滞下来，即发生堆积作用。经过长期反复的移动、沉降、堆积过程，固体物质便在大气的作用下从一地迁移到另一地。

2. 气态物质和水的大气迁移

气态物质的迁移主要通过大气环流进行，迁移物质包括各种气体和气溶胶。液态物质即水的大气迁移是在气化以后再进行，可以认为与气体物质迁移过程一致。气体的迁移包括垂直对流和水平移动两种。首先，近地面的气体物质能够从地面得到长波辐射，因此，当地面较热时，近地面的气体因大量吸热而膨胀，密度变小，重量变轻而上升；而此时的高空物质密度相对变大，重量变重而下沉，气体出现垂直对流。由于地面受热情况不同，大气对流情况因时因地有巨大差异。一般来说，夏季是对流作用较强的时期，冬季对流作用较弱。垂直对流发生垂直方向上的物质迁移和交换。其次，在地面气温较高的地方，近地面气体不断向高空输送，则会在高空产生气体的堆积作用，形成高空高压；与此相应，在地面较冷的地方，则形成地面高压和空中低压。因此，产生地面和空中的气压梯度力，力的方向从高压指向低压。在气压梯度力的作用下，气态物质从一地向另一地迁移。物质迁移的速度与风力大小和大气环流的强弱有关。在局部环流的情况下，物质迁移的距离较短，在全球性环流中，物质可以迁移到很远的地方，甚至进行全球迁移。

此外，海洋中的盐类物质也能进行大气迁移。

物质的大气迁移一方面可以使某地的污染物浓度减小，降低当地的危害；另一方面，随着物质的迁移，污染物从一地传播到另一地，从而使有害物质的危害范围扩大。

（二）物质的水迁移

物质的水迁移分海洋和陆地两个部分进行。海洋的物质迁移多随洋流进行，迁移的物质主要是水和各种盐类。

陆地物质的水迁移主要通过径流（河流）和冰川进行，包括机械迁移和化学迁移。固体物质迁移是机械迁移，迁移过程中物质的成分和形态并不发生化学变化，包括土壤和岩石碎屑在水流和重力作用下发生的坡面位移和河流、冰川的搬运过程。风化与流水或冰川的侵蚀作用是地表物质水迁移的基础。化学迁移则是元素在水的作用下溶解于水或形成胶体等随水被搬运的过程。化学元素能否发生迁移与元素本身和环境条件有关。化学元素的迁移强度一般用水迁移系数表示。

按 Perel'man 的定义，水迁移系数（K_x）是指化学元素在水的矿质残渣中的含量与流出该水的岩石中的含量之比：

$$K_x = 100\ m_x /\ a\ n_x$$

式中 m_x 为元素 x 在水中的含量，a 为水中的矿物质残渣的含量，n_x 为元素 x 在岩石中的含量。

以此，将水迁移强度分为六级：强迁移的元素（$K_x = 10n \sim 100n$）、中度迁移的元素（$1n \sim 10n$）、弱迁移元素（$0.1n \sim 1n$）的元素，还有氧化环境中的中度、弱度迁移元素，潜育环境中的中、弱度迁移元素以及多数环境中难迁移元素（$0.01n \sim 0.1n$）。在地表，Cl（Br、I）是强迁移元素，S、Ca、Na（Mg、K）为弱迁移元素，SiO_2、P、Mn 是可以移动的元素，Fe、Al、Ti 则较难发生迁移。

1. 河流的侵蚀、搬运与物质迁移

地表物质随水进行的迁移首先与水的侵蚀密不可分。水对地表物质的侵蚀作用分为机械侵蚀（冲刷）和化学侵蚀（溶蚀）。前者与降雨和河水流动有关。降雨对地面物质有很大的冲击力，据研究，暴雨雨滴下落的速度最大时可达 8 $m \cdot s^{-1}$，能够使细小的土粒被击而跃起达 60 cm，水平距离可超过 1.5 m。降到地面的雨水汇集成径流，对地面产生冲刷，地表已经风化的和松散的物质便发生位移，尚未破坏的则需经历长期的冲刷侵蚀，才能破碎并与母岩或土壤分离。在雨水、流水的不断侵蚀作用下，地表物质逐渐风化、破坏，为进行迁移做好了准备。侵蚀的强弱与径流大小、地面物质组成、坡度等因素相关。化学侵蚀又叫溶蚀，是指地表物质中可溶性盐类等化学物质在水的作用下溶解于水中，从而使地表物质遭受破坏的过程。

被侵蚀的地表物质在河流的搬运作用下进行物质迁移。迁移的方式、距离受河流、物质颗粒大小等因素的影响。不溶的物质随水进行机械迁移，包括从山顶向山脚的坡面位移和随径流向河流的迁移，以及随河流从陆地向海洋的迁移。河流中各种级别的砾石、砂和更细的物质随水被搬运是机械迁移的主要过程。水流越急，搬运力越大，水流越缓，搬运力越弱。据艾里(Eley)研究，水流推动的物体的直径与流速的平方成正比，被推动物体的重量与流速的六次方成正比(艾里定理)。显然，水流的推动力非常巨大，而流速的微小变化对推动力的影响很大。因此，沿河道，从源头至河口，物质颗粒的大小发生较大分异，出现由大到小到细的现象：在山区，被搬运的物体较大；在平原，则只有颗粒较小的物体被搬运。颗粒大小与搬运距离成比例关系：山区河流的河床往往堆积巨砾和卵石，山前则多卵石和沙砾，平原地区河床以粗中沙为主，下游与河口则以细沙和粉沙为主。化学迁移不受距离限制，可以迁移到很远地方，更多的是从陆地到海洋。

地表物质在随水进行物质迁移的过程中，当水流速度受河床影响而变化时，被搬运的物质就会停滞不前，发生堆积过程。如果堆积下来的物质稳定下来，不再随水迁移，则该物质的迁移过程就此结束。但如果只是暂时的停止，水流变大时，又继续迁移，直到最后稳定不动为止，那么，暂时的停滞仅仅是阶段性的迁移的结束。实际上，地表物质随河流迁移时在河床中的停滞，大多数情况是暂时性的，最终一般都要迁移到海洋才会真正完成迁移过程。不过，暂时停止的时间有时很长，可达数千年到数十万年。当迁移的物质在河床沉积，就会形成许多沉积形态，即流水沉积地貌。

2.冰川侵蚀、搬运与物质迁移

冰川侵蚀与搬运的作用机理与河流机械侵蚀与搬运类似，源于冰川的运动。一般而言，冰川运动速度很慢，每年几十米到几百米。但有的冰川的运动速度会突然加快，然后又慢下来，呈波动前进。据研究，冰川的运动由可塑带的流动和底部的滑动组成，中低纬度地区的山岳冰川以滑动为主，约占运动量的20%～80%，但极地冰川也有滑动。冰川滑动又叫冰川块状运动。

由于冰川具有巨大的体积和重量，当发生运动时，具有强大的侵蚀和搬运能力，地面岩石、碎屑随冰川的运动而被搬到其他地区。冰川的侵蚀力据估计可超过河流的10～20倍。冰川的搬运能力也十分惊人，大陆冰川可以把直径达数千米、高百余米的巨型岩石搬运上百千米。山岳冰川也可以搬动直径数十米、重达万吨以上的大石头到很远的地方。冰川之所以能对地面进行侵蚀，主要是因为夹在冰川中的石块对地面的磨、刨、锉等作用。这些石块是冰川沿途捕获的。有的是在冰川运动中从旁边的地面掉落在冰川上的，有的是冰川从地面拔出的不稳定的岩石。特别是冰川底部的石块当突出冰体时，就好比冰川有了一把铁犁、锉刀，十分有力。

尽管如此，在地表物质迁移中冰川的作用仍远比河流要低。一方面，冰川对物质的搬运距离较短，另一方面，冰川的搬运速度慢，且受分布的限制，搬运活动仅局限于较小的范围，因而长期搬运的物质总量较少。而河流搬运能力虽不及冰川，却在广大地区长年累月不停搬运，故所搬运的物质总量极其巨大。

（三）生物迁移

生物迁移是物质迁移的另一种形式，生物之所以能进行物质迁移，成为物质迁移的载体，是因为生物在生长发育过程中要从外界吸收营养物质，进行新陈代谢，生物之间存在食物链关系，而且，生物特别是动物能够进行大规模迁徙。当然，能够凭借生物而进行迁移的物质大多是生物的食物和营养元素。目前，“已查明 H、Li、Be、B、C、N、O、Na、Mg、AL、Si、P、S、Cl、K、Ca、Ti、V、Cr、Mn、Fe、Co、Ni、Cu、Zn、Ge、Se、Sr、Mo、Ag、I、Au、Pb、Ra、U 等元素均可由生物富集”（左大康 1990）进行生物迁移。

化学元素能否被生物迁移可用生物富集系数反映。生物富集系数又称生物吸收系数、生物累积率等，是指生物体内某种元素或化合物的浓度与其所生存的环境中该元素的浓度的比值。Perel’man 将生物迁移元素按生物富集系数大小分为五个等级：生物极强累积的元素，如 P、S、Cl；生物强度累积的元素，如 K、Ca、Mg、Na、I、B、Zn 等；生物弱积累和中度摄取的元素，Mo、Ag、Cu、Pb 等；生物弱摄取的元素，如 CS，Ba 等；生物极弱摄取的元素，如 Y、V、La、U、Ga 等（左大康 1990）。

二、地质循环

物质循环是物质迁移的特殊形式，是指物质从出发地进行迁移后经过一定阶段和时间后又回到出发地的过程。地质循环是地表物质循环的基本形式。地质循环是地幔岩浆物质与沉积岩之间的循环，过程如图 2-1：

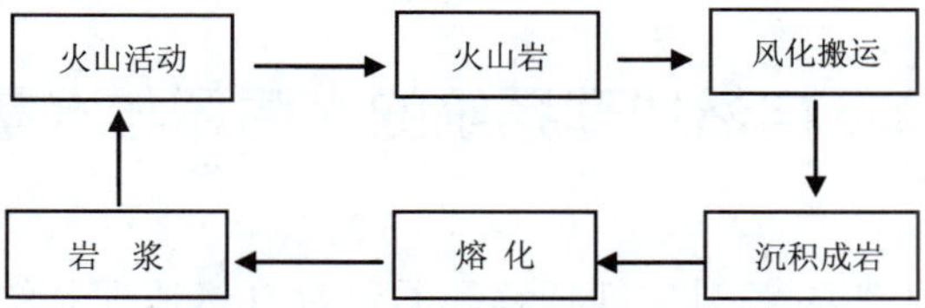

图 2-1　地质循环示意图

地表物质最初来源于地幔岩浆。由岩浆转化为地表物质可经过两种方式：一是火山喷发，直接将岩浆送到地表，形成火山喷出岩；二是岩浆侵入沉积岩石圈并凝固形成火山侵入岩，当沉积物质被风化剥离后，出露地表。岩浆转化为地表物质后，在外力作用下，将进行风化、剥离，在风、水及重力共同作用下，进入地表迁移，从原地迁到外地（如浅海）沉积下来。在构造断裂带，这部分物质将随俯冲进入地幔被熔化为岩浆，从而形成循环。当然，沉积下来的物质不一定刚好位于构造断裂带，也不一定位于构造断裂带的物质都会俯冲进入地幔。沉积下来的物质可能形成沉积岩，被地壳运动抬升为陆，再进行物质的风化、剥离、侵蚀、迁移、沉积。甚至经过几个这样的过程也尚未完成循环。据研究，完成一个地质循环需要上百万年的时间。事实上，地表物质参与地质循环的比较少。从大陆的发展趋势看，尽管存在大陆漂移和地幔对流，海陆不停地消长，但总的来说，大陆是不断增加的，从高处迁移到低处的物质并没有回到地幔，而是沉积成岩石又重新成为大陆。相反，海洋底部的地表物质，却更多地处于不断循环之中。按地幔对流学说，大洋中脊和裂谷是地幔物质不断涌出的地方，这些物质冷却后成为洋底型地壳，并受后来涌出的地幔物质的推动，向两侧缓慢移动，在俯冲带洋壳冲入地幔而消亡，形成不断进行的洋底物质循环。

三、地表物质迁移与地质循环的研究意义

地表物质在内外力的作用下不断进行迁移并最终完成地质循环是自然地理系统的基本特征，在自然地理系统的形成、发展和运动变化中有很大的作用。物质迁移与地质循环的研究对于认识自然地理环境的运动变化，掌握自然地理环境发展变化规律，有效进行资源环境管理提供了科学基础。进行物质迁移研究的学科除水文、气候、地貌等传统学科外，还有现代地理学科，如化学地理、医学地理和地球化学等。这些学科集中力量进行化学元素的迁移和循环研究，对自然地理系统物质运动的基本过程、影响因素和运动变化的基本规律有了初步认识。目前，研究的重点在于化学元素迁移的途径、迁移循环周期、物质元素迁移与人类的关系等。

地表物质迁移与循环机理的研究对人类解决污染问题有较大促进作用。对于环境污染来说，人类社会是“源”，污染物从这个源头向环境迁移，并随迁移过程逐步扩散到整个环境。研究污染物的扩散过程就是研究污染物在环境中的迁移与循环过程。因此，弄清物质迁移循环的机理是正确认识污染物迁移扩散的基础。目前，由于污染已经从点扩展到面，被污染的环境也从单一的水或气发展到水、气、生物、固体物等，因此，对污染的综合控制和全面治理，就成为解决污染问题的关键。

生命元素的化学迁移，是化学地理和医学地理的重要研究内容，在生物的物质需求、地方病防治、人类健康、农业生产等方面具有十分重要的意义。特别是由于元素迁移引起的地方性元素缺乏的定量分析和测定，对于防治微量元素缺乏引起的地方病意义重大。

第二节　自然地理系统的水循环与水量平衡

水是最活跃的自然地理要素，其空间迁移和循环对自然地理系统的物质运动和能量平衡产生重大影响和作用。水循环作为自然地理的重要物质循环，直接和间接地推动了自然地理系统的物质能量流动，成为其他物质运动变化的基础。水还是人类最基本的生存条件，水循环对人类社会的意义也十分巨大。

一、水循环

(一)水循环的基本环节与过程

水循环是指地球上的水从库存地出发，经过一系列空间过程和形态变化，最终又回到原地的过程。参与水循环的水不多，只占地球总水量的0.04%，平均每年约57.7 km^3。

水循环根据循环的空间范围大小、时间长短和涉及环节的多少分为小循环和大循环。小循环即陆地内部和海洋内部各地之间的地(洋)面与大气之间的水循环。大循环即海陆空之间的循环。小循环是大循环的有机组成部分。

地球上的水体主要存在于海洋、湖泊、河流、土壤、冰川以及地下水和生物体中。由于水的三相状态的临界温度不高(0℃，100℃)，相态之间的变化较快，因此，水循环为地表物质循环中循环最快、最频繁的一种。水循环包括蒸发、传输、凝结、降落、下渗、径流(洋流)等基本环节，但在传输距离上，小循环远低于大循环。小循环与大循环的基本过程和环节如图2-2和图2-3。

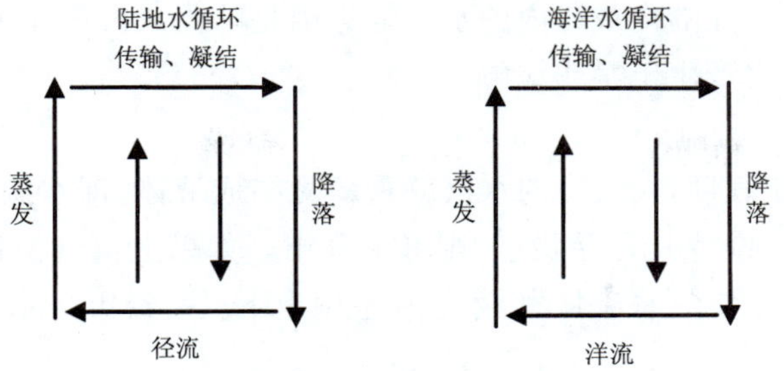

图 2-2 水循环示意图(小循环)

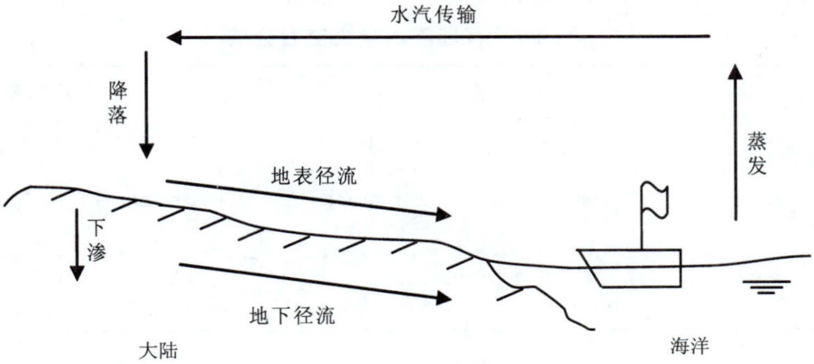

图 2-3 水循环示意图(大循环)

(1)蒸发(腾)

地表水循环的第一个环节,是水从液态变为气态。一般把地表水从大气中吸收热量但水温不超过沸点,水汽从液态水的自由面逸出的过程叫蒸发,在一定时间内液态水蒸发的水汽量称为蒸发量。而把水分以水汽的形式从植物传递到大气中的过程叫蒸腾。蒸发受很多因素的影响,其中,地表水源、温度、风和空气中的水汽含量是主要因素。一般来说,地表水面宽、水源多,温度高,风速快,空气湿度低,蒸发就强。反之则弱。大气中的水汽含量在气象学中称为空气湿度,湿度越大,空气中水分含量越高,当达到某一温度空气容纳水分的最大限度时,称水汽饱和。空气湿度低,蒸发的可能性加大,蒸发强烈;湿度高,蒸发的可能性降低,蒸发弱。蒸腾作用一般通过植物的枝条和表皮的角质层及气孔进行,主要受光照、温度、湿度、风速和植物特性影响。影响蒸腾的环境要素与蒸发相似,植物本身的要素主要是植物的叶面积大小、毛孔多少和是否具有抗旱结构。湿生性植物的蒸腾作用强于旱生性植物。经植物蒸腾的水分数量也十分惊人,据研究,大多数植物每平方米叶面每小时蒸腾的水分,白天约为 15～250 克,夜晚 1～20克。正常情况下,每公顷农田,一年的蒸腾量可达十余万吨。

(2)输送

从海洋和陆地蒸发(腾)到大气运动输送,水汽传输首先是垂直方向通过对流进行。在从下往上的传输过程中,大部分水汽会因气温下降而凝结成水滴,有的会就地降落,不再参与水汽循环,但大部分会继续随空气运动。在空气条件适宜时,空中的水汽就会进行水平输送。水汽输送到什么地方与大气环流密切相关。如果运动的空气遇到阻碍,如山脉、性质不同或运动方向不同的气流,其中的水汽将凝结和降落。总的来说,全球水汽的输送方向主要的是从海向陆,从陆向海的数量较少,只有局部地区存在从陆地向海洋的水汽输送。跨海陆的水汽输送成为大循环的一个环节，只在陆内或海内的水汽输送则是陆内或海内小循环的环节。水汽输送过程如果出现异常，就会产生干旱或暴雨。

(3)(凝结)降落

当温度降低到一定程度，大气中的水汽就重新凝结成液体，即水滴。如果水滴逐步变大，空气的上托力不能继续维持其悬浮状态，则形成降雨。如果上空气温低于0℃，水汽会结冰，则形成降雪。在春、夏季空气对流强烈，冰体在空中上下反复经历结冰——融化——结冰的反复，则形成冰雹。

降雨和降雪是大气水转换为地表水的主要形式。按强度，降水一般分为暴雨(雪)、大雨(雪)、中雨(雪)、小雨(雪)。各级别的降水量见表2-2。

表2-2　我国降水量强度划分表

降水强度	降雨量	降雪量
暴雨(雪)	≥50 mm·d^{-1}，≥16 mm·h^{-1}	能见度极，辨不清雪花来自何处
大雨(雪)	25～49.9 mm·d^{-1}，8.1～9 mm·h^{-1}	≥5 mm·d^{-1}，能见度≤500 m
中雨(雪)	10～24.9 mm·d^{-1}，2.6～8 mm·h^{-1}	2.5～5 mm·d^{-1}，能见度500～1 000 m
小雨(雪)	≤10 mm·d^{-1}，≤2.5 mm·h^{-1}	≤2.5 mm·d^{-1}，能见度≥1 000 m

资料来源：辞海(理科)

(二)径流与洋流

(1)径流

径流又称河川径流，是指汇集陆地表面和地下而进入河道的水流。地表部分叫地表径流(河流和坡面水流)，地下部分叫地下径流。地表径流的形成经过产流和汇流(汇集成河)两个阶段。大气降水落到地面后，首先向土壤下渗，下渗的水一部分以壤中流的形式流向沟渠，一部分继续向下补充土壤，之后，一部分被蒸发进入大气，一部分继续下渗成为地下水，还有一部分留在土壤中成为土壤水。当降水量把土壤孔隙填满，即土壤水饱和后，不再下渗，或者降水强度大于下渗强度，降水便沿地面形成径流，即坡面产流。前者叫入渗产流，后者叫超渗产流。产流过程受降水强度、时间、土壤含水量、地面坡度和地表物质(如植被)等因素的影响和制约。研究产流过程，分析产流影响因素是自然地理空间过程研究的重要内容，有关内容在相关章节予以叙述。坡面径流形成后，由小到大、积少成多，逐渐汇集形成溪流，溪流又逐步汇集成为河流。汇流过程实际上就是河流的地面补给过程。除了地面径流外，下渗到地下的地下水也会在重力作用下形成地下径流，并通过补给河流、湖泊转变为地表水。当然，下渗的降水最终不一定都转变为地表水，有一部分地下水通过土壤蒸发与大气水进行就地交换。地下水的运动十分复杂，地下径流过程研究也有较大难度。

进入河流的水在重力作用下，沿河道流动，沿途不断汇集，形成以大河为轴心、具有大量支流的地表水系。同时，还不断接受降水、冰雪融水、地下水的补给。流动过程中的河水一部分蒸发到大气，一部分补给地下水，大部分最后流入海洋。

(2)洋流

洋流是各地海洋水交换、循环的重要形式，也是海气间水循环的必要环节。如果没有洋流，那么被大气传输到其他地方的海水就不可能回到原地，这部分海水也就不能进行循环。洋流的形成主要是由大气运动——风和海水密度差引起的，表层洋流更多的是大气环流作用的结果。在大气环流作用下，洋流形成了低纬环流与高纬环流。以赤道为中心，洋流的形成过程如下：首先，赤道两侧的信风（东北、东南信风）吹动赤道附近的海水从东向西运动，形成赤道洋流。赤道以北为北赤道暖流，赤道以南为南赤道暖流。赤道洋流向西遇到大陆，分为南北两支，从低纬向高纬流动，形成暖流：太平洋为黑潮、澳大利亚暖流，大西洋为墨西哥湾流、巴西暖流，印度洋为莫桑比克暖流。同时，赤道南北两侧的海水向西流动，使赤道海水减少，西部的海水沿赤道向东流，形成赤道逆流。其次，向南、向北流的洋流受地转偏向力的作用，在南北纬30度附近，转为从西向东，分别形成北太平洋、北大西洋暖流和西风漂流（南半球）。最后，从西向东的洋流遇大陆阻挡，又被分为南北两支，从高纬向低纬流动，形成寒流：太平洋为加利福尼亚寒流（北）、秘鲁寒流（南），大西洋为加那利寒流（北）、本格拉寒流（南）。向高纬度流动的洋流中北半球的湾流、黑潮和北大西洋暖流都比较强大，并与从西向东的北太平洋、大西洋暖流汇合在一起。在中高纬度也存在环流，太平洋西部为千岛寒流（亲潮）、东部是阿拉斯加暖流。大西洋西部为东格陵兰、拉布拉多寒流，东部是北大西洋暖流的延续。当然，中高纬度不像中低纬度那样形成明显的环流形态。世界洋流示意图见图 2-4。

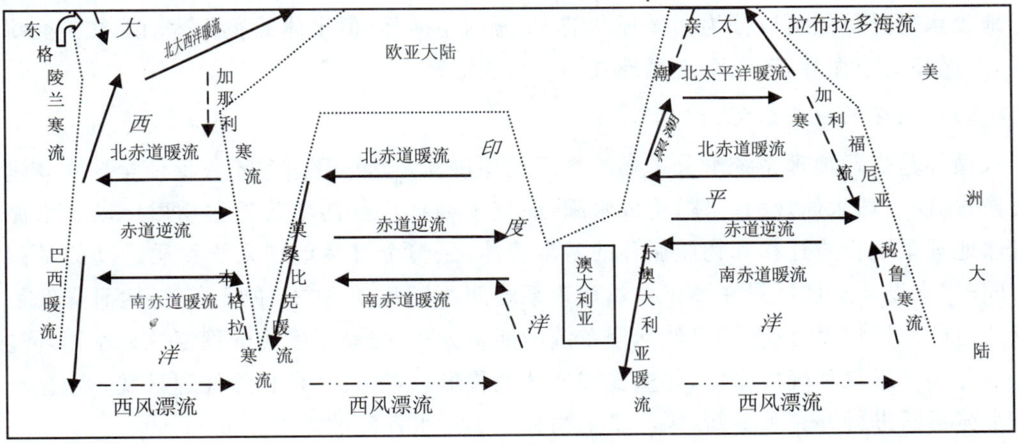

图 2-4　世界洋流示意图

在太平洋的高纬度地区，还构成一个循环：东部是黑潮的延续，西部则是从高纬向低纬的亲潮。在大西洋西部是格陵兰寒流。通过洋流，世界大洋的水体进行了充分的交换和循环。

此外，海水的密度差也引起洋流，如地中海与大西洋之间就是通过密度流进行交换的。原因是地中海的盐度极大，密度较大的海水从地中海向大西洋流动，底层则进行补偿流。世界各大洋上下层海水之间的循环也是通过密度流进行的。如秘鲁沿岸，由于表层海水向西流动，底层海水便涌起到表层，补充流走的水体。在澳大利亚东部海区，则因海水堆积造成表层密度大，导致部分海水下沉，补充底层向东流去秘鲁的海水，形成了太平洋上下层海水的循环。高低纬度之间也存在密度流，一般是高纬度海水因冷、重下沉，低纬度海水因热、轻而上浮，构成高地纬度间的密度流。

洋流是海洋水体交换与循环的重要环节和组成部分，与大陆的径流类似，在全球水循环中意义重大。

显然，比较完满的水循环应该是在水源地蒸发，然后传输，在高处或其他地方降落，经过径流或洋流返回出发地，完成一次水循环。但由于蒸发、降水能随时随地进行，因此，有的水体可能只需蒸发、降水两个环节即可完成一次循环，时间相对较短，但如果全部水体都进行一次循环更新所需时间则是较长的。世界各水体的交换周期短的只需及小时，长的可达上万年（表 2-3）。

表 2-3　地球水体的交换周期①

水体	交换周期	水体	交换周期
世界海洋	3 000 年	湖泊水	17 年
地下水	1 400 年	沼泽水	5 年
极地冰川与积雪	9 700 年	河　水	12 天
山地冰川	1 600 年	生物水	几小时
永久冻土地下水	1 000 年	大气水	10 天
土壤水	1 年		

地表水循环虽然可以分为大循环和陆内、海内小循环，但水体的实际运动往往是交织在一起的，大循环套小循环，若干个小循环共同参与大循环。

（三）水循环的地理意义

水循环是自然地理系统十分重要的物质循环过程。水循环过程不仅促使全球水体进行充分交换，也使全球水体成为一体，构成水圈，而且水循环往往伴随其他的物质运动。水循环作为自然地理系统物质迁移和物质循环的基本载体，是整个自然地理系统物质运动的基础和前提。同时，水循环也使能量在整个自然地理系统间不断流动，进行重新分配，从而降低了全球能量的地区差异程度，改善了自然地理系统的能量分布，提高了系统的稳定性。水循环过程会产生各种天气现象和气候变化，并塑造多样的地貌形态，形成多种自然地理景观。水循环能使各地水体不断进行补充和更新，确保了生物和人类对水资源的需求。

二、水量平衡

（一）水量平衡概念

地表水循环遵循物质能量运动的基本规律，在循环运动中，一地的储水量的变化等于输入的水量与输出水量之差。长期看，输出某地的水量等于输入该地的水量，水量并没有因为循环而增加或减少。水量的这种数量上保持稳定的状态称为水量平衡。地表水量之所以能保持平衡，主要是因为水循环。例如，内陆水体（河、湖等），如果没有降水的补充，通过蒸发的水体就无法得到补充，水量将逐步减少，最终消亡。由于水循环，降水不断地补充蒸发的水量从而使水量能较长时间保持稳定。海洋也同样如此，如果没有陆地的河水补充，经蒸发并随大气环流输送到大陆的水，就不会返回大海，海洋的水量也会逐步减少。当然，地表的水体也有部分逸散到太空，地球内部的水也会随火山等输送到地表，前者使地表水量减少，后者使地表水量增

① 资料来源：Lvoitch. 1970. M. I. , world Balance, 2, Proceedings of Reading Symposium, AHS－Unesco－WMO. 401-415

加。不过，由于二者的水量均较少，故可以忽略不计。

全球水量平衡目前尚无精确数据，但据研究，总量基本是平衡的。1995 年 John Mbugua 等估计数据是：

全球海洋年蒸发量	505 000 km^3
全球陆地年蒸发量	72 000 km^3
全球海洋年降水量	458 000 km^3
全球陆地年降水量	119 000 km^3
全球陆地径流水量	47 000 km^3

按其估计，全球、全球海洋、全球陆地的水量都是平衡的。

(二)水量平衡方程

用以衡量不同地区的水平衡的方程叫区域水量平衡方程，用以衡量全球水量平衡的方程叫全球水量平衡方程。其方程式各有所不同。

1. 通用水量平衡方程

$$I(t)-O(t)=\mathrm{d}S/\mathrm{d}t\text{，简化为 } I-O=\Delta S$$

式中 I 为输入量，O 为输出量，S 为蓄水量，ΔS 是蓄水量的变化值。此平衡方程是物质不灭定理在水量平衡中的应用。

2. 全球水量平衡方程

从长期看，全球有：

$$E_{陆}+E_{海}=P_{陆}+P_{海}$$

式中 E 为蒸发量，P 为降水量。即从全球角度看，在足够长的时间后，从陆地和海洋蒸发的水量等于从大气降落到陆地和海洋的降水量。

3. 流域水量平衡方程

对某一流域而言，有：

$$P+R_1-R_2-E=+\Delta S$$

式中 R_1 是流入流域的径流量，R_2 是流出流域的径流量。如果降水量与流入的径流量之和大于流出的径流量与蒸发量之和，则流域水量处于净亏损，蓄水量减少。反之，蓄水量增加。

目前，对于流域而言，还必须考虑人类进行的跨流域调水造成的输入(D_1)输出(D_2)。因此，在考虑人类的影响时，方程应为：

$$P+R_1-R_2-E+D_1-D_2=+\Delta S$$

4. 地下水水量平衡方程

对地下水有：

$$\alpha P+q_i-q_0-F_0=\pm\Delta S_0$$

式中 α 渗透率，P 降水量，q_i 地下水输入量，q_0 地下水输出量，F_0 地下水上升到地面后的蒸发(散)量，ΔS_0 地下水蓄水量的变化量。降到地表的水能够进入地下的部分占全部降水量的比例即下渗率或渗透率。

5. 土壤水水量平衡

土壤水平衡方程：

$$P+C_m-R+S_i-S_o-E_T=\pm\Delta S$$

式中 C_m 为土壤中的凝结水量，S_i 为地下水和土壤水流入量，S_o 为土壤水下渗流出量，E_T 为土壤水的蒸发(散)量。其余与以上各方程相同。

三、水循环与水平衡研究

地表水循环与水平衡研究是当前比较重要的自然地理研究内容。由于人类活动的强度不断加强，对水的需求量越来越大，有限的水资源供应必然成为制约人类社会经济发展的重大阻力。研究地表水循环与水平衡，从本质上弄清楚地球表层的水运动变化的基本规律，掌握水循环的数量特征，对于解决人类社会越来越严重的缺水问题意义重大。

从目前看，水循环和水平衡研究的主要领域包括：

(1)水循环各个环节的影响因子及其影响的量化研究。其中，蒸发的过程及蒸发量的计算具有特别重要的意义。

(2)土壤水和区域水调控研究。包括跨流域引水、灌溉对水循环等的影响以及与此相关的生态、环境问题。

(3)水循环中的生物循环问题研究(BAHC)。1994 年国际地圈与生物圈计划(IGBP)开始了此方面的研究，“侧重于水圈层与地圈、生物圈和全球变化交互作用的研究”，“BAHC 的实施，将提供对陆面过程以及植被与水文循环之间相互作用过程的深入了解，从而对评估全球变化对淡水资源的影响、人类对生物圈的影响等产生重要作用。目前主要研究专题有四个：一维土壤一植被一大气传输模型的发展、检验和验证；陆面特征与通量的区域尺度研究，实验和模拟；生物圈一水圈的相互作用的全球多样性；天气发生器计划，设法将水文循环生物方面的不同尺度模型信息通过天气发生器的中间环节联系起来，直接为社会需求和国民经济建设服务。”

(4)全球水文研究。据刘昌明概括，研究内容包括：“在自然界与人类活动下的水循环，全球和大尺度水文要素的空间分布与时间序列的分析，区域水文要素变动的一般成因与统计规律，径流变化的同步与非同步性地带，地球水文情势的古地理重建，地球水资源超长期预测及其对地球外壳发生过程演进的影响，自然水的相互作用关系等。”(黄秉维等 2000)

第三节　自然地理系统的大气环流

一、大气环流

(一)单圈环流与三圈环流

大气循环又称大气环流，是在太阳光能的驱使下发生的大气运动。大气环流非常复杂，实际的大气环流是在行星环流的基础上形成的，因此，认识行星环流是认识大气环流的基础。行星环流就是在不考虑地面状况，只考虑地球形状、运动情况下的大气环流，最根本的是三圈环流。大气具有受热上升、遇冷下沉的特点。一般来说，大气在赤道附近受热上升，在极地附近受冷下沉，若如地球静止不动，大气将以极地和赤道为终点进行环流，即单圈环流。但地球自转产生的地转偏向力，使大气环流发生变化，形成三圈环流。首先，从赤道上升的气流在赤道上空聚集后向南北方向运动。在移动中受地转偏向力作用，北半球向右偏，使大气在高空形成偏西风，当达到 30°N 附近时，变为东西方向，从而阻止继续北上的空气，故在 30°N 附近堆积，形成地面副热带高压带，空气从上空下沉，下沉的空气大部分向南流回赤道，从而构成低纬度大气环流。向北流的同样发生偏转，为西南风，到极圈附近(66.5°N)变为由西向东，并与从极地向南流的空气汇合，相互挤抬，向上抬升，形成副极地低压带，到高空后气流又分向南北方流动，向南的流动到 30°N 附近与赤道来的气流汇合，构成中纬度大气环流。向北的转向为西南风并在极地汇合后下沉，形成极地高压。极地气流在地面则向南流动，转向为西北风，到副极地与北上气流汇合，构成高纬度环流。南半球与此相反，但同样形成三圈环流。(图 2-5)

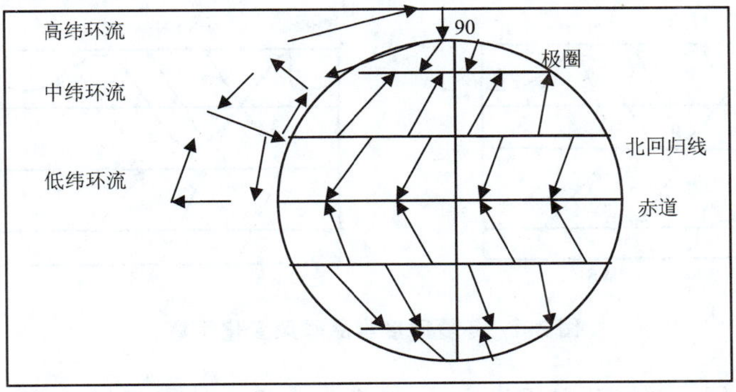

图 2-5　大气三圈环流示意图

在实际的大气环流中，三圈环流只是背景，真实的环流在方向、连续性等方面都已发生了巨大的改变。海陆差异不仅破坏了三圈环流的完整性，使其分割成几个海、陆环流，而且由于海陆对比，还形成夏季大陆热、海洋冷，冬季大陆冷、海洋热(相对来说)的热源差异，导致海陆间也产生环流，如季风循环和海陆风等。此外，地球的回归运动也引起行星风系的移动，在海陆的共同作用下，产生季风等变化。

(二)季风环流

季风环流是指在较大范围内低空盛行风向随季节呈相反或接近相反方向变化的现象。季风主要分布在亚洲大陆、美洲大陆东部。引起季风环流的首先是海陆热力差异，其次是行星风系的季节移动。

据研究，大陆与海洋在热能的吸收和释放方面有明显差异。大陆上，岩石土壤等下垫面吸热快，放热也快；海洋中，水面吸热慢，放热也慢。据研究，大陆的最热月在 7 月，要比海洋早一个月；冬季，大陆比海洋冷得快，最低温出现在 1 月，而海洋在 2 月。因此，在夏季，陆地吸热快，近地面大气被迅速加热，在地面形成热低压；与此相反，海洋则相对形成冷高压。冬季相反，大陆放热快，空气迅速冷却，地面为冷高压；海洋则相对较热，为热低压。高空与地面相反。季节性海陆高低压的出现，打破了行星风系构成的高低压格局和空气运动，形成了季风环流：夏季，由于海洋为高压区，大陆为低压区，风从低纬度海洋吹向大陆，比较湿热；冬季，风从高纬度大陆吹向海洋，比较干冷。二者的方向接近相反，性质迥异，并随季节不断变换。高空风向与地面相反。以亚洲大陆与太平洋为例，夏季，亚洲大陆中西部出现比较强烈的热低压，太平洋上则形成副热带高压，风从纬度较低的热带、亚热带海洋吹向亚洲大陆，在地转偏向力作用下使亚洲大陆东部的中国、朝鲜半岛盛行湿热的东南风，出现高温多雨的天气，而且高低纬度间差异极不明显。冬季，由于亚洲大陆中高纬度地区的西西伯利亚出现范围广泛、中心气压高达 1000 百帕以上的冷高压,而太平洋上则为范围较小的热低压,因此风从高纬内陆向低纬海洋吹,形成强大的干冷的西北风,天气寒冷而干燥。大陆西部依然受三圈环流的控制,但因海陆影响,方向等有所变化。

由地球公转导致的信风带的季节移动,也引起低纬度大陆东南部的季风环流,如南亚和东南亚季风(图 2-6)。夏季,南半球的东南信风北移,越过赤道,受地转偏向力影响,风向逐步转为西南向,形成西南季风,空气湿热;冬季,北半球的东北信风越过赤道向南,受地球地转偏向力的作用,风向逐步转为西北向,形成西北季风,空气干冷。高空与地面相反。

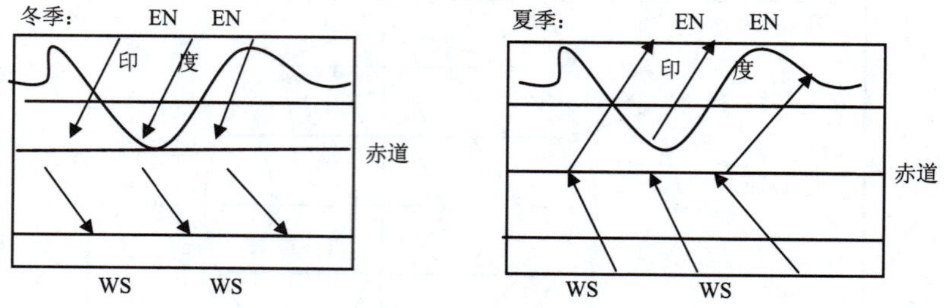

图 2-6 冬夏印度半岛季风变化示意

海陆风相对来说时间较短,范围更小,一般发生在沿海地区百千米范围内,发生的机理与季风相似,不过海陆风以一天为周期进行更替:地面白天吹海风,夜晚吹陆风,高空相反。

二、大气环流的地理意义

大气环流的自然地理意义表现在:

(1)大气环流是地球水循环的重要载体,没有大气环流,水循环难以进行。水循环中的蒸发、水汽输送、降水都与大气环流有关,特别是水汽输送,完全依赖大气环流。大气环流的方向、速度与距离决定水汽输送的方向、速度与距离。水循环与大气环流唇齿相依。

(2)大气循环伴随能量输送,是自然地理系统能量交换的重要过程。大气循环携带能量进行高低纬度之间、海陆之间,大气与地面之间的广泛交换与传递,使整个地球表面的能量得以重新分配,改变了地球表层能量分布格局。

(3)大气循环是气候带进而是自然地理景观形成的基础。大气循环形成了高中低纬度的各个气压带和风带,并产生季风现象,导致了季风气候的形成。

(4)大气环流将使全球大气得以不断交换与混合,保持了全球大气的一致性和整体性。

(5)大气环流使空气污染物的传播范围扩大到全球,使任何局部大气污染都具有全球性。因此,解决大气污染问题必须全球合作,共同努力。

现代大气环流研究比较集中于大气环流的异常和变化方面,强调从全球角度去研究和解决问题。

第四节　生物与环境的物质交换及生态循环

一、生物交换与生态循环

生物与环境之间存在密切的物质交换，植物与环境、动物与环境之间的物质交换十分频繁，这些被交换的物质在生物与环境间不断循环，被称为生态循环。物质的生态循环是指在生物的作用下，自然地理系统的物质元素进入生物体内，随生态系统的食物链从生产者到消费者、再到分解者进行传递，由分解者将之分解后归还给环境，然后又被植物等吸收利用进入生物系统的重复过程，如图 2-7。

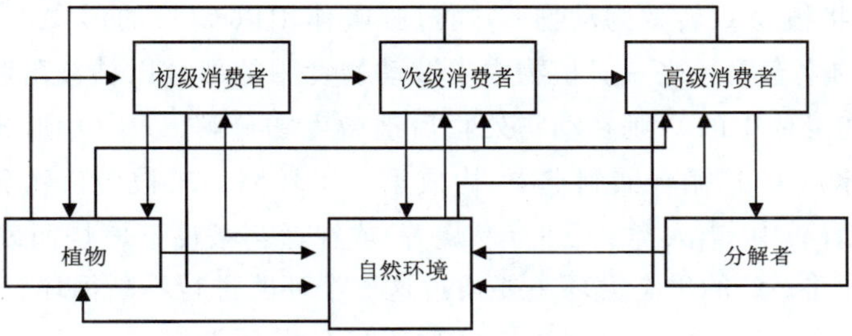

图 2-7　物质生态循环示意图

从图 2-7 可以看出，物质生态循环包括几个环路：植物与环境，动物与环境，植物至动物与环境三个环路。植物与环境环路包括植物与环境间的日常交换和植物与环境间的生态循环。日常交换主要是植物与空气之间的 CO_2/O_2 交换和水交换。生态循环通过植物根部从土壤中吸取水、矿物质、有机质，将环境物质吸收到植物体内，然后通过对枯枝落叶及整株植物遗体的分解，将生物体内的有机质、矿物质、水归还环境，形成化学元素的生态循环。动物与环境环路仅指初级消费者、次级别消费者、高级消费者、分解者与环境之间的日常物质交换，如 CO_2—O_2、水—水的交换。植物至动物与环境环路包括环境—植物—初级消费者—分解者—环境、环境—植物—初级消费者—次级消费者—分解者—环境、环境—植物—初级消费者—次级消费者—高级消费者—分解者—环境三个环路，其中，最后一个环路是生态循环的主要形式和路径，生态循环一般指的就是这一循环过程。

在生物圈里，各种化学物质，包括原生质必不可少的各种元素，具有沿特定途径，从周围环境到生物，再到环境不断循环的趋势，这种循环也称为生物地球化学循环。对于必不可少的各种元素和化合物的运动通常称为营养循环。每一个循环都有两个分室：储存库和循环库。储存库是指容积大，物质运动缓慢的部分，一般为非生物环境，如氮的储存库为大气，水的储存库为海洋等。循环库即处于快速运动中的物质分布空间，大多是生物与环境之间迅速交换物质的那一部分，其中，C、N、P 元素的循环最具代表性。

（一）C 循环

C 循环是生态循环的基本循环，其过程如图 2-8。

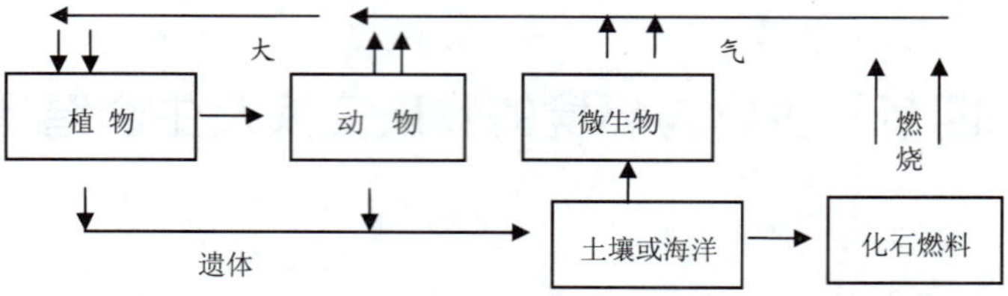

图 2-8　C 循环示意图

生态循环中 C 的储存库有三个：海洋、土壤及大气，库中的 C 以 CO_2 的形式存在。动物呼吸作用产生 CO_2，生物遗体在海洋、土壤中被微生物分解，或被人类燃烧放出 CO_2 进入海洋水体和大气之中。植物的呼吸作用则吸收 CO_2，海洋等水体也能吸收 CO_2。因此，以大气为分析出发点，则 C 的循环过程是：植物吸收空气中的 CO_2，将 CO_2 转变为生物碳水化合物储存起来，经食物链，动物将植物 C 转变为动物 C，通过呼吸作用以 CO_2 的形式将 C 归还空气，形成一次循环，此为 C 的生态路径之一。植物中未被动物食用的部分以枯枝落叶等遗体形式落到地面或海水中，动物身体中的 C 则在动物死亡后被微生物分解，以 CO_2 形式释放到空气或水中，水中的 C 通过水汽 CO_2 循环回到空中，构成第二个环路。未被微生物分解的部分则演化成化石能源储存在岩石中，当人类利用时(燃烧等)或在适当条件下燃烧而以 CO_2 形式释放到空中，形成第三个环路。C 的生态循环主要通过这三个环路进行不断循环。显然，第一个环路所需时间最短，第三个环路所需时间最长。O 循环与 C 循环类似。只不过动物与植物的作用刚好相反。

(二)N 循环

N 循环是很复杂的气体循环的代表。含有 80% N 的大气是最大的储存库，生物从大气中获取 N。能够从大气中获取 N 的陆地植物主要是有根瘤菌即固氮菌的豆科植物，海洋中的藻类也一样具有固 N 作用。这些年固氮生物能将气态 N 转变为硝酸盐，供生物利用。另外，光电作用也能使大气中的 N 变成生物可以利用的硝酸盐。成为硝酸盐的 N 通过两条路线迁移：一是在脱硝酸盐细菌的作用下分解，回到大气；一是在植物的吸收作用下，进入植物根系，合成植物蛋白质，进入食物链，开始生态循环。海洋中的藻类 N 有一部分直接以遗体形式沉入海底，转入地质循环，另一部分同陆地一样，进入生态循环。进入生态循环的部分，以食物链为基础进行传递，从植物或者经过动物，最终以遗体、残体形式由分解者腐烂分解为氨基酸、

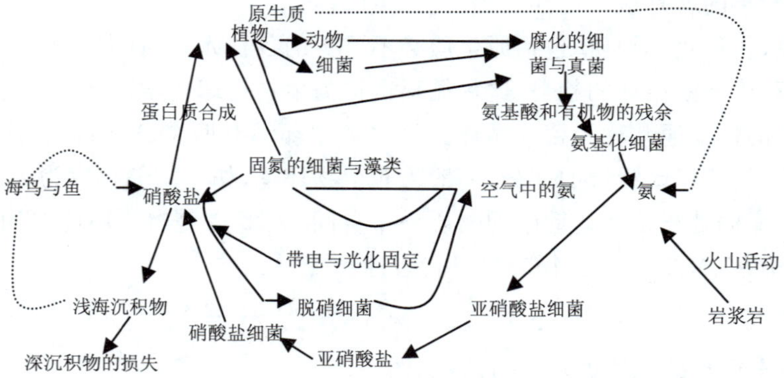

图 2-9　N 的生态循环示意图

氨，再经过亚硝酸盐细菌转变为亚硝酸盐，经过硝酸盐细菌将亚硝酸盐转变为硝酸盐，进入下一轮循环。火山活动也能产生氨，因此，成为沉积岩的 N，通过火山活动，又使在海洋中沉积退出生态循环的 N 进入循环（地质循环）。N 的生态循环如图 2-9。

（三）P 循环

P 是固体物质，其循环隶属于地表物质循环，但由于生物的作用，其循环过程增加了生物环节。P 的主要库存地是磷酸盐岩石和鸟粪沉积，经侵蚀溶解进入生物循环，循环过程如图 2-10。

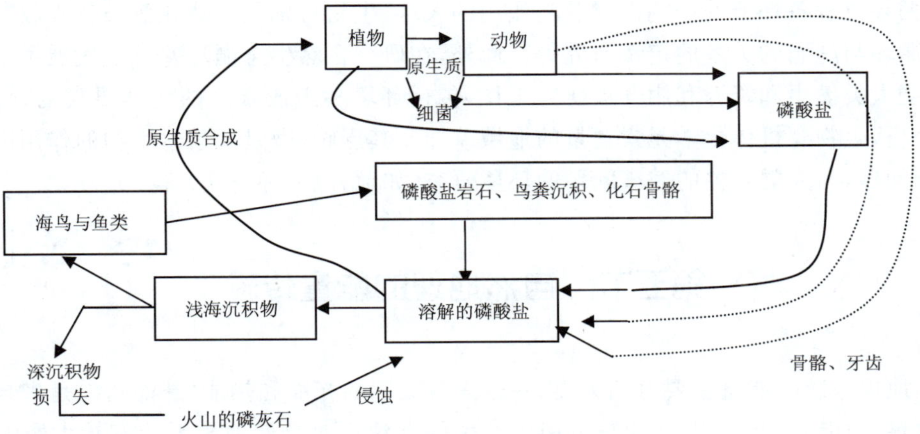

图 2-10　P 生态循环示意图

如图所示，储存于磷酸盐岩、鸟粪沉积中的 P 在水的侵蚀下溶解于水，一部分流入浅海，一部分被植物吸收变成原生质进入生物体内。流入浅海后，一部分由鱼类和鸟类吸收进入生物循环，一部分转为沉积岩暂时脱离循环。暂时退出的部分如经火山活动转变为火山磷灰岩，则进行地质循环。由鸟类和鱼类吸收的部分死亡后又变为磷酸盐岩，完成一次循环。被植物吸收的部分经由两条路线完成循环，一是通过磷酸盐细菌，二是通过动物排泄直接回到溶解的磷酸盐。第一条路径又分三条道路进行传递：第一条，通过食物链进行，即植物—动物—磷酸盐细菌—溶解的磷酸盐；第二条，通过细菌直接对植物遗体进行分解，回到溶解的磷酸盐；第三条，通过细菌直接对动物遗体进行分解。

在 P 的循环中，海鸟的作用十分重要，据估计，每年由海鸟带回陆地参与循环的磷的数量大约在 6 万吨左右。不过，人类对磷循环的作用越来越大，每年开采磷矿并通过施肥而进入循环的磷的数量达 100 万～200 万吨，远远大于自然循环的数量。然而，不幸的是人类施肥的大部分并没有被植物有效利用，而是随水流入河流、海洋。

K 等其他固体物质的循环类似于磷循环。

二、生态循环的意义

物质生态循环是地理学和生态学等学科普遍关注的问题，其重要意义首先体现在循环对生态系统稳定的重大影响上。生物必须从环境中吸取各种物质供其生长发育需要，生态系统的稳定与各生物个体的正常生长发育密不可分，也与物质的传递有关。对生态系统而言，稳定的物质输入输出是系统稳定的基础。其次，物质循环的重要性体现在人类施肥等活动的有效性方面。人类为了获取足够的物质，对生态系统的物质循环进行了较多的干预，施肥是其中最经常的一种。施肥量的确定和施肥带来的环境污染稳定长期困扰人类，而解决这些问题的基础是物质的生态循环。只有充分认识物质生态循环的基本过程和各种物质的生态循环规律，才能有效进行施肥和避免因施肥而带来的环境污染问题。此外，物质的生态循环作为自然地理物质循环中速度快、循环周期短的循环过程，对自然地理各部分的物质交换、系统稳定都有很大影响。

生态循环问题与其他物质循环一样，受到现代地理学的普遍重视。当前，定量分析与研究物质生态循环的过程越来越受到学界的重视。具体研究内容包括物质循环的周期，循环的物质数量，循环过程各环节的影响因素及其作用的大小，生物特别是植物在污染物吸收方面的作用，物质循环与施肥的关系的定量研究等。此外，在研究自然生态循环基础上发展了生态化学学科，围绕人类健康和资源利用开展研究工作，包括环境各组成要素的化学要素的含量、传输和平衡分析，生物有机体化学元素含量的地域差异及其影响，微量元素对生物的作用以及微量元素施肥问题，与人类有关的健康问题的环境研究（如地方病、环境病）等。

第五节　自然地理的能量传输

自然地理系统的能量主要有两大类，一是来自太阳的光能和热能（外能），二是来自地球的重力和地热（内能）。此外，日月星体的引力产生的潮汐也对自然地理系统有较大影响。这几种能量在自然地理系统中按一定的规则进行传递和流动，在其驱使下，自然地理系统的物质得以运动和循环。自然地理系统得到的太阳光能虽然仅占太阳能的大约 0.1%，但对自然地理系统却具有特别重要的意义。

一、自然地理系统的能量基础

（一）太阳辐射

1.太阳辐射及太阳常数

太阳辐射是自然地理系统最重要的能量来源，是地球生命存在的基础。太阳辐射由可见光、红外线、紫外线三个部分组成。可见光波长为 0.4～0.76 μm，是太阳辐射的主要部分，其能量约占太阳总辐射的 41%。可见光由红、橙、黄、绿、青、蓝、紫七种光组成。波长比红光长的太阳辐射叫红外线，靠近可见光一端的叫近红外，它的波长范围大致是 0.76～4 μm，能量占太阳总辐射的 50%，波长比紫光短的太阳辐射叫紫外线，波长范围约在 0.2～0.4 μm，能量占太阳总辐射的 9%。太阳辐射穿过长达一亿五千万千米的距离到达地球，在地球大气层之上的强度约为 $1\ 367 \pm 7\ \mathrm{W \cdot m^2}$。由于地球公转的存在，日地距离随季节而变，到达地球的太阳辐射值会随季节变化，但幅度较小，故一般视到达地球大气层的太阳辐射量不变，称太阳常数。

2.太阳辐射在大气层的传递与损失

太阳辐射在穿过大气层时，要受到大气组成物质的吸收、反射等影响，最后到达地面的太阳辐射已经与大气层顶的辐射有明显的不同。首先，进入大气的太阳辐射，波长小于 0.3 μm 的紫外线在距地面 25～35 km 范围被 O_3 吸收而不能进入大气下层。其次，可见光和红外线也因受到散射、反射等作用有不同程度的损失。晴朗的白天，大约有 10%的紫外线、45%的可见光、45%的红外线能够到达地面，占进入大气的总辐射的约 80%，有 20%的太阳辐射在经过大气时损失。阴天则损失更多，只有 20％或更少的太阳辐射到达地面。太阳辐射通过大气的损失情况见图 2-11。

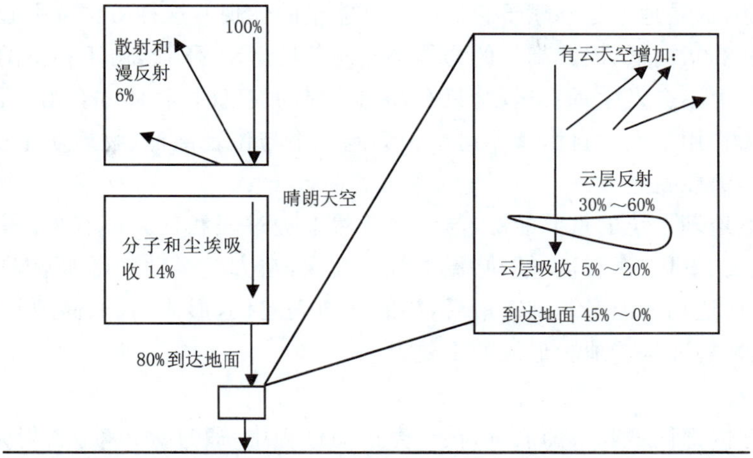

图 2-11　进入大气的太阳辐射损失(A. N. Strahler 1981)

如图所示，各种短波散射的结果使大约 6％的总太阳辐射消失在宇宙空间，只有 94％的太阳辐射进入地球系统。有云的时候，进入大气的太阳辐射平均有 21％被云反射回宇宙空间，只有约 45％～0％的太阳辐射到达地面。对地球生物而言，大部分紫外线被大气阻隔是一件很有意义的事，如果所有的紫外线到达地面，那么地球生物将面临灭顶之灾。

3. 地面辐射

到达地面的太阳辐射约有 50％被地面吸收，大约 50％的太阳辐射被地面反射回大气或宇宙空间，其中 6％的太阳辐射被直接反射回宇宙空间，与大气反射合在一起，直接返回宇宙空间的太阳辐射量约为 32％，其余被由大气吸收。地面受热后，以长波辐射、大气对流、热传导、水蒸发潜热等形式向大气传递热量。大气在吸收地面长波辐射等能量后，一部分继续存留在大气中，一部分则向下以长波辐射的形式返回地面，称大气逆辐射。

4. 辐射(能量)平衡

从长期趋势看，地面在不断接受来自太阳和大气的辐射的同时也在向宇宙空间和大气进行辐射和反射，吸收的能量与传输出去的能量在数量上保持平衡，称为地面辐射平衡。地面向外输送能量的方式有三种，一是长波辐射，扣除大气逆辐射的净辐射量占所吸收能量的 21％；二是水汽蒸发带走的热能，约占 20％；三是机械传导，约占 9％。合计为 50％，与所吸收的能量相等，达到收支平衡。

长期看，大气的能量收支也处于平衡状态：吸收来自太阳的 18％(大气分子等吸收 14％，云层吸收 4％)，来自地面的 42％，合计共吸收能量为 60％(净辐射 13％〔扣除逆辐射〕，水汽携带 20％，机械传递 9％)；向宇宙空间辐射的量为 60％。收支平衡。

(二)地球内能

地球内能即来自于地球内部的热能和机械能。尽管地球内能在自然地理系统的能量构成中不占主导地位，但仍然具有十分重要的作用。大陆漂移、火山、地震，以及地质构造运动都是在地球内能的作用下形成和变化的。可以说，地球表层的基本形态是地球内能作用的结果，外力只不过进行了改造和辅助。地球内能主要有两种形式，即重力能(势能)和热能。

1.重力能

重力就是地球引力,它使地球上的物体具有势能。位于地球表层的物体都具有从高处向低处运动的趋势,这是地球运动赋予它们的一种能量的体现。这种由位置引起的能就是势能。地球重力总是从高指向低,因此高处的物体必然向低处运动,不过,由于物体的相互支持,水平分布的物体实际上不会发生垂直运动,只有存在一定的坡度时,物体才会沿坡面向下运动。空中的物体在重力作用下发生自由落体运动。势能大小与位置高低、物质质量多少有关。位置越高、质量越大,势能就越大。

势能是自然地理系统的重要能源,与许多自然地理过程和现象都有关。首先是各种坡面运动,如水土流失、滑坡、泥石流、蠕动、侵蚀等。其次,与大气运动和降水有关。再次,势能是河流、冰川等水体运动的能量基础。最后,势能使地表起伏,形成山脉、高原等地势地貌,还是风沙地貌、流水地貌和构造地貌形成的重要力量。

2.地热能

地热是地球内部储藏起来的能量,在地壳运动过程中,通过火山喷发,岩浆侵入加热地下水等形式传递到地面。地热作为自然地理系统的能源相对来说不太重要,但在局部地区,当地热集中释放时影响巨大。如火山喷发时,巨大的热能将摧毁地表一切。巨大的破坏力不仅使植物和动物被烧死,而且使地形产生巨大变化。

地幔中的热能还是大陆和海洋地壳发生漂移和扩张的动力。由于高温使地幔物质处于熔融状态,并因力不平衡产生地幔对流,形成软流层,“托着”地壳运动,海底扩张和大陆漂移。

(三)潮汐能

日月等星体对地球表面的吸引力,引起水圈、岩石圈等的表面物质周期性的运动与变化称为潮汐。潮汐现象以海洋最为明显。引起潮汐的力则以月球引力为最(太阳与月球的引力比为5∶11)。月球作为地球的卫星距离地球仅30万km,尽管月球质量远比地球小,但月球的引力作用对地球的影响很大。海洋潮汐携带巨大的能量,对海洋水体的交换与混合作用十分巨大。

二、自然地理系统的能量转化与传输

自然地理系统的能量在自然规律的控制下,进行不停的传递和转化,即能量流。从以上论述中可知,进入自然地理系统的能量形式主要有太阳光能、热能、势能、潮汐能。其中,太阳辐射是自然地理系统最活跃的能源,它在地球表面的各纬度之间,海陆之间频繁交换和运动,引发了各种自然地理现象和地域分异。

(一)高低纬度之间的能量传输

能量在高低纬度之间的传输,主要是太阳辐射在地球表面分布不均引起的。由于地球不停地绕太阳公转,其运动的轨道面与地球赤道面形成23.5°夹角,因此,太阳光只能直射23.5°N～23.5°S之间的地域,在南北纬66.5°以上的极地地域,太阳高度角不超过23.5°,有的时候出现极昼极夜。这就使地球表面的太阳辐射分布出现低纬度多,高纬度低的情况,低纬度地区出现能量盈余,高纬度地区出现能量亏空(图2-12)。

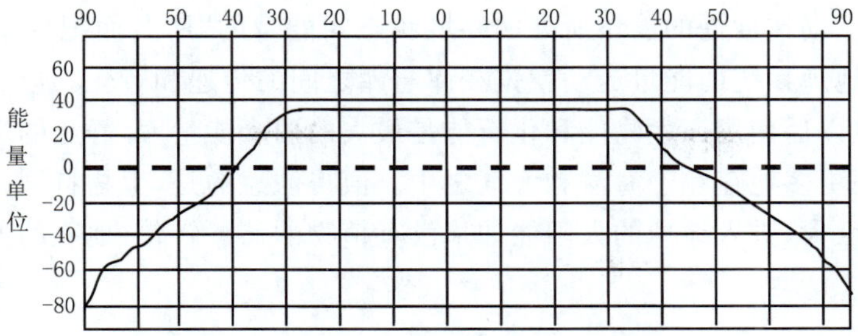

图 2-12　大气能量纬度分布示意图

如图所示，南北纬 40 度之内，能量盈余；南北纬 40 度以外，能量亏空，纬度越高，亏空越多。实际测量结果显示，能量最高的并不在赤道，而在北纬 20 度附近地区。因为，赤道上空多云，太阳辐射有所减少。太阳辐射的温度差异引起大气在高低纬度间的环流运动。伴随大气环流，能量由低纬度向高纬度输送，这种方向的传输叫经向传输。

（二）海陆间的能量传输

地球表层的能量传输，除了经向传输外，海陆间也存在主要通过大气环流的能量传输过程。首先，通过季风环流进行传输，夏季，地表是从海向陆输送能量，高空由陆地向海洋输送能量，冬季相反。第一步是从地（海）向大气的垂直热传递：水在吸收热量后蒸发到空中，以潜热的形式完成从海（陆）到大气的传递过程，或者近地（海）面空气接受地（海）面的热辐射、热传导，吸收热量，气温增加。第二步是从海（陆）向陆（海）的水平传输海，当风从海（陆）吹向陆地（海洋）时，热量随之输送到陆地（海洋）上空，完成由海（陆）向陆（海）的能量输送。其次，通过热带气旋（台风）向陆地输送。在低纬热带海面，由于强烈的蒸发作用，空气中富集了大量的热量和水汽，热低压的形成则使之产生气旋，如果气压足够低，则形成热带风暴、台风。当热带风暴移动到达大陆，热量便输送到陆地。不过，这种能量的输送时间短，形式强烈，具有较强的破坏性。局部地区海陆风也进行能量传递。

高低纬度之间、海陆之间的能量传递也使全球的能量分布变得均应，不至于对比过于强烈，产生强烈的大气运动，这为地球生物和人类的生存发展提供了良好条件。

（三）能量转化与储藏

自然地理系统的能量处于不停转化与流动之中，能量的形式转化驱动自然地理系统物质迁移和循环，维持自然地理系统的结构与功能的稳定。能量的形式转化主要有热能转化为机械能，光能转化为生物化学能、热能，机械能转化为热能，势能转化为机械能，生物能转化为化石能等。太阳辐射、地热是热能的基本来源，进入自然地理系统后，可以通过水、气转化为机械能，如水吸热发生蒸发，气吸热发生对流等。热能也可直接转化为势能，如火山喷发将物质抬升到高处冷却为火山岩，使之具有较高的位置，产生势能。太阳光能进入自然地理系统后大部分被地面、水等吸收转化为热能，一部分被植物光合作用利用转化为生物化学能。生物遗体在适当的地质条件下将生物化学能转化为化石能源，如石油、天然气、煤等储藏起来。化石能如被开发或自燃，又将生物化学能转化为热能。势能经常转化为机械能，机械能也能转化为势能，如大气运动将水、气等物质抬升到高处停下来。

自然地理系统的各种能量不断进行交换和转化，使进入系统的能量不断流动，但能量在自然地理环境中的运动并不都以同样的速度进行，有的较快，有的则较长时间静止不动。为分析方便,把数量大、运动速度慢的能量所处的环境状态叫能量的“库”,而把处于快速运动中的能量叫“流”。自然地理系统的能量运动就是在库与库之间的传递和转化。位于库中的能量实际上被储藏起来,供以后使用。生物能和化石能是最大的两个能量库,静止的高处的物体是最大的势能库,热能则更多地存在于海洋和大气之中。值得注意的是,生物特别是植物在能量转化和储存中的作用巨大,进入地球的太阳能如果没有植物的储藏转化,地表的温度将迅速上升。

第三章　自然地理系统的空间过程

第一节　空间过程概念

空间过程是指自然地理要素在地球表面、区域与区域之间的运动变化过程。过程研究强调事物在空间随时间而进行的运动变化的步骤、状态以及结果。空间过程包含空间和时间两个变量，更强调空间(区域)因素和空间变化，对时间因素考虑不多。强调时间的过程叫时间过程，系统演化属于时间过程。

自然地理要素的空间过程实际上是自然地理事物在地球表面的运动变化，是自然地理要素的物质迁移与物质循环的基本环节。空间过程是距离和时间均较短的自然地理要素的运动过程。一系列有机联系的空间过程构成自然地理系统的物质迁移和循环。物质迁移与循环强调物质在空间上位置改变的事实，而空间过程则强调物质的运动形式和位置随时间变化的性质。

空间过程的基本形式主要有三种，一是固体或具有固体性质的自然地理要素的空间位移，结果是使自然地理事物的空间位置发生变化。二是具有粒子性质的自然地理要素的空间扩散，其结果是导致该类要素分布范围的扩大和分布形式的改变。三是水、气物质的界面相变，如水蒸发、入渗等，结果是物质的存在形式发生变化。

空间过程是自然地理系统运动变化的具体表现，是自然地理系统重要的研究领域。开展空间过程研究对于认识自然地理事物的运动变化特征，掌握其运动变化规律并用于自然地理过程的预测，从而为人类预防与控制各种不利的自然地理过程，如滑坡、泥石流等，减轻灾害性自然地理过程的破坏与损失都具有重要意义。

第二节　空间过程原理

一、空间过程的基本形式

(一)位移

位移，即物质位置的移动、变化，是几乎所有自然地理要素都会发生的一种空间过程，固体物质、生物、水、空气都会在力的作用下发生位移。物质迁移、循环主要由一系列的空间位移完成。无机的自然地理要素的位移主要在重力和气压梯度力作用下发生，生物则更多的是在生存压力作用下进行。无机物的位移过程严格遵循物理学中的力学原理，受牛顿力学定理的制约，位移的速度、距离等与力的大小、方向和作用特点有关。生物的位移即生物迁移，比较复杂，受生物竞争和环境等的制约和影响。

（二）扩散

扩散是粒子状物质从中心向四周分散的运动形式。自然地理要素中具有粒子性质的要素，如物种、污染物等，常发生空间扩散。空间扩散也是在力的作用下进行的，但扩散的力来自内部，类似于分子的张力。

（三）相变

相变是物质存在形态的转变，主要是指水的固态、液态、气态之间的转变，也包括生物体的水分散逸到空中的过程——蒸发（散）过程，以及 CO_2 等气体物质在水－气之间的转变。相变一般发生在物质界面，也可以称为界面过程，如水－气界面过程主要就是液态水向气态水，气态水向液态的转变和 CO_2 的溶解与逸出。相变过程实际上就是各自然地理要素之间的相互作用及由此产生的物质交换过程。

二、空间过程的动力与阻力

（一）动力

位移，非生物在地表位移的动力主要是重力，在大气中则是由重力转化而来的大气压力。生物的空间位移主要发生在动物界，动力是生存压力：一方面是食物缺乏的压力，如因环境破坏导致食物匮乏；另一方面是生存空间压力，如因种群数量过多、环境破坏导致。由于地球上的重力总是从高处指向地处，而地球表面从陆地的高山到深海海底，高差达一万多米，因此，地表物质总的趋势是从陆向海，从高往低运动。同时，由于存在物质密度的空间地域差异，各地的压力不同，形成气压梯度力，力的方向从压力大的地方指向压力低的地方（图 3-1）。

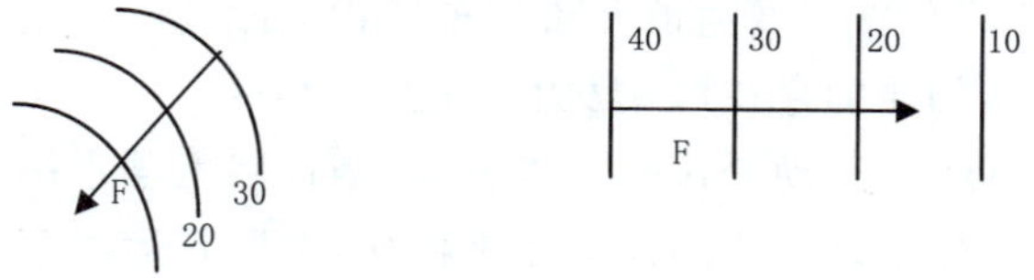

图 3-1　空间气压梯度力示意图

在气压梯度力作用下，大气物质发生空间位移，方向为梯度力方向。非生物自然地理要素的位移具有方向的不可逆性，因为作用力的方向不可逆。动物的空间位移与非生物有很大不同，位移一般以迁移的形式出现，方向多变，甚至会多次回到出发地。物质的空间位移如遇到阻力，位移停滞，阻力消除后可以在外力作用下继续位移。

扩散，扩散的动力来自于分子运动的张力。粒子的扩散如无阻力，则均匀地向四周运动。如在某方向上遇到阻力，则会出现不规则向外扩散的过程。阻力消除后扩散继续，但扩散的空间形式已有变化。

相变的动力来自于水分子的相互作用，包括分子张力、分子之间的碰撞等。液态水体表面往往受到来自内部的分子吸附力和分子之间碰撞挤压外推力的相互作用，当吸附力大于外推力时，水分子逃逸到大气；反之，气态水分子被吸附到液态水表面。CO_2 的溢出和溶解与水中

CO_2 浓度有关。

（二）阻力

地理要素的空间过程受较多因素的阻碍，产生各种阻力。不同空间过程的阻力不同。位移的阻力是摩擦力与地形，扩散和界面过程的阻力是介质与介质的分子运动与相互作用。

第三节　主要空间过程

一、空间位移过程

空间位移过程主要包括坡面过程、流水过程、风沙过程等形式。坡面过程发生在山体坡面，包括侵蚀、滑坡、崩塌、蠕动等基本过程，重力作用是产生坡面过程的基本动力，但水流、温度变化等也是十分重要的影响因素，坡面过程往往是以重力为基础的几种动力相互作用的结果。陆地上的流水过程本质上是广义的坡面过程，即降雨从高到低的流动过程，以及因此而产生的物质侵蚀、搬运、沉积过程，但坡面过程特指山体坡面物质的运动过程，因此，发生在沟道、河道的空间过程叫流水过程。泥石流也是一种特殊流水过程，是土壤侵蚀与流水过程的融合和相互作用的结果。风沙过程是干旱区或干燥情况下，地面物质在风的作用下发生的吹蚀、搬运和沉积过程。大气和海洋中也有物质的位移，包括垂直和水平位移，但相关章节已进行分析，在此不再重复。

（一）坡面过程

1. 入渗与坡面产流

(1)入渗

入渗是地表水渗入土壤的一个过程，是水—土界面的一个水文过程，是地表水转变为地下水的过程。入渗过程按水分受力状态可分为三个阶段：渗润阶段，水分受分子力作用被土粒吸附为薄膜水，直至土壤含水量大于最大分子持水量为止，这一阶段入渗强度最大；渗漏阶段，水分随毛管力和重力作用，不断填充毛管空隙，直至达到饱和；渗透阶段，水在重力作用下下渗，土壤含水量不断增加，入渗水流呈饱和稳定流，入渗强度最小。由于一、二阶段在天然情况下难以区分，故合并称为初渗阶段，第三阶段称为稳渗阶段。初渗阶段的入渗十分迅速，入渗强度呈先大后小的变化趋势，但不同地区、不同土壤、不同时间和不同的降雨，初渗过程都不相同。稳渗阶段水分入渗速度因水分饱和而趋于稳定，入渗强度较小。

常用入渗强度、入渗率反映入渗过程的快慢和难易。入渗强度指在单位时间内入渗的水深或以历时入渗累积曲线表示。入渗累积曲线即入渗率随时间变化的过程。入渗强度与土壤孔隙度、土壤结构、土体厚度、地下水位、土壤含水量、降雨强度等因素有关。

入渗强度常以室内土柱入渗模拟、野外人工降雨入渗模拟等进行测定。不同土壤、不同植被、不同降雨等的入渗强度用实验水文学方法在实地考察和模拟获得数据。科学家对土壤水的入渗研究有较长的时间，也提出了若干描述公式。其中，霍顿(R. E. Horton)、菲利浦(G. R. Philip)公式较为著名。

霍顿公式：

$$f = f_c + (f_0 - f_c)e^{-kt}$$

式中 f 为入渗率，f_c 为稳定入渗率，f_0 为初始入渗率，t 为时间，k 为与土壤特性有关的经验常数。该公式因参数具有较大的灵活性，故被广泛采用。

菲利浦公式：

$$f = 0.5At^{-0.5} + B \text{ 或 } It = At^{-0.5} + Bt$$

式中 f 为入渗率，A 为反映土壤吸水性能的参数，B 为与渗透系数有关的参数，t 为时间。公式表明，入渗初期，入渗率取决于第一项 A 值，后期，随着入渗时段 t 的增加，第二项 B 的影响逐渐加大，并最终趋向于 B。不过，对非均质土壤来说，土壤含水量和渗透系数随深度而变化时，应用公式有困难。

(2)坡面产流

坡面产流过程就是降雨在坡面汇集形成地表径流的过程。降落地表的雨水，大致可分为以下几个部分，一是入渗进入土壤，二是蒸发回到大气，三是向低洼处汇集，形成坡面径流。坡面产流也叫坡面汇流，是降到地面的雨在重力作用下，逐步汇集成流，并沿低洼处从上向下流动的过程。降雨开始沿地表坡面流动的过程，没有明显的特征和规律。坡面径流的形成与坡形、坡度、坡长、地表组成物质(土壤、植物等)、土壤含水量等有关。坡面产流分为入渗产流和超渗产流两种形式。一般而言，降雨落到地面后首先是满足植物截留、洼地蓄水和入渗到地下，补充土壤缺水直至饱和，多余的降雨才会产生径流，这种产流过程叫入渗产流，即土壤吸水饱和后，降雨再沿地表汇集成流的过程。超渗产流则是在降雨强度较大的情况下，来不及入渗到地下便沿坡面汇集形成径流的过程。超渗产流的形成往往是土壤比较干燥，表面疏松，细粒物质较多，降雨强度较大时，降雨很容易将细粒物质溅起并封闭土壤孔隙，从而导致土壤含水未饱和的情况下产生径流。在干旱的北方，超渗产流较为普遍，而多雨的南方，则以入渗产流为主。(当坡面流水汇集到沟道后就叫溪流，溪流汇集到河道则成为河流。坡面径流、溪流和河流统称为地表径流。)

2. 蠕动

蠕动是坡面的土体、岩体和风化物在重力作用下，顺坡向发生的缓慢移动过程和现象(北京大学等 1979)。蠕动的速度很慢，一年往往只有几毫米到几十厘米，只有经过很长的时间才得以看出，蠕动的空间移动不明显，危害也不大。一般来说，蠕动主要是黏土物质热胀冷缩、干湿变化和重力相互作用的结果。蠕动的发生需要两个基本条件：一是坡度，蠕动一般发生在25°～30°的坡地上(大于 30°，黏土和水分不容易存在；小于 25°，重力作用不明显)；二是土状物质特别是黏土物质，膨胀系数比较大，在干湿作用下的膨胀收缩明显，膨胀产生挤压、收缩产生空隙，导致物质分离，在重力作用下，向下移动。岩体也会产生蠕动，主要发生在页岩、片岩、千枚岩、黏土岩等柔性岩层组成的、坡度在 35°～45°的山坡上。蠕动一般发生在温润湿热地区，即亚热带和热带。

3. 坡面侵蚀

土壤侵蚀过程是指地表土壤及其母质在水力、风力、重力、冻融等自然外营力作用下或自然外营力与人类活动的共同作用下，被剥蚀、破坏、分离、搬运、沉积等的过程①，此为广义理解的土壤侵蚀。本文所指的土壤侵蚀是指生在坡面上的流水侵蚀过程，即在流水作用下土壤及

---

① 资料来源：中国大百科全书·水利卷

其地表松散物质沿坡面移动的过程，不包括风化、泻溜、崩塌、滑坡、土壤蠕动等重力过程，简单地说就是土壤的坡面冲刷过程。坡面侵蚀按形成原因可以分为水蚀、重力侵蚀、冻融侵蚀等类型。水蚀是坡面侵蚀的主要形式，重力在坡面侵蚀过程中起主要作用。坡耕地的土壤侵蚀是目前影响巨大的坡面过程，对在我国特别是南方多雨的山区的危害很大。

水蚀是由水力作用引起的侵蚀，根据其发生发展的过程和程度，分为片蚀和沟蚀两类。片蚀又叫面蚀、层蚀等，是土壤侵蚀的开始阶段。片蚀是一种土壤表面广泛进行的浅层流水侵蚀，包括降雨的溅击作用和雨水沿土面流动产生的冲刷作用。由于动能和势能的存在，降雨具有冲击力，坡面径流具有冲刷力。因此，坡面土壤和松散物质在降雨的作用下，将受到溅击作用和冲刷作用而发生分离和移动。溅击作用与降雨强度、雨滴大小、土壤组成、土壤质地结构和地表植被覆盖情况等有关。据研究，暴雨落地的速度可达 8～9 m · s^{-1}，细小土粒被溅击跃起可高达成 50～60 cm，水平距离可到达 150 cm（朱安国 1986）。溅击使较松散的土壤表层或风化物与坚固的部分分离，溅击跃起的细粒物质落下时一般会受重力影响向下运动产生空间位移，从而使土粒在溅击中不断从坡上向坡下移动，以至在地表无径流的情况下，也可发生侵蚀。同时，溅击落下的物质往往还对地表产生冲击或封闭土壤孔隙，使降雨难以入渗，从而产生坡面径流，导致径流冲刷。冲刷作用是坡面侵蚀的主要动力，是地表径流引起的侵蚀作用，主要以侵蚀沟的形式表现出来。沟蚀作用在地表产生径流后发生，最初在坡面上形成无数细沟。当细沟径流向坡下汇集成较大径流后，侵蚀力迅速增强，发展为沟蚀。沟蚀将地表冲刷出沟槽，沟槽中的流水不但冲走悬浮土粒，而且也能带走成块的土壤和其他物质。随着冲刷的不断进行，冲沟演变为切沟，这时径流既有向下的冲刷作用，也有侧向的冲刷作用，当地表被冲刷掏空后还伴有重力坍塌作用，演变成切沟侵蚀。沟蚀在片蚀基础上进一步发展，其过程包括四个阶段：第一阶段是侵蚀沟形成的初期，因水流速度很快，从沟头迅速跌落，从沟底淘刷沟首的底部，引起沟头部分的不断加深和垮塌，结果，切沟不断向坡顶推进，形成逆向侵蚀（图 3-2）。

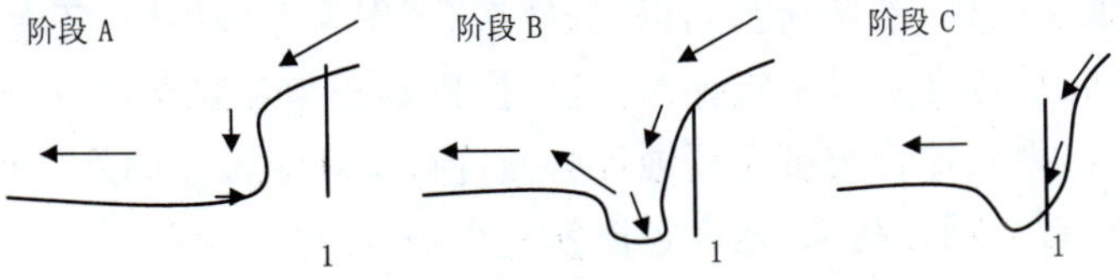

图 3-2　沟蚀发展过程与逆向侵蚀示意图

图 3-2 中，沟首土体在 A 阶段时尚处于侵蚀沟的后方，而到 C 阶段时，已位于侵蚀沟的前方，说明逆向侵蚀使侵蚀沟不断向坡顶发展。

坡面侵蚀一般用侵蚀强度描述，侵蚀强度是指单位面积上，在确定的时间内（如 1 年），土壤因各种侵蚀因素破坏而发生移动的量，常用重量吨/平方千米 · 年或体积立方米/平方千米 · 年表示。根据相关研究，坡面土壤侵蚀与降雨强度、历时等降雨侵蚀力因子，坡度、坡形、坡长等地形因子，土壤组成、质地结构等土壤抗蚀因子，植被等地表覆盖因子等相关。

从坡度来说，坡度越大，径流速度越快，冲刷力就越强。据有关研究，径流速度与坡度的平方成正比，而流速与所能携带的物体直径的六次方成正比。显然，坡度的微小变化，对于侵蚀力的影响十分巨大。坡度与冲刷量的关系在不同的地方取值不同，美国一般取 1.5 次方，严重的取 2。在同样的降雨量情况下，坡度变化与冲刷量的关系见表 3-1。从表中可明显看出坡度变化对降雨产生的冲刷量的影响呈倍增趋势。

表 3-1 坡度与冲刷量的关系(朱安国 1986)

雨量(mm)	坡度(°)	冲刷量(g·m²)	比例(%)
46.7	5	1 210	100
	10	2 370	196
	15	5 720	472
	20	6 310	521

从坡型来说,直线型坡的侵蚀从坡顶到坡脚逐渐加强,凸坡的突出部分侵蚀极为强烈,凹坡则在凹陷处发生沉积,在突出部分发生侵蚀。复合型的坡地则发生侵蚀与沉积的交替,侵蚀与坡面上的局部形态相关。

坡长也是影响侵蚀的一个重要方面,其关系有许多经验公式,其中美国常用:

$$E = L^{0.5}$$

式中 E 是侵蚀量,L 是坡长。我国则可用:

$$E = L^{0.9} + 0.49$$

显然,坡长与侵蚀量成正比关系,坡长越长,侵蚀越强。

土壤性状对坡面侵蚀影响很大,对侵蚀有影响的土壤性状主要是土壤组成、质地、结构,以及土壤的透水性、蓄水性等方面。从质地结构看,富含黏土物质的土壤较不容易被侵蚀,故沙土比壤土、壤土比黏土更容易发生侵蚀。在其他条件相同的情况下,土壤被水分散和冲走的可能性因土壤类型等而不同,即土壤的可侵蚀性不同。土壤抵御流水等侵蚀的能力称为土壤的抗侵蚀能力,不同的土壤抗侵蚀能力不同。科研工作者对土壤的可侵蚀性和抗侵蚀能力有广泛研究,如 1935 年布尤科斯(Bouyoucos)提出以土壤所含沙和粉沙的百分比之和与黏粒百分比的比值作为可侵蚀性指标;卡庆斯基则以"分散系数"作为评价指标,还有一些学者则以土壤渗透速度、水稳性团粒结构含量等进行评判。不过,影响土壤侵蚀的因子十分复杂,所有指标都与实际有一定出入,因此评价土壤可侵蚀性必须进行实际测量。此外,土壤的厚度也对侵蚀产生影响,土壤越厚,蓄水能力越强,地表径流就越少,侵蚀也就越弱。

降雨是土壤侵蚀的主要动力。首先,降雨量对侵蚀产生很大影响,一般来说,降雨量大的地区,坡面侵蚀比降雨量小的地区要大得多。不过,降雨量与侵蚀强度并不一定都是正比关系,有的地区降雨量大,但侵蚀不一定强,其他因素对侵蚀的影响可以削弱降雨量的影响。其次,降雨强度对侵蚀影响很大,但并不是所有的降雨都产生侵蚀,只有当降雨强度大到一定程度时,侵蚀才开始出现。人们把开始产生侵蚀的降雨强度称为起始降雨强度,把大于起始降雨强度的降雨称之为侵蚀性降雨,而把不发生侵蚀的降雨称为无侵蚀性降雨。一般地区的起始降雨强度为 25 mm h^{-1}。之所以如此,是因为大小不同的雨滴对地面的冲击力不一样:雨滴大,冲击力大;雨滴小,冲击力小。而降雨强度决定雨滴大小,降雨强度大,雨滴也大,降雨强度小,雨滴也小,雨滴大小因降雨过程而不同。不过,雨滴的大小并不随降雨强度的增加而无限增大,雨滴在小于 5 mm 时,随降雨强度而变化,当增加到 5 mm 时,便不在增大,因为超过 5 mm雨滴就不太稳定,容易分散。

植被等地表覆盖对坡面侵蚀也有较大影响。植被对侵蚀的影响体现在植物对降雨的截留作用、对地面的屏蔽及吸水作用上。植物通过茂盛的枝叶表面使一部分降雨在到达地表之前就被拦截，从而使降雨落到地面的数量有所减少。同时，在有植被的情况下，植物承受了降雨产生的冲击，从而减轻了降雨对土壤的冲击和影响，降低了降雨的侵蚀能力，使土壤受到较好的屏蔽。植物的这些作用，因其种类、分布密度而不同。森林植被因层次较多，种类复杂，对降雨的截留和对土壤的屏蔽作用最为显著，其次是灌丛，草地的作用最小。不过，如果植物密度大，裸露的土壤少，则区别就不大。植被的保护作用与地表裸露的程度相关，裸地越多，发生侵蚀的可能越大，植物的作用越小。另外，植物的根系和枯枝落叶能够较大程度地减缓地表径流的速度，从而使径流的侵蚀力大大减小。

人类活动对坡面侵蚀影响很大，是土壤加速侵蚀的主要原因。人类活动的影响主要在于对坡地的耕作、对坡面植被的破坏，以及建设工程施工开挖形成裸露面、回填和弃渣弃土形成松散堆积体。坡面耕作，特别是陡坡开垦是产生坡地侵蚀的最主要因素。由于人类的耕作使土壤表面的土层疏松，导致土壤的抗侵蚀能力大大降低，使侵蚀比自然状态强烈许多。人类对侵蚀的影响还体现在作物经营、耕作制度等方面，如顺坡耕作和横坡耕作在水土流失的作用方面差异很大，顺坡会加剧土壤侵蚀，横坡则可以减少侵蚀强度，又如，犁土翻地比无耕种植容易造成土壤侵蚀等。建设项目对地表的影响巨大，是水土流失的巨大来源。建设项目不仅要清除地面植被，降低植被的缓冲作用，而且需要开挖地表，破坏原地貌和地表组成物质的性状，工程弃渣弃土、回填则压覆地表植被和紧实土壤，形成大量开挖裸露面和回填松散堆积体，为降雨的溅击、冲刷提供了条件，极易造成严重的土壤侵蚀。

4. 崩塌

崩塌又叫垮塌，是在陡峻的斜坡上，巨大的岩体、土体、块石或碎屑层在重力作用下发生的突然、急剧的崩落、翻转、滚落，在坡脚形成倒石堆或岩石碎屑堆体的过程（北京大学等 1979）。狭义的崩塌是指岩体的崩落，积雪产生的崩塌滑落叫雪崩，土体崩塌一般叫崩岗。大规模的山体崩塌叫山崩；河岸、湖岸、海岸的崩塌又叫塌岸；发生在陡崖上的大块岩石崩落，可称为坠石或坠崖。崩塌发生过程很快，速度往往在 5～100 $m\ s^{-1}$，很短时间崩塌过程即完成。自然情况下的崩塌一般发生在斜坡地带，属于坡面过程。

雪崩是崩塌的一种特殊形式，是高山地区常见的一种坡面过程，也是极具破坏性的坡面运动，特别是在滑雪运动蓬勃发展的今天，其影响日益显现。雪崩的发生与气温的变化及雪面压力变化有关。据研究，雪崩与雪的成层性相关，当雪落地后，如温度增高，雪发生融化；融化的雪因降温结冰，之下的雪则在此层上堆积。反复多次，覆盖于高山斜坡。斜坡上雪的稳定性不高，如遇外界干扰，硬层破裂，上层厚重的积雪挤压下层积雪，产生冲击，高山积雪便快速滑落，形成连锁反应，产生雪崩。

崩岗也是崩塌的特殊形式，通常指发生在我国南方花岗岩红壤丘陵山区的坡面崩塌过程和地貌现象。崩岗由崩壁、崩积堆和冲（洪）积扇三部分组成。崩岗是结果（地貌），崩塌是主要的过程和方式。崩岗一般发生在沟口的沟头和沟壁，如果有林草植被覆盖，一般不会发生崩岗，但如果没有植被覆盖或覆盖率较低，在水流和重力作用下，花岗岩风化物极易成片崩塌垮落，向临空面突然崩落产生崩岗。崩岗主要分布在厚层花岗岩风化物分布和降雨比多的地区，如广东、福建、江西、湖南等地。花岗岩风化物结构松散，内聚力弱，尤其在陡峻斜坡、谷坡、陡崖部位，在暴雨径流作用下，土体吸水膨胀易失去平衡，向临空面倾斜崩落。

大规模的山崩、雪崩和崩岗的危害非常大，尤其是坡下有道路、村庄、工厂等建筑物和人群聚居区时，崩塌可产生巨大的自然灾害，可能造成巨大的人员伤亡和财产损失。

崩塌的形成和发生受地貌、地质、气候等因素的综合影响。崩塌只能发生在山丘陡峻的斜坡地段，必须有一定的坡度条件，才可能发生崩塌。一般来说，碎屑物45°以上、坚硬岩石50°以上的斜坡才会发生崩塌现象。高度也是崩塌发生的一个因素，低于25 m的陡坡只会发生较小崩塌，大于45 m的陡坡发生大型崩塌的可能性大，坚硬岩石组成的山体陡坡只有在50 m以上才会发生崩塌。简单地说，山高坡陡是发生崩塌的地形条件。

从地质因素看，节理、断裂比较发育的构造破碎带发生崩塌的可能性大，软硬相间的岩层构造发生崩塌的可能性远远高于单纯岩性的地层结构。事实上，大部分崩塌与软硬岩层相间有关，特别是在硬岩层比较厚、软岩层比较薄，岩层较水平的情况下，由于软岩层容易被风化、侵蚀，形成缓坡，硬岩层不易被风化、侵蚀，多形成陡坡或保持原状，如果软硬岩石组合在一起，硬岩石下的软岩层容易软化或被掏空，所以崩塌时有发生。在岩石较硬且水平岩分布时，一般不可能发生崩塌，许多地区的塔状地貌，一柱擎天等都是如此。岩层的倾角对崩塌也有影响，一般而言，倾角较大时不易发生崩塌，容易产生滑坡，只有在倾角比较水平的情况下，才发生崩塌现象。地震频发的区域因地形破碎，岩体断裂较多，也极容易产生崩塌。

气候因素对崩塌也有较大影响。温差较大的地区，物理风化作用强烈，不仅容易形成大量的破碎岩体，而且岩体的热胀冷缩、冻融频繁，容易导致岩层分离、失稳，因此容易产生崩塌。降雨对崩塌也有影响，特别是软硬岩层相间区域，降雨浸润软岩导致其膨胀、松软、变形，使上层岩体失稳崩塌。

此外，人工因素也是目前崩塌的重要原因。人工掏挖山丘边坡，改变坡体的外形和稳定性，形成悬空山体，是产生工程型崩塌的基本原因。

5. 滑坡

滑坡是整块山体（包括山体上的土壤、植物和其他物质的整体）在重力等因素的作用下沿一定的滑坡面向下快速运动的过程，是坡面过程中具有重大影响的自然过程，往往产生巨大的灾难和破坏。坡面上向下滑动的土体和岩石等叫滑坡体，滑坡运动的弧面称为滑坡面，滑坡体与未动土石体之间由一围椅状的陡崖分开，这个陡崖称为滑坡壁。滑坡壁一般呈圆弧状，坡度60°～80°，高度数厘米至数米。滑坡体下滑时因各部分速度差异，形成分支滑动面，产生二至五级滑坡，呈阶梯状，称滑坡阶地。滑坡体的前沿呈舌状突起，称滑坡舌。还有滑坡洼地、鼓丘等组成部分。

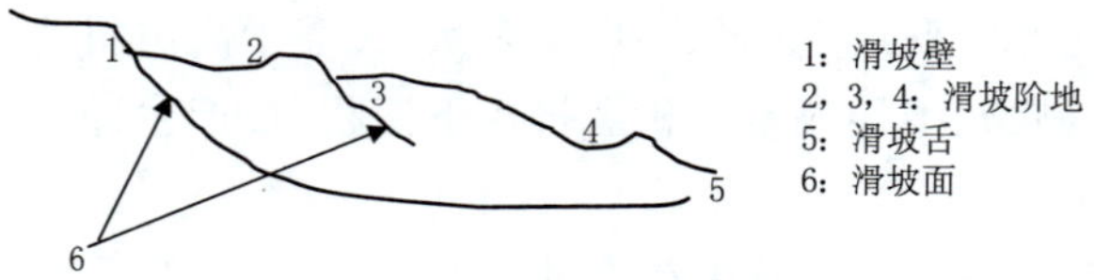

图 3-3　滑坡结构示意图

滑坡在岩石、土壤的稳定性遭到破坏，岩体和土体变得不稳定时发生，但滑坡能否发生与岩性、土壤、气候、构造、地下水、地震和人类活动等许多因素相关，是多种因素共同作用的结果。

岩性是影响滑坡的主要因素之一。据研究，滑坡现象主要出现在松散堆积物层中，基岩滑坡相对较少，如四川、贵州、云南三省部分工程进行的滑坡统计显示，前者约占三分之二，后者占三分之一。松散堆积层滑坡与黏土物质有关，其中又与蒙脱石关系最大。因为蒙脱石的晶体结构呈扁平状，吸水后又容易膨胀，内摩擦角小。基岩滑坡主要与千枚岩、页岩、泥灰岩、云母岩等遇水容易软化的岩层相关，特别是在岩石中夹层为这类岩石时，最容易发生滑坡。

地质构造是影响滑坡的又一因素。构造与滑坡的关系有两个方面，一是与软弱构造有关，不论是松散堆积物还是岩石，滑动面常发生在顺坡的层面、大节理面、不整合接触面、断层面、劈理页理面上，没有这些层面，滑坡难以发生；二是与上部透水层和下部不透水层结构有关。

地貌对滑坡也有影响，河流等冲刷、切割是造成坡面不稳定的基本因素，坡度则是重力作用的关键，岩石类滑坡要求坡度在 30°～40°以上，松散堆积物也要在 20°以上才能发生滑坡。

气候对滑坡的影响主要是通过降雨体现出来。据统计，90％的滑坡在降雨后发生，一般大雨大滑，小雨小滑。在季节性结冰的地区，冻融作用也是滑坡的重要影响因子。降雨的影响还与地下水相关，降雨入渗到土壤，一方面使土壤因吸水而加重，另一方面地下水像润滑剂为滑坡提供了滑动的机会和条件。滑坡大多数是沿饱含地下水的软弱面产生的。

地震则动摇岩石等山体的稳定性，不仅破坏岩石结构，而且减小岩石内的黏结力。地震多发地区也是滑坡多发地区。

人类活动，如交通工程等，开挖山体基部，使山体悬空，破坏山体的稳定性，是工程性滑坡的主要原因。不当的爆破作业也会诱发滑坡。

滑坡过程一般分为蠕动变形、剧烈滑动、暂时稳定或渐趋稳定三个阶段。蠕动变形阶段出现在滑坡的初期。开始时，在斜坡的某一部分，因抗剪强度小于剪切力而首先变形，产生微小的滑动，然后逐步发展，直到坡面拉张破裂。随着裂缝的不断扩大，降雨侵入量越来越多，变形进一步加强，后壁出现断裂和断距，两侧剪切裂隙发育，坡脚附近土层受挤压开始变形，此时，滑坡已基本形成。蠕动阶段可长可短，长的数年，短的几天。滑坡规模越大，蠕动变形阶段越长。蠕动阶段的裂隙情况如图 3-4。

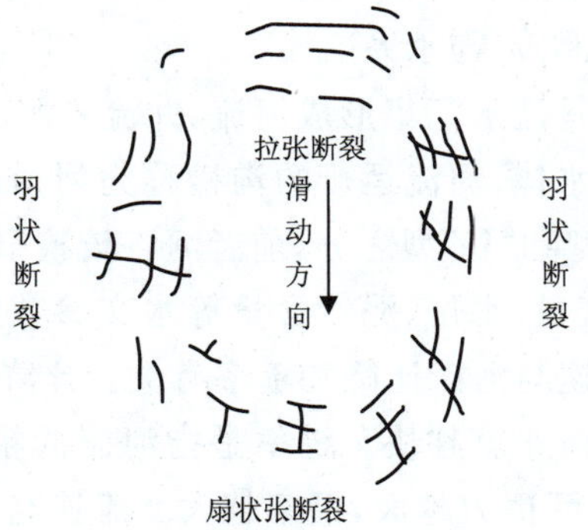

图 3-4　滑坡蠕动阶段裂缝系统

剧烈滑动阶段出现在中期。在此阶段，岩体已经完全破裂，滑动面已形成，滑体与滑床完全分离，滑动带抗剪切力急剧下降，只要很小的力就可滑动，然后后壁裂缝扩大，裂缝连通，两侧裂隙羽状撕开，山脚滑体前端受压出现大量放射状鼓状断裂，并有混浊水体透出。最后，在适当的应力作用下，快速滑动，完成下滑，直至下滑力释放基本完成，坡体渐趋稳定。滑坡发生时速度很快，每分钟可达数米到数十米，短短的几十分钟滑坡便完成快速滑动过程。巨大的山体加之快速运动，滑坡的破坏力十分巨大，如滑坡经过的地方有人居住和有建筑群、物，往往被滑坡摧毁，造成巨大的经济损失。

渐趋稳定阶段是滑坡快速滑动以后，逐步稳定下来的时期。经剧烈、快速滑动之后，滑坡体的重心下降，各部分的重力与支持力渐趋平衡，岩体等慢慢停滞。滑坡停止后，土体和岩石破碎，松散地堆积在一起，透水性加大，含水量增高。在重力作用下，经过一段时间后。岩石、土壤等又逐步压实。渐趋稳定阶段可能会花很长时间。

由于滑坡的巨大破坏性，在滑坡发生前，进行滑坡发生发展趋势预测分析显得极为重要。对那些可能发生滑坡的人口密集地区的山体进行加固和透水等工程处理，使滑坡应力得以消除，确保岩体稳定意义重大。对难以避免滑坡的山体，必须进行人口疏散，并加强管理与控制，防止滑坡对人类造成破坏。在进行铁路、公路等交通工程和其他建筑工程时，必须进行岩石稳定性分析和滑坡可能性分析研究，以避免滑坡发生造成重大损失。

(二)流水过程

1. 溪流和河流(沟槽水流)

(1)基本概念

坡面产流后，如果降雨量(或融雪量)足够丰富，不断汇集的坡面径流将继续向低洼处汇集，下切冲刷能力增强，不断侵蚀的结果形成沟槽，初始时沟槽较浅，叫切沟，一般宽 1～2 m，深 1～2 m，沟床较窄且多陡坎和跌水。切沟在水流的作用下不断下切变深，同时侧向侵蚀掏挖沟壁，使之垮塌拓宽，进一步发展为冲沟，如果冲沟进一步扩展，纳入较多的沟槽水流，使来水变多，冲刷力更强，河床下切到潜水面以下得到地下水的补给，将产生经常性流水，则发展成为河流。在山区，溪流和河流并没有本质的区分，但一般把沟道狭窄、水量较小、比降较大的叫溪流，把沟道较宽(出现河床)、水量较大的叫河流。河流出山后进入平原地区，最终流入海洋转变为海水(外流河)，或流入内陆湖泊、沙漠，逐渐蒸发为大气水消失于沙漠之中(内流河)。沟槽水流不仅能促使水体发生空间位移，还能将固体物质溶解、侵蚀后搬运至其他地方，是地表物质位移的重要力量和基本形式。

(2)沟槽水的位移——河(溪)流与水系

水的空间位移在地面上就是流水汇集形成河流，并流入海洋或内陆湖泊、沙漠的过程。河流是指位于沟槽中的线状运动水体，河流运行的沟槽称为河道，河流、河道及其周边深切的岸坡合并叫做河谷。河谷有“V”型和“U”型之分，前者河谷较狭窄、深切，后者河谷宽、浅。

河水的流动情况用流速、流量、水位、泥沙含量等水文参数反映。流速也就是河水的流动速度，单位用 $m \cdot s^{-1}$ 表示。流速与河床比降和糙率有关。比降即一定长度内的河床海拔高度差，用%表示。河床比降越大，流水就越快。糙率是指河床的粗糙程度，河床表面平滑无摩擦力，糙率为 0，河床越起伏不平，摩擦力越大，糙率越大。流速与糙率呈反比，即糙率越大，流速越小。

流量是单位时间内通过河流某一段面的水量，用 $m^3 \cdot s^{-1}$ 表示，流量(Q)与河水的流速(v)和河道断面面积(S)呈正比：流速一定时，断面越宽流量越大；断面一定时，流速越快流量越大。流量公式：

$$Q = v \times S$$

根据流量，可将河流分为大河、中河和小河。我国的河流大小划分主要以多年平均流量作为划分依据，详见表 3-2。

表 3-2 我国河流大小划分标准

河流大小	多年流量($m^3 \cdot s^{-1}$)
大河	≥150
中河	15～150
小河	<15

水位是河水的自由水面相对于某一基准面的高程，我国一般采用黄海海平面作为高程基准面，即用海拔高度表示。水位反映河流与河岸的关系。河面高程与河床高程之差为河水水深。河水水位一般分为洪水水位、枯水水位和正常水位。洪水水位是洪水期的最高水位，一般指某种频率(如 50 年一遇，100 年一遇)下的洪水水位。枯水水位即枯水期的最低水位，也就是某种频率下的枯水水位，极端枯水水位即河流干涸无水。正常水位即河水在一般情况下的平均水位。

河流的流量、水位变化十分明显，雨源性河流——以降雨为主要补给的河流，流量、水位的变化与降雨变化一致。一年之中，雨季(我国主要是夏季，特别是 5—8 月)一般都是河流的丰水期和高水位出现的时期，特别是暴雨往往导致巨大的流量和较高的水位，形成洪流和洪水水位。洪水流量过大，水位过高，将导致洪涝灾害的发生。旱季(我国一般是 11 月到次年 4 月)，大多也是河流的枯水期。如果枯水期降雨量过少，会导致河流流量过少和水位过低，不仅影响供水，而且对河流生态极为不利。融雪补给的河流，流量与水位多与温度和积雪量有关，季节性融雪补给河流，春季的多为洪水季节，永久性积雪融雪补给的河流，夏季则为洪水季节。

泥沙含量是河流侵蚀搬运的泥沙占河水的比重。一般用单位体积河水中泥沙的重量表示，即 $t \cdot m^{-3}$，或 $kg \cdot m^{-3}$。泥沙含量与河流流经地区的地表组成情况密切相关。一般情况，若河流流经地区地表(河床和河道)组成物质为松散物质，如黄土、粉砂、黏土等，则河流的泥沙含量较大；反之，如果地表多抗侵蚀的硬岩石，则泥沙含量小。我国的黄河干流流经黄土高原后泥沙含量迅速增加，多年平均含沙量高达 37.6 $kg \cdot m^{-3}$，成为世界上含量、输沙量最大的河流。当然，河流的流速、流量与泥沙含量也有一定关系，同样的地表流速、流量大的，泥沙含量也大。

河流往往有众多分支，一条大的河流由干流和支流组成，支流又由二级支流组成，二级支流再由三级支流构成，逐级增加，一条大河最多的支流可达 6～8 级，十分复杂。大大小小的河流构成的河流系统称为河流水系(河系)，河流越大，水系越复杂。河水的汇流区域叫流域，流域分水线包围的面积称为流域面积。河流水系的流域面积有大有小。流域面积越大，河流越大，水系越复杂。河流与河流之间的区域称为分水岭(高地)，分水岭(高地)也是河流发源地，从分水岭(高地)发育形成的流水分别流入不同的沟道形成不同的河流水系。水系以分水岭(高地)为界，河流分水岭(高地)的连线即水系的分界线，也就是流域界线，一般称为分水线，分水线两侧的流水分别流入不同的河流水系。

水系特征有水系形状、河网密度等。河流水系的形状多种多样，常见的有树枝状、羽毛状、格子状、放射状、辐合状等。树枝状水系是最常见的水系形态，基本特征是支流多但不对称，干支流之间呈锐角相交，排列形状像树枝。树枝状水系在岩性比较均匀，地势较为平坦的地区较为常见。羽毛状水系也叫平行状水系，支流主要发育在干流一侧，支流之间基本平行，主要发育在单斜构造的岩层、地形条件下。格状水系指干流两侧的支流基本以垂直的方式汇入干流

（即直交），两侧基本对称，这种水系多发育在褶皱构造区，干流多位于轴线，支流位于两翼。直交节理比较发育的岩层区也可能产生格状水系。辐合状水系主要发育在盆地区域，河流从盆底四周向盆底汇集形成。放射状水系与辐合状水系相反，河流从中心向外辐射，出现在河源地区，河流分属不同干流，一般发育于穹隆状山地或高原山地中心。河网密度也就是单位面积上的河流长度，单位为 $km \cdot km^{-2}$。河网密度越大，河流越密集，水系比较发育。

(3)沟槽流水的侵蚀搬运作用

河水通过支流－干流系统从高处往低处移动，形成地表水体的位移，在其位移的过程中，往往伴随地表的侵蚀，泥沙搬运、沉积等过程。流水成为地表物质迁移的最重要载体和动力，对地表的塑造和影响巨大。

沟槽流水与坡面流水不同，沟槽流水具有较强的侵蚀、搬运能力，是物体空间移动的主要动力和基本形式。流水的作用包括物理作用和化学作用。前者主要是侵蚀和机械搬运作用，后者主要是溶蚀和化学搬运作用。

沟槽水流的侵蚀作用与水流的运动形式和沟道比降有关。沟槽的流水不仅有沿沟道纵剖面的翻滚前进，也有横向的环流。沟槽水流基本上都属紊流，以涡旋的形式翻滚前行，同时，水流的运动还受到河槽的限制，从而产生横向的环流。所以，沟槽流水呈现一种旋转、翻滚前行的态势。水流前进速度受比降和沟槽的糙率（即河床和沟壁的粗糙程度）影响，比降越大，速度越快；糙率越大，速度越小。沟槽的流水具有极强的侵蚀搬运能力。水流侵蚀也就是沟槽中的沙石被水流冲走的过程。沙粒在水中受到水流的上举力和推移力的共同作用，从而离开地面向前移动。沟槽中的沙石起动后，流水将其搬运前行，基本方式有两种，一是推移，一种是悬移。推移主要是颗粒比较大的沙石，当受水的上举力作用起动后，水将其携带前行，但因颗粒大，重量较大，前行距离较小，后又落到河床并对其他河床上的沙粒产生冲击，溅击使之跃起移动。细小的沙石跳跃较高，被流水携带并难以在此回落，直到流速明显降低托不住沙石时才落下沉积，即悬移。较大颗粒的沙石多以推移的方式前行，较小的则多悬移。可以悬移在水中前行的物质成为悬移质，只能被推移的叫推移质。水体能够携带沙石的总量，包括悬移质和推移质，称为携沙力。如果来水的泥沙含量低于携沙力，则沟槽中的沙石发生侵蚀位移，反之，则发生沉积。

2. 泥石流

泥石流是一种特殊的坡面－沟道物质位移过程，是泥沙、石块与水相互混合沿坡面和沟道快速前进然后很快停滞的一种洪水过程，其特点是泥沙石块等固体物质含量巨大，一般超过15%，最高可达80%（北京大学等 1979），发生迅速、历时短暂，破坏力强。泥石流与河流的区别主要是含沙量。泥石流主要发生在坡面上存在大量松散堆积物，降雨比较丰富的山区。我国泥石流较多，其中川西、滇东北、黄土高原等是泥石流最为集中的分布区域。泥石流爆发时，泥流滚滚，奔腾咆哮，破坏力巨大，常常摧毁前进方向上的房屋、道路等建筑物，淹没农田、破坏森林，造成巨大灾害。

泥石流根据其物质组成可以分为泥流和泥石流两种形式。泥流是流体中固体物质主要是泥土的泥石流，流体中固体物质以泥为主只有少量碎石，没有大块砾石，但流体黏度大，容重在810～1 080 $kg \cdot m^{-3}$之间（小于 810 $kg \cdot m^{-3}$的为浑水，属于河流；大于 1 080 $kg \cdot m^{-3}$就失去运动性，成为淤泥），呈黏稠的泥浆状，有时甚至出现大量泥球。泥流在进入沟道后基本上沿沟道运动，直到开阔地带才出现散流现象并逐步停止下来。泥流主要发生在我国西北的黄土高原区。流体中含有大量泥沙和石块的是泥石流，有的甚至含有巨大的砾石，直径可达数米。因泥沙含量大，流体比较黏滞，泥沙与石块凝聚成黏稠的整体向前运动，当遇到沟道转弯时，泥石流并不一定沿沟道前进，而可能是冲出沟道夺路前进，速度较快的泥石流可以冲出高达数米的阶地，继续前进。川西和滇东北泥石流十分严重。

泥石流的形成需要具备一定的条件。首先是流域内特别是坡面具有丰富的松散堆积物。一般来说，地质构造复杂，地震频繁，岩体破碎的地带多为泥石流易发区域。其次，需要降雨丰富且多暴雨。水既是泥沙等固体物质的搬运介质，又是泥石流的有机组成，泥石流多发生在暴雨之后，一般来说，数天小雨后的暴雨是泥石流发生的最有利降雨条件。再次，比降较大也是泥石流发生的基本条件。比降大，有利于泥石流整体快速下移，比降小，泥石不易下行。此外，流域形状和面积对泥石流也有影响。汇水面积较大的坡面，狭窄的沟道（河道），即口袋状流域是泥石流形成和发展的最有利形态。

从泥石流的发生空间过程看，可分为侵蚀区、流动区和堆积区三个部分。发生泥石流的沟谷上游，是泥石和水的供给区，在降雨的作用下，通过坡面汇流和坡面冲刷将泥石冲刷汇集一起，侵蚀作用明显。沟谷中游，是泥石流的汇集形成区域，源源不断从上游集聚的大量泥沙石块和水体，在水力和重力的共同作用下，受河道约束，急速流动，冲出谷口，形成泥石流。冲出谷口后的泥石流，由于地形突然开阔平缓，大量泥沙和石块逐步停止前进，形成扇状堆积体，即洪积扇。

（三）风沙过程

风沙过程也就是风将地表沙土吹起、搬运、沉积的过程，是以风为动力的松散物质的空间位移过程。风沙过程在许多地区和时间都会发生，但在干旱地区最为普遍和明显。在湿润地区，只有在局部和短时间内出现风沙过程，因搬运距离较短，历时不长，与干旱区的风沙过程有明显区别，故一般称为扬尘。

风将地表沙粒吹起的过程叫扬沙（尘）过程。扬沙（尘）过程与风速、风向、风力等物理因子有关，也与沙石（尘土）的大小有关。风力一般与风速呈正比，即风速快，风力就强；风速小，风力就弱。风向则确定风的吹动方向，也决定沙（土）粒的运动方向。据研究，当风经过松散沙土的地面时，如果风速达到使沙粒或土粒脱离地表进入大气的临界速度（即起沙速度）时，地表沙土将开始随风运动，进行大气迁移。风速大小不同，风力就不同，能进行迁移的沙土颗粒大小也不同。据研究，扬沙（尘）过程中起沙风速一般与沙粒的粒径的平方根呈正比，但粒径特别大和特别小的沙（土）粒都不易被风吹起。粒径太小，受附面层的掩护和表面吸附水膜黏着力的作用，风难以吹起沙粒；粒径太大，风也吹不动。一般来说，粒径在 0.1～0.25 mm 的沙粒起沙的风速大致为 4～5 m s^{-1}，具体见表 3-3。

表 3-3　沙粒粒径与起动风速的关系（离地 2 m 高处，新疆）（北京大学等 1979）

沙粒粒径（mm）	0.10～0.25	0.25～0.5	0.5～1.0	>1.0
起动风速（m · s^{-1}）	4.0	5.6	6.7	7.1

沙（土）粒的起动过程，包括四个环节。首先是沙（土）粒在风力作用下与其他沙（土）粒和地表岩石、土壤等的联系发生松动，如果风继续吹，则在风的作用下沙（土）粒与地表物质相脱离；其次是在风的吹动下沙（土）粒跃起进入大气，即起沙；然后是随风向前运动，如果风持续吹

动，起动的沙(土)粒便在风的作用下向前运动，直到风停止运动或风速减缓使沙(土)粒下落；最后是沙(土)粒在大气中的下落，当风速减小到一定程度或停止时，风产生的上托力小于沙(土)粒的重力，沙(土)粒落到地表。降落到地表的沙土因地表形态和沉积过程不同而形成不同的地貌现象，如黄土地貌和风积地貌。

沙尘暴是风沙过程的典型和特殊情况。沙尘暴指由风沙作用将沙源的沙子吹运至气流经过地区天空，导致其尘土满天、风沙弥漫，能见度降低到 1 000 m 以下的天气现象。沙尘暴是一种短期、快速的风沙过程。沙尘暴往往伴随大风和沙尘。大风是起沙的主要原因，由于风大，吹起的沙粒较多，携带量大，能以悬移的方式携带沙粒向风的下游移动、降落，使风沙经过地区形成沙尘暴。沙尘暴主要发生在干旱地区和天气干燥的季节。沙尘暴对交通运输、环境等影响巨大。

二、空间扩散过程

(一)物种扩散过程

物种的扩散过程实际上是各种物种在地球表面的分布过程，由于物种的空间分布过程具有粒子性质，其空间移动类似粒子扩散，即从一个中心向四周逐步分散开来，形成各种分布区。各种物种都能以不同的扩散方式扩大栖息地和分布区域。物种扩散有两种形式，一种是主动扩散，另一种是被动扩散。动物等可自行移动的物种主要为主动型扩散，植物则以被动型扩散为主，较少植物也可以进行主动扩散。

植物物种的扩散以种子向外传播为先导，通过与当地物种的竞争然后实现定居，最后形成分布区。种子的扩散靠风、动物、水等外力实现。以风作为传播动力的植物的种子较轻，一般都有翅，风能将植物的种子吹到很远的地方，一次可达到数百千米以上。以风为动力的植物扩散有时会以比较特殊的方式进行，如草原上的风滚植物，当种子成熟后，植株会卷曲成球状，在风的作用下茎干从靠近地面部位折断(多年生)或连根拔起(一年生)，向前翻滚并散播种子。流水也可以传播植物，如红树科植物，种子有特殊的构造，能够漂浮在水面很长时间。这类植物的种子成熟后落入水面，然后顺水漂流直至适合的地方，再扎根生长，种子顺水漂流距离可达上千千米。植物可以依靠动物尤其是鸟类进行种子传播，实现向外扩散。这类植物有两种情况，一种是种子外面长有众多绒毛、钩刺、芒或能分泌黏液，可以粘住或挂靠在动物的皮毛上随动物带到远处，实现种子的扩散；另一种是多为鸟类的食物，一般具有坚硬外壳或是浆果，被鸟类等吃到肚中后随鸟类飞到外地，经粪便排出体外，然后落地生长发育，实现向外扩散。有许多因子影响植物的扩散，如海洋、高大的山脉、气温等，其中海洋往往是陆生植物的天然屏障，成为大多数陆生植物不可逾越的空间和区域。高大的山脉因气候垂直变化和地形高耸，生活在平地的植物难以翻越。

动物的扩散主动性较强，特别是大型哺乳动物，一般通过迁徙完成扩散，但病毒、微生物和原生动物也很容易由风、流水等介质传送，甚至一些较小的昆虫如蜘蛛、脊椎动物如蛙也能被大风传带。在远离陆地 3 000 km 的太平洋上空，飞机曾收集到蜘蛛、蛙、昆虫及多种植物孢子和种子(柳劲松等 2003)。动物的扩散的动力主要来自生存压力，一是种群竞争，一是环境恶化。现代动物的迁徙大都由人类导致的生存环境恶化所致。

物种达到某地后，并不意味着已扩散到该地，定居是物种扩散成功与否的衡量标准。靠种子扩散的植物，扩散到新区后，首先种子必须能发芽，并能生长发育到生殖阶段，继而繁殖新种子，新的种子能够萌芽生长，才是定居成功。动物定居的条件，除要能够适应冷热、干湿等气候条件外，还必须有足够的食物，并能在与其他物种的竞争中取得一席之地（栖息地），而且需要有足够的种群数量——不被天敌吃光并具有配种繁衍后代的机会，只有繁衍后代成功，才意味着定居成功。气候、水分、土壤、物种间的竞争等因子对物种的定居和繁殖产生影响，只有适应环境的物种才能实现定居和繁殖后代，完成扩散。

（二）水、气中的物质扩散

气态物质能够在空气中扩散，液体物质则能够在水中扩散，即气体和液体以产生扩散物质如污染物的地方为中心，借大气和水的湍流及分子运动向低浓度区域迁移，最后均匀地布满整个介质。物质在大气和水中的扩散可以污染物扩散为代表进行分析。

1. 污染物在水中的扩散

污染物在水中的扩散过程可分为两种情况，一是当环境介质处于相对静止状态时，扩散过程在分子力的作用下均匀地向四周扩散，最终均匀地并布满整个介质。一种是当介质处于流动状态时，此时的污染物的扩散比较复杂。

污染物在静水中扩散运动的菲克(Fick)定理为：

$$Q_1 = -k\frac{\mathrm{d}c}{\mathrm{d}x}$$

式中 Q_1 为某物质扩散通量，单位 $\mathrm{mg \cdot m^{-2} \cdot s^{-1}}$；$\frac{\mathrm{d}c}{\mathrm{d}x}$ 为单位长度上的浓度变化值，单位 $\mathrm{mg \cdot m^{-3} \cdot m^{-1}}$，即浓度梯度；$x$ 为扩散路程长度，由于 x 值增大时 c 值相应减小，故 $\frac{\mathrm{d}c}{\mathrm{d}x}$ 为负值；k 为扩散系数，单位 $\mathrm{m^2 \cdot s^{-1}}$。它与介质情况有关，变化较大。目前其测度方法众多。

当环境介质处于运动状态时，物质的扩散将变得十分复杂。首先进行迁移性扩散，即被水带到其他地方，其方向与介质的运动方向一致，分布的范围、距离与水流运动的速度和动力相关。由水流的推动而产生的沿着水流前进方向的运动，称为推流或平流，其公式为：

$$Q_1 = v \cdot c$$

式中 Q_1 是溶质的推流量，单位 $\mathrm{mg \cdot m^{-2} \cdot s^{-1}}$；$v$ 是流速或风速，单位 $\mathrm{m \cdot s^{-1}}$；c 是溶质浓度，单位 $\mathrm{mg \cdot m^{-3}}$。可见，速度越快，单位时间内通过单位面积输送的污染物质数量（污染物质推流量）越多。

与此同时，在推移的过程中，物质同时进行扩散运动和纵向混合，从而使水中污染物的扩散变得极为复杂，一般通过建立扩散模型进行分析。

2. 污染物在大气中的扩散

静风情况下，物质在大气中的扩散与物质在水中的扩散相似，符合菲克(Fick)定理，并与排放点高度等参数有关。其扩散系数多通过示踪法等大气试验获取。非静风条件下，物质在大气中的扩散受风向、风速、大气稳定度、降水情况和雾天等影响，其中风和湍流起主导作用。风可使之向下风向扩散，湍流可使其向各方向扩散。湍流具有极强的扩散能力，它比分子扩散快 $10^5 \sim 10^6$ 倍。风速越大，湍流越强，扩散速度就越快，浓度就越低。经过较长时间后，物质的扩散最终将布满整个介质，形成均匀分布。

研究物质扩散的过程、动力、阻力与扩散的规律，对于掌握污染物的传播和在大气圈、水圈的扩散与分布，对全球性环境问题的研究与解决十分重要。

三、界面过程

自然地理系统是具有复杂界面的系统，其界面包括：水一气界面、水一岩石界面、水一生物界面、水一土壤界面。发生在这些界面的过程即界面过程，主要引起物质的状态改变即相变，如水一气界面过程主要就是液态水向气态水，气态水向液态、固态水的转变。相变过程实际上就是各自然地理要素之间的相互作用及因此而产生的物质交换过程。相变过程是十分重要的地理空间过程，包括水汽的蒸发、凝结过程，二氧化碳的溶解与逸出过程等。

（一）蒸发过程

蒸发是指由液态或固态水转变为气态水的相变过程，蒸发过程是很复杂的物理过程，与太阳辐射、水汽含量（水汽压）、气温、风速等气象因素，海洋面、有限水面、土壤表面与生物体表面下垫面等因素有关（左大康 1990）。空气中水汽含量产生的压力值叫水汽压，在一定温度、一定体积的空气中所能够容纳的最大水汽量产生的压力值称为饱和水汽压。蒸发与凝结是一个相对的过程，取决于空气实际水汽压（e）与饱和水汽压（E）的差值，如果 $e<E$，则发生蒸发，即地表液态水或固态水转变为大气水；如果 $e>E$，则出现水汽凝结现象，即大气水转变为液态水（露）或固态水（霜）。一般而言，在气温较高、水汽压低、风速快的气象条件下，蒸发强烈。

下垫面情况则十分具体。海洋和有限水面属充分供水条件，蒸发与液态水体中盐、水温及大气条件等有关，盐的含量低、水温高，蒸发都较强烈。土壤蒸发包括包气带水蒸发和非包气带水蒸发，与土壤性质、土壤含水量、土体结构等有关，土壤水多、土壤物质对水的约束较小，蒸发强；反之则弱。生物表面的水蒸发称为蒸腾作用，与生物表面积大小、叶的结构、气孔及周围环境的大气情况有关。总的来说，植物表（叶）面积大、缺乏旱生结构，蒸发强；反之蒸发弱。在田间，植物的蒸腾与棵间的蒸发合称田间蒸散，与植物种类、种植密度、植物覆盖率等有关。

蒸发一般用蒸发面、蒸发力、蒸发强度、蒸发量（包括总蒸发量）等物理要素进行研究与描述。蒸发面是指产生蒸发的各种界面，主要有自由水面、冰面、雪面、潜水面、植物叶冠面、森林表面、土壤面等。蒸发面对蒸发量有较大影响，在同等气象条件下，森林是蒸发最强的界面，其蒸发量要比水面蒸发多 50%以上；其次是水面；再次是雪面，雪面的蒸发则只有水面的 82%。土壤蒸发与水面蒸发不同，蒸发过程分三个阶段：首先是在土壤水分充足时，与水面蒸发相似，蒸发量受气象条件控制；随着水分的不断减少，土壤表层逐步干燥，蒸发也逐步减少；最后，蒸发变为潜水面蒸发，蒸发量因土壤含水情况和潜水埋深等差异较大。

农田是蒸发中比较特殊的界面，其蒸发过程包括农作物的蒸腾和植物之间的土壤蒸发（棵间蒸发），统称总蒸发或蒸散发。蒸散发与作物、田间含水量等因子有关，并有明显的日变化。

蒸发力是指在一定气象条件下，无水分供应限制时，某一下垫面的最大可能蒸发量。对蒸发力的概念有许多争论，国外提出过几种蒸发力的概念，如桑斯威特（Thornthwaite）认为蒸发力是指对植物利用水分而言不存在土壤水分亏缺条件下发生的水分消耗。彭曼（Penman）则将蒸发力定义为在只受大气影响的条件下一个理想的广泛的自由水面在单位面积、单位时间的水分蒸发。同时，他们还提出了许多描述公式。这对于认识蒸发的影响因素及其作用机制有很好的促进，但关于蒸发力的计算和蒸发因子的作用研究还有待深入。蒸发强度是用来描述蒸发强弱的另一个概念，指在一定气象条件下，单位面积、单位时间内从某一下垫面蒸发的水分的多少。与蒸发力有相似之处，但蒸发强度着重于具体的蒸发过程，也不考虑是否有水分供应限制。其计算公式为：

$$Z = E / St$$

式中 Z 是蒸发强度，E 为蒸发量，S 为蒸发面积，t 为蒸发时间。

蒸发量是一个十分重要的概念，一般指通过蒸发散发出去的水的数量，有时候，蒸发与蒸发量不作区别。当水分供应充足时，蒸发量取决于气象条件。当水分供应受限制时，蒸发量不仅与气象因子有关，而且与下垫面的情况有关。蒸发量的计算方法很多，最好的是直接测量，但目前受仪器设备等的技术限制，尚无精确的方法，故在实用中主要用间接计算方法进行估计。常用方法有五种：①空气动力学方法，用气象要素梯度资料、湍流交换系数及粗糙度等变化特征值计算；②能量平衡法，用太阳辐射和气象特征值计算；③水量平衡法，用降雨、径流、水储蓄变化值等进行计算；④综合方法，包括各种利用气象因子的方法，如彭曼和布迪科(Budyko)等的方法；⑤温度公式，以温度作为蒸发的主要因子通过经验归纳得出计算公式，如桑斯威特经验公式等。其中，彭曼、布迪科等的公式运用广泛。

彭曼公式：

$$E_0 = [\Delta(R/L) + \gamma E\mathrm{a}]/(\Delta + \gamma)$$

式中 $\Delta = (e_s - e_a)/(T_s - T_a)$，为饱和水汽压对温度的导数，即在平均气温 T_a 时饱和水汽压曲线的斜率，只是温度的函数；R 为辐射平衡，根据英国和瑞典的资料建立经验计算公式：

$$R = R_a(1-\alpha)(0.18 + 0.55\ n/N) - \sigma T_a(0.56 - 0.092\ e_d)(0.10 + 0.90\ n/N)$$

式中 R_a 是天文辐射，α 是蒸发面反射率，n/N 是日照百分率，σ 是斯蒂芬－波尔兹曼常数，T_a 是以绝对温度表示的气温；L 为蒸发潜热；γ 为干湿表常数，数值上等于 $CpPa/0.622\ L$，Cp 是定压比热，Pa 为大气压；E_a 为空气干燥力，它与空气饱和差和道尔顿蒸发风速函数有关。

根据分析，实际蒸发(E)与蒸发力(E_0)的比值是区域湿度或土壤层实际含水量(M_i)与饱和含水量(M_{sat})比值的函数：

$$E/E_0 = f(M_i/M_{sat})$$

考虑边界条件：$M_i = M_k$，$E/E_0 = 0$ 与 $M_i = M_{sat}$，$E/E_0 \approx 1$，当 $M_k < M_i < M_{sat}$ 时，有 $0 < E < E_0$，则上式可写成：

$$E/E_0 = (M_i - M_k/M_{sat} - M)^m$$

式中 m 取决于土壤条件，可由实验或实测资料确定：

$$m = \lg(E/E_0)/\lg[(M_i - M_k/M_{sat} - M)]$$

因 M_k 与 M_{sat} 为土壤含水量的物理常数，为计算简便，常将常数提出来，并令

$$\lambda = (M_k/M_{sat})^m(1 - M_k/M_{sat})^{-m}$$

最后，导出区域蒸发公式：

$$E = E_0\,\lambda\,(M_i/M_k - 1)^m$$

如考虑辐射平衡，则可写成

$$E = R_E\,\lambda_1(M_i/M_k - 1)^m$$

式中，R_E 是辐射平衡，λ_1 与蒸发潜热有关。

$$\lambda_1 = (M_k/M_{sat})^m(1 - M_k/M_{sat})^{-m} \div L$$

式中 L 为蒸发潜热。

(二)CO_2 溶解与逸出过程

CO_2 的溶解与逸出是水－气界面的另一个重要过程，对大气 CO_2 浓度、水的侵蚀力、水中

钙的沉积等有重要影响。水中含有 CO_2 的多少与空气中 CO_2 浓度和水温密切相关，一般来说，水中的 CO_2 浓度与大气 CO_2 浓度成正比，与气温成反比。如一般情况空气中 CO_2 浓度为 0.3%，此时的水中的 CO_2 含量与水温的关系如表 3-4 所示。

表 3-4　水中 CO_2 含量与温度的关系(北京大学等 1979)

温度(℃)	CO_2 含量(%)
0	1.1
10	0.7
20	0.52
30	0.39

因此，空气中 CO_2 的浓度越高，水一气 CO_2 浓度差异越大，进入水中的 CO_2 就越多；水中 CO_2 浓度越高，水一气浓度差异越大，CO_2 从水中逸出越多。同样，气温越高，次生大气进入水中的 CO_2 就越少，水中的 CO_2 逸出就越多；反之亦然。

CO_2 在水中常处于不稳定状态，一般分解为氢离子和碳酸氢根，但过程是可逆的，与各自的浓度和温度有关。其过程如下：

空气　　CO_2

　　　　$\downarrow\uparrow$

水体　　$CO_2 + H_2O \rightarrow H_2C_2O \rightarrow COH^{-1} + H^+$

第四章　自然地理要素的空间相互作用

第一节　大气圈与水圈的相互作用

大气圈与水圈的相互作用包括海一气相互作用(ASI)*、湖一气相互作用(ALI)、河一气相互作用(ARI)和冰一气相互作用(AII)。其中海一气相互作用具有十分重要的自然地理意义。大气圈与水圈的相互作用通过水一气界面过程实现。

一、海一气相互作用

海洋与大气是地球最大的两个流体,二者相互作用,在物质能量上进行耦合,形成密不可分的水气系统,既包括气对水的作用,也包括水对气的作用。海洋不仅影响大气的组成和能量,还影响大气环流、天气与气候,大气则对海洋的运动、表层水温、盐度等构成影响。

(一)海一气相互作用

海一气相互作用是海洋与大气之间各种物质能量的交换,以及各种过程的相互耦合过程。

海一气相互作用首先表现在海一气界面上的热量、水分、盐粒等的交换上。从能量交换来说,主要是海洋向大气输送热量。太阳光穿过大气层达到海面,海水吸热后升温,通过热辐射、水分蒸发等把热量传递给大气层;大气层则以逆辐射的形式把热量返回海洋,形成海一气热交换。海一气热交换大部分以潜热形式进行,即通过水蒸发携带热量进入大气。海一气热交换的数量在长时期看是平衡的,即相等的,但短期内则可能存在不平衡现象。热交换使大气的温度与海面温度出现高低相吻合的地域分布,在热带地区,海洋与大气都处于高温状态;而在寒带地区,海洋与大气则又都处于低温状态。海洋表层温度的变化对大气层有明显影响,近地面大气的温度变化也会造成海水的温度变化。不过,二者的变化在时间上不一定同步,一般都存在滞后现象。研究发现,主要洋流区海一气相互作用最为剧烈,海气之间的水热交换十分频繁、数量巨大,如墨西哥湾流、太平洋黑潮等。

热量的交换带来水分的交换。海水吸热后蒸发,由液态变为气态,由海水变为大气水。海洋是大气水分的主要来源地,海洋的蒸发作用对天气现象和气候有巨大作用。大气中的水在气温下降时凝结成水滴或雪花,在适当的大气条件下形成降雨或降雪降落到海洋之中。在近海面,大气与海洋也进行盐粒的交换。

---

* 海一气相互作用由于比较普及,常写为“海气相互作用”(air-sea interaction),已省去海洋与大气间的连词符“-”,这里为了与其他一些不太熟知的湖一气、河一气等相互作用相一致,仍保留连词符

通过海一气相互作用，海洋对大气环流和气候产生较大影响。与大陆相比，夏季，海洋是相对的冷源，上空的空气冷而重，形成海上冷高压，而大陆则为热低压；冬季则相反。所形成的季风环流使大陆东部出现季风气候，如亚洲东部，夏季，风从海洋吹向大陆，气候高温多雨；冬季，风从大陆吹向海洋，气候干燥寒冷。非季风气候区也有海陆差别：受海洋影响的地区，如西欧，气候温暖湿润，年温差小，天气变化较小；而受大陆影响地区，如中亚，气候干燥，天气变化剧烈。海洋对气候的影响还与洋流有关。洋流是海水的大规模定向流动，与大气运动密切相关。根据洋流水温与流经海区水温的差异，将洋流分为冷洋流和暖洋流。冷洋流是洋流水温比流经海区水温低的洋流，而暖洋流是比流经海区水温高的洋流。一般来说，暖洋流水温高，水分蒸发强烈，其上的空气含水量多，对流强烈，容易带来丰富的降雨，使暖洋流流经地区气候比其他地区要温暖湿润。西欧和西北欧温暖湿润的气候便是北大西洋暖流流经该地的缘故。冷洋流则因温度低，洋流上空的空气下层冷、上层热，温度垂直结构稳定，空气以下沉为主，从而冷洋流流经地区气温低、降雨少，产生洋流性干旱气候。沿海型干旱大多与冷洋流有关，如秘鲁中部、南非西南部分别是秘鲁寒流和本格拉寒流影响的结果。

通过海一气相互作用，大气也对海洋产生明显影响。首先，洋流的形成和运动与大气环流有关。世界各大洋的主要表层洋流都是大气环流对海面长期吹拂的结果，即使是补偿流也是风海流将海水带走后产生的。如各大洋的中低纬度环流便是信风作用的结果，西风漂流则是盛行西风长期作用的结果。其次，大气降雨对海水的盐度等有较大影响。降雨多、蒸发弱的海区，盐度比降雨少的海区低得多。

(二)海一气相互作用的空间尺度

海一气作用的空间尺度有大有小，一般可以分为小尺度、天气尺度、行星尺度三种尺度。

海一气相互作用可以在很大的范围内进行，有时甚至到达整个大洋的水平，即行星尺度，如某些大气活动中心和某些天气系统如太平洋副热带高压、热带辐合带等的位置、强度以及全球性的纬度环流与经度环流都与海洋状况明显有关，而海洋的中低纬度环流则是大气在行星尺度上对海洋的作用体现。许多大范围内的气候异常与海洋关系密切，反之，异常的大气环流以及大气温度状况也影响到海洋，如对海水的输送、辐散(聚)以及大面积海水水温异常等。

沃克环流(Walker circulation)与厄尔尼诺(EI Nino)现象便是大尺度海气相互作用的典型结果。在天气尺度，海一气相互作用产生局地的天气现象和海洋运动变化，热带风暴(台风)以及风暴潮的形成便是海一气作用的结果。

· 沃克环流与厄尔尼诺

沃克环流是赤道太平洋地区东西部水温差异引起的大气环流现象。太平洋东部，由于秘鲁寒流的存在，海洋中底层寒冷的海水上翻，在东太平洋形成从南美沿岸伸向中太平洋的一条长长的冷舌；在太平洋西部，则出现澳大利亚、印度尼西亚高温海区。正常年份，空气在西太平洋高温区上升，在东太平洋低温区下降，形成沿赤道东西向的大气环流，即沃克环流。由于地形作用，在赤道地区存在多个沃克环流。

在正常情况下，太平洋水温呈现上面所说的情况，但是，在某些年份却出现秘鲁寒流被低纬度暖流取代的情况，导致太平洋低纬度地区海水温度异常，并对生物、气候等产生影响，该现象被称为厄尔尼诺现象。出现厄尔尼诺现象的年份被称为厄尔尼诺年，一般间隔2～7年出现一次，持续1～2年。在厄尔尼诺现象发生的时候，偏东北信风减弱，甚至出现偏西风，原沃克环流变弱，空气上升区与下沉区的位置可能发生较大位移，从而造成赤道太平洋地区气候异常，使太平洋西边的中国、印度次大陆、北非地区干旱少雨，而太平洋东部的南美洲沿岸及太平洋岛屿则出现暴雨成灾的情况。厄尔尼诺现象与地区性和全球气候异常的关系开始逐渐被认识。导致秘鲁寒流减弱的原因可能与信风减弱有关，也有可能是在盛行偏东信风的长期吹拂下，太平洋赤道地区的海水在西部大量堆积，产生东西梯度力（方向从西向东），在风力减弱时暖水东流有关。

· 热带风暴（台风）与风暴潮

热带风暴是在热带海洋上形成的天气现象，它的形成及移动与海洋密切相关。一般来说，热带海洋海水温度较高，蒸发强烈，空气含水丰富，热量多，大气极不稳定，常常形成热低压和热带气旋。在热带气旋经过的地方，多狂风暴雨天气，强烈的则成为台风。热带风暴的强弱与生成热带风暴的海洋水温高低密切相关，水温越高，气压越低，风暴越强，台风则是最强的热带风暴。

风暴潮是与热带风暴、冷锋、温带气旋等大气现象有关的海水水面异常升降现象。风暴潮发生时，狂风暴雨、巨浪滔天，可引起海面水位暴涨，往往产生巨大的自然灾害，对沿海地区造成巨大损失。风暴潮的形成是气旋的强风和气压骤变的结果，历时往往只有几小时或几天，水位上升幅度可达数米到十几米。温带风暴潮较热带风暴潮潮位变化要稳定、温和。

二、湖—气相互作用

湖—气相互作用类似于海—气相互作用，但规模小，影响范围局限于湖泊所在地区。湖—气相互作用以水的循环和热量的交流为标志，湖影响气，气影响湖。从湖泊对大气的影响来说，主要是从湖中蒸发的水分使湖泊上空的大气水汽含量明显高于其他地区；湖泊蒸发的水不仅使空气湿润，而且由于水汽的保温作用，使气温的变化幅度减小，气温年较差和日较差都小于其他地区。因此，湖泊地区气候温和湿润，降雨丰富。同时，在湖泊的作用下，产生湖—陆大气环流：夜晚，风从陆地吹向湖泊；白天，风从湖泊吹向陆地，产生湖陆风。就大气对湖泊的影响而言，主要是大气降雨补充湖水水量，空气运动影响湖泊水分蒸发和湖水运动，空气温度则影响湖泊水温：冬季，气温降低时，湖水温度随即降低；夏季，气温升高时，湖水温度也随之升高。

三、冰—气相互作用

冰—气相互作用主要出现在南极大陆和高山地区。冰—气相互作用通过冰—气界面过程实现，体现在能量和水分交换方面。

大气对冰川的影响十分明显。首先形成地面上的冰的水全部来源于大气降水（雨和雪），当降水量增多时，容易形成冰层，使其变厚；当降水量减少时，冰的蒸发会加强，冰会减少。其次，气温的高低对于冰层的融化与结冰过程有关键作用，对冰层厚薄也有巨大影响。当气温升高时，冰面融化，冰层变薄；气温降低时，水分凝结成冰，原有的冰保持稳定。气温的升高还会对冰川运动变化速度产生影响，一般来说，气温升高，冰川运动变化速度加快。世界气候变化对南极冰川的影响非常大，气温升高带来的冰川融化对人类十分不利（淹没沿海地区）。

冰川对大气的影响主要以下垫面的形式表现出来。温度极低的广大冰川面对大气起冷却的作用，往往成为寒冷空气的源地。寒冷冰面使南北两极空气温度下低上高，形成超稳定结构，并使大气向地面下沉，产生地面冷高压，形成极地东风带。低纬度高海拔地区（如高原）冰川大多也是地区性的冷源，对气温有较大影响。极地冰川对气候的影响不仅局限于极地，而且影响到全球。

第二节　大气圈与岩石圈的相互作用

大气圈与岩石的相互作用，一方面是大气对岩石的作用，包括热胀冷缩产生的剥蚀作用、降雨的冲击作用、风的吹蚀等破坏作用，以及对地表形态的塑造（气候地貌）等；另一方面是岩石（下垫面）对大气的作用，包括冷热源作用（产生冷暖气团）、地势地貌的作用（如对大气运动的阻挡作用、抬升作用等）。同样，大气与岩石的相互作用也是通过水、热交换完成的。

一、大气对岩石圈的作用

（一）热量交换与岩石风化

大气与岩石圈的热量交换十分频繁。太阳辐射中穿过大气到达地面的约 50％热量被地面吸收，其余约 50％被地面反射回大气。地面吸收太阳辐射后，温度升高，并以长波辐射、热传导等形式向大气传递（地面辐射），大气在吸收地面长波辐射等能量后，一部分继续存留在大气中，一部分则向下以长波辐射的形式返回地面（大气逆辐射）。白天，大气向地面输送热量较大，地面以吸热为主，地面温度逐渐升高；夜晚（尤其是晴天），大气向地面输送热量较小，地面以放热为主，地面温度逐渐降低。从季节上看，夏季太阳辐射较强，气温高，地一气热量交换量大且频繁，近地面大气对流运动极为强烈。冬季相反。

岩石是热量的不良导体，到达岩石的太阳、大气辐射不能传导到岩石内部，只能在很浅的表层。岩石放热也只发生在表层。总体来说，岩石吸热快放热也快，岩石表面温度变化迅速。干热地区，岩石表层在热量作用下，处于“吸热——膨胀——放热——收缩”的循环之中，从而使表层岩石破碎，并从岩体脱离，产生剥蚀风化现象，成为热力风化。温差（日较差和年较差大）越大的地区，热力风化作用越强。据调查，干旱荒漠区，夏季太阳辐射极强，白天砂石表面温度可达 60～70℃，夜晚则可以降到 0℃以下，在剧烈的降温作用下，岩石表层经常发生爆裂。在寒冷地区，冬季地表温度极低，岩石空隙和裂隙中的水结冰产生巨大的膨胀压力（可达 $2\ t \cdot cm^{-2}$），使岩石裂隙扩大加深，空隙扩大破碎，春夏冰体融化后在裂隙和空隙中集聚更多的水体，冬天再次结冰膨胀，周而复始，导致岩石崩裂破碎，即冻融风化。降雨丰富的地区和温差较小的地区，岩石的风化虽然不像干旱地区那样以热力风化为主，但热量在风化过程中也起到重要作用。首先，新鲜岩石出露后仍然以热力风化为主，只有当岩石表层破碎到一定程度后，化学风化等才能有足够的发生条件；其次，热量在化学风化中提高了水的溶解风化能力，可以加速风化。

（二）气候与地貌

气候对地貌的影响则是大气对岩石影响的主要表现。气候条件是地貌形成的重要外营力，各种地貌的形成都与气候密不可分，都是气候与其他因素共同作用的结果。

风沙地貌是气候作用下形成的典型地貌，主要发生在大陆内部气候干燥地区，包括风蚀地貌和沉积地貌，与气温变化对岩石产生物理风化、机械侵蚀和扬沙沉积过程有关。在干燥的内陆，地表岩石在不断的吸热放热过程中，表面不断破碎、剥离，最终形成成片的沙石堆积，是风沙地貌形成的基础。风经过地表所产生的紊流，吹散地表的细小物质，产生吹蚀作用，吹蚀与沙石大小和风速大小相关(见本章第一节)。携带沙石的风紧贴地表运动时对地面岩石产生打击、磨擦等作用，称为磨蚀作用。在风的侵蚀下，形成各种风蚀地貌，如石窝(风蚀龛)、风蘑菇、风蚀柱和雅丹、风城等地貌。风沙流搬运的物质在一定气候地貌条件下沉积下来便会形成各种风积地貌，如新月型、抛物线型、梁窝状、蜂窝状等沙丘，新月型、纵向沙垄，以及各种复合型的堆积地貌。

图 4-1　风沙地貌

黄土地貌也是风沙作用的结果。在风速较大时，沙区颗粒细小的黏土、粉沙等可悬浮在空中随风输送到很远的地方，如近年来，从我国西北内陆沙漠发生的沙尘暴，不仅可席卷西北各省区，最远甚至能到达台湾和日本上空。处于沙尘迁移途中的地区，在长期沉积作用下，可形成较厚的黄土堆积，在后期流水侵蚀作用下则形成黄土地貌。

图 4-2　黄土地貌

冻土地貌也是典型的主要受气候因子影响的地貌。冻土地貌发生在季节性结冰的高寒地区，主要在高纬度地区出现。寒冷的气候是冻土形成的基础，而冻融作用则必须要季节性结冰和融化相结合才可能发生。

岩溶地貌、冰川地貌、流水地貌等形成也无不打上气候的烙印。岩溶过程首先是二氧化碳在水与气之间的交换过程，气温的高低对此有较大影响。水的侵蚀、溶蚀也与气温、气压和降雨的多少、强弱有关。冰川地貌与气候的关联极大，首先气温对冰川的运动有影响，气温高，冰川底部容易融化，运动速度会加快。而冰碛物的堆积过程则直接是气温升高使冰川溶化的结果。流水地貌虽然与气候的关联不像其他地貌那么大，但也与气候分不开。

二、岩石圈对大气的影响

(一)岩石圈的活动对大气的影响

岩石圈层的活动,尤其是火山活动①,喷发出大量的颗粒物质和气体,对大气成分和气候都有影响。火山喷发的气体中含有大量的水蒸气和碳、氢、氮、氟、硫等的氧化物,如 1991 年菲律宾吕宋岛的皮纳图博火山喷发就将 2000 万吨的 SO_2 送入大气,对大气成分和热量状况都有巨大影响,大气中的水等许多气体最早都来自岩石圈。火山活动产生的碎石、火山灰②等固体物质随火山喷发进入大气,一方面增加了大气固体成分,另一方面,火山灰和火山气体被喷到高空中去,可以随风散布到很远的地方。火山灰漂浮在大气中将形成强烈的遮光作用,导致气温降低。如果火山活动频繁,整个气候将为之改变。火山喷出的滚烫岩浆(温度约为 700～1 200 ℃)也会给大气以巨大的热能,改变大气热量状况。

图 4-3　冰岛埃亚菲亚德拉火山爆发产生的滚滚浓烟③

(二)下垫面与气候

岩石圈(包括土壤等松散物质)对大气的影响主要是以下垫面的形式发生作用。首先,裸露岩石相对于其他下垫面具有典型的“吸热快、放热也快”的热力特点,因此,其上大气温度变化往往较为剧烈。地表冷热的变化对大气运动和气候影响巨大。其次,岩石裸露区域水分少,地表较为干旱,蒸发到大气的水分少,空气湿度低,气候干旱。

(二)地势与地形对大气运动与气候的影响

首先,是地势地貌对空气运动的阻挡与分流作用。高大的山脉,如秦岭、青藏高原等,对大气的前进起阻挡作用,空气在山前堆积,当后续空气源源不断吹来的时候则不得不爬坡上升或向两侧流动。地势地貌对空气的阻挡与分流作用在青藏高原表现最为明显,影响遍及亚洲东部、南部。青藏高原对春季北上的西南气流产生明显阻挡,使我国广大西部处于背风坡的位置,气候干燥;冬季则阻挡寒冷的偏北风吹向南亚,使印度次大陆等冬季温暖。青藏高原对高

---

① 火山物质主要来自地幔和岩石圈,岩石圈是火山的通道,火山喷发是岩石圈运动变化的结果——作者

② 火山灰是由岩石、矿物、火山玻璃碎片组成,是直径小于 2 mm 的细粒物质。在火山的固态及液态喷出物中,火山灰量最多,分布最广,它们常呈深灰、黄、白等色,火山爆发时,岩石或岩浆被粉碎成细小颗粒,从而形成火山灰

③ 引自中新网:http://www.chinanews.com.cn/gj/gj—oz/news/2010/05—28/2310477.shtml

空偏西风有显著的分流作用，将其分为南北两支。冬季，北支气流沿高原北部运动，加强了我国华北地区的寒冷与干燥；春夏之初，南支气流绕过青藏高原在长江中下游与北支气流汇合，使该地区出现梅雨天气。而四川盆地则处于背风位置，较少受到西风的影响。此外，在山地，还常常产生山谷风，形成局地环流。地表起伏对空气运动也有影响，是空气产生扰动和紊流的主要原因。

其次，形成迎风坡与背风坡天气或气候的差异。在迎风坡，由于空气受阻抬升，气温随高度增加而不断降低，使空气中的水汽凝结，形成降雨，降雨量随高度增加先逐步增加后因水量减少又逐步降低。世界上很多多雨区都位于高大山脉的迎风坡，便是地势地貌对气候的影响结果，如印度的乞拉朋齐、我国台湾的火烧寮等，便属于全球降雨最多的地区。背风坡降雨比迎风坡少，高大山脉的背风坡多产生焚风效应，即空气从山顶向下吹，气温随海拔的降低而增加，空气中的水又在迎风坡降落，空气极为干燥。这种从上到下吹的干热风称为焚风。当焚风的温度足够高时，往往引起背风坡的森林和草地燃烧。

再次，形成气候的垂直分异，产生从低到高的气候变化。第一是气温随高度增加逐步降低，一般来说，海拔每升高 100 m，气温将下降 0.55～0.65℃。第二是光照、降雨等的变化。结果是形成垂直气候分带，从山脚到山顶，如果海拔足够高，则出现类似于从低纬度向高纬度的气候类型变化。当然，气候垂直变化的过程与山脉所在的纬度、距海的远近、是否受海洋影响等因素有关。山体越高，纬度越低，则气候带越多，结构越复杂。山脚平地的气候是山脉气候垂直变化的基础（称为基带），垂直变化以平地的气候为准、为起点，开始类似从低纬度向高纬度，即从暖热地区向寒冷地区的气候演变。

第三节　大气圈与生物圈的相互作用

一、大气对生物的作用

作为生物生存的重要环境，大气不仅对生物的生长发育有影响，而且对生物的分布也有作用。其中，对植物的影响最大。大气对生物的影响主要通过大气运动和光热水的交换进行。

太阳光对生物有直接影响。阳光是植物进行光合作用的能量基础，太阳光经过植物的光合作用将光能转变为生物化学能，供植物和动物生长发育需要。光能的强弱、日照时间的长短及周期对生物的影响很大。光强对植物的影响主要体现在光合作用的强弱方面，在其他因素不变的情况下，光强越强，光合作用越强，反之亦然。

动物对光的强弱也有反应。由于光环境的不同，生物的生长发育过程以及对光的适应性也不同。在长期对光的适应过程中形成了生物的各种光生态适应性结构，产生喜光、厌光、黑暗生等植物生态类型（部分动物亦然）。日照长短对植物也有影响，有的植物需要长日照，有的则只能在短日照地区生活，这也是植物对光照时间的一种生态适应。高纬度地区属长日照区域，纬度越高日照长度越高；低纬度地区为短日照地区，纬度越低日照长度越短。从纬度看，日照长度最长可达 24 $h \cdot d^{-1}$（极点），最短为 12 $h \cdot d^{-1}$（赤道）。光照的强弱、长短以季节为周期的变动，使许多生物的生长发育也与之相应，如植物的发芽生长、开花结果、落叶换叶的季节性变化，鸟类及其他动物的春秋换毛，某些动物的交配繁殖等均与光周期有关。

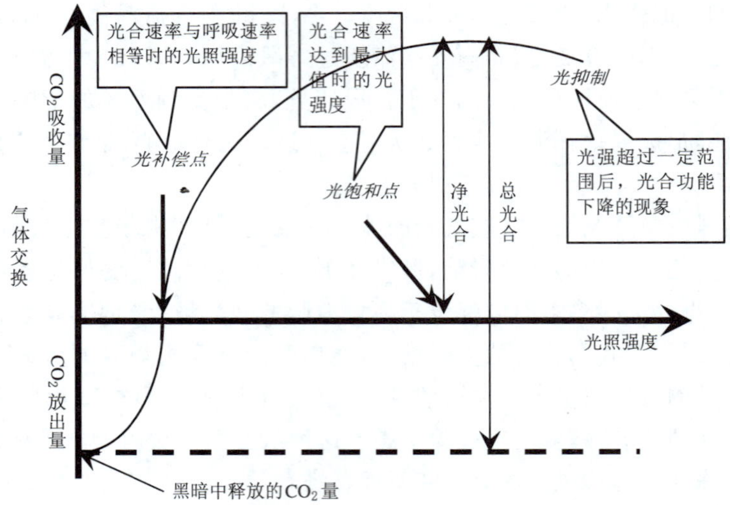

图 4-4　光强与植物光合作用的关系示意图

热量(气温)对生物的影响很大。热量是生物的基本生存条件,生物的生长发育都是在一定的温度条件下开展的。一般来说,在适宜生存的温度范围内,温度高,生物的生长发育速度快;温度低,生物的生长发育速度慢。温度对生物的新陈代谢速度有重要影响,高温往往意味着呼吸作用快,代谢速度快;低温与之相反。大多数生物都只能在一定温度范围内生存,此范围在生态学上叫生态幅度,过高过低的温度都不能使生物正常生长发育。根据生物对温度的适应能力和适合生长发育的温度条件,可将它们分为热带生物、喜温生物、耐寒生物等。就植物来说,耐寒植物一般落叶、叶小或为针状,有胶质和角质保护幼芽,气孔深陷等;热带植物叶大而宽,质薄,多气孔等。动物也有相应的保护措施,如寒冷环境中的动物有厚厚的皮毛,多脂肪等。温周期与光周期相结合,是影响动植物生长发育节律性的主要因素。

大气物质元素对生物的影响。大气中 CO_2、O_2、N 等是生物的基本生存条件。CO_2 是光合作用原料,O_2 是动物的基本生存要素,大气 N 是土壤 N 的来源,是动植物蛋白质形成的基本物质。O_2 还使生物产生对氧的生态适应性,生存离不开氧气的为有氧生物;不需要氧气的属无氧、厌氧生物。

生物物种的传播、分布区的形成与大气运动有关。大气运动能够为植物授粉、能将种子传播到其他地区,即起风媒作用。但台风、龙卷风等往往会吹倒植物,破坏植物的生长发育。

二、生物对大气的作用

生物对大气的影响也很大。首先,大气组成中的 O_2 等物质是生物生命活动的产物。地球上最初的大气与现代大气在组成成分上有巨大差异,没有氧等物质,只有氨,后来随着生物的不断演化,大气成分也随之变化,氧气到古生代才开始出现,直到中生代才与现代大气相似,大气的组成还将随生物的发展变化而变化。其次,生物的水热作用对大气的热量状况和大气运动都有影响,其中植被是对大气作用较大的生物因子,包括植被作为大气下垫面的作用和对大气运动的影响。如面积较大的森林因蒸发强于其他陆地表面,森林所在地空气湿润,加之森林的林冠对大气产生的紊流作用和抬升作用,林区降雨较多,夏季凉爽冬季温暖,气候的季节性变化类似于海洋,产生"绿岛效应",形成森林气候。森林还对风有阻挡作用,在沿海和干旱风沙区，森林的这种阻挡作用意义重大。

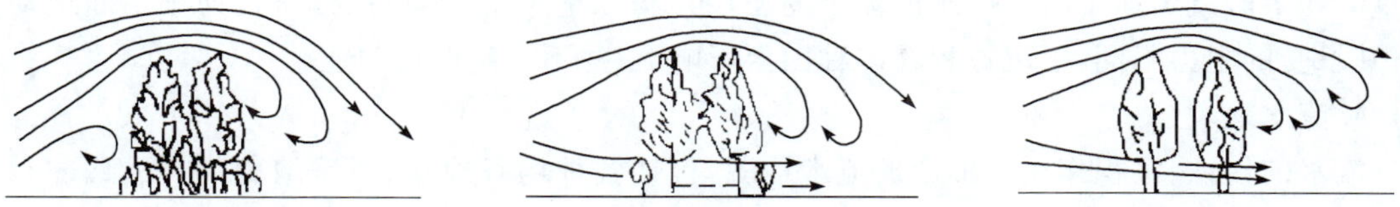

(a)紧密结构　(b)疏透结构　(c)通风结构

图 4-5　林带对风的阻挡作用示意图

人类活动与气候变化也有密切关系，该内容将在人地关系一章进行叙述。

第四节　水圈与岩石及土壤圈的相互作用

一、水圈对岩石圈的侵蚀与塑造

（一）流水作用与流水地貌

流水对陆地的岩石圈具有强烈的侵蚀、铸造作用，是改变地表形态的最主要动力。伴随流水的侵蚀、搬运、沉积等作用过程，地表被塑造成各种流水地貌形态。

1. 侵蚀、溶蚀作用

水圈对岩石、土壤有强烈的侵蚀作用，包括对岩石、土壤的侵蚀、溶蚀等破坏作用。据研究，每年溶解在河流中被搬运入海的可溶物质可达 27 亿吨（现代地理学词典，1990）。所谓流水的侵蚀作用是指流水对地表的冲刷作用，据前所述，坡面流水具有巨大的冲刷动能，能够将坡面松散物质冲走，并对坚硬岩石表面产生不断的冲刷切割，导致岩石破裂、风化。河流对岩石的冲刷主要发生在河床之中，流动的水体对河床和两侧岩石不断冲刷，加深河床，加宽河道。流水的侵蚀力与流速、泥沙含量等有关。一般而言，流速快，冲刷力强；而含有泥沙的快速水流，侵蚀力更强，其侵蚀作用不仅包括水流的冲刷，而且包括泥沙的摩擦、撞击作用。

2. 搬运作用

流水对岩石风化物、土壤的搬运作用，使地表物质进行迁移。河流的搬运作用是地球表面物质迁移的主要形式，每年由河流搬运的泥沙碎屑物质数量可达 16 万亿吨（左大康 1990）。根据伯努利定理，沙砾的粒径与流水流速的平方成正比，沙粒的体积与/或重量与粒径的三次方成正比，因此，河流能够将巨大沙砾搬运到很远的地方。泥沙在流水中的搬运方式有两种，一是推移，一是悬移。推移主要是颗粒较大的石块、沙砾，悬移主要是细粒物质。流水的上举力是决定物质搬运方式的重要因素。居于二者之间的泥沙，在流水作用下启动，并在水的上举力作用下跳跃到水中，随水前行。但沙粒比重大，会逐渐回落到水中，然后又会在水的作用下跃起前行。通过水的搬运作用，河床中的物质发生空间移动。

3. 沉积作用

流水中的泥沙在重力作用下会沉积。一般当浮力小于重力时，下沉作用开始。在紊流作用下，下沉过程有时会出现反复，甚至多次反复。

静水中，泥沙下沉速度与泥沙粒径和水的阻力有关，开始时速度较快且不断加速，当阻力与重力相等时就匀速下沉。由于河流中的泥沙并非都是球型或均匀的，而且处于不断运动之中，其承受的阻力不同，下沉过程在多种因素影响下，并不一定保持匀速。

4. 流水地貌

流水的侵蚀、沉积作用下形成的流水地貌，包括各种沟谷地貌、河床地貌、河漫滩、冲积扇和洪积扇等。

(1)沟谷地貌

包括各种侵蚀沟谷和沟口堆积物——洪积扇。如前所述，坡面流水冲刷地表形成切沟并逐步演化为冲沟、坳沟。切沟一般较浅、窄，下切深度 1～2 m，宽 1～2 m，沟床多跌水和陡坎。冲沟是切沟在流水的进一步作用下拓宽和加深形成的沟谷，由于水流的下切和侧向侵蚀，沟道两侧经常发生崩塌、滑坡等现象，并于沟床产生大量的松散堆积物，在雨季，洪水往往将之搬运冲出沟口堆积下来，形成洪积扇。洪积扇是山区山前沟口的堆积物，形态上以沟口为起点在山前呈扇形分布，沟口堆积物较多、较厚，向外则逐渐变薄。沟谷的流水从洪积扇上部经过，往往形成切沟，将洪积扇分成若干小块或者在老洪积扇前沿又形成新的洪积扇，逐渐往前推移，最终在山前形成山前平原。如果沟坡逐渐变缓，没有明显的沟缘，沟床纵剖面浅薄并有冲积物覆盖，则称之为坳沟。这时，沟谷侵蚀过程逐渐变为河流侵蚀过程。

图 4-6 坡面侵蚀与沟谷地貌①

(2)河床地貌

河流的底部即河床。河流的冲刷会使河床不断降低，并扩大河流的过水断面。河流的堆积则抬升河床，降低水流速度，使断面缩小。河床在河流的不断冲刷和堆积作用下形成和演化。根据形态和演变过程，可将河床分为顺直河床、弯曲河床、分汊型河床和游荡型河床。

顺直型河床是河床形成的初期，属幼年型河床，河床一般比较平直，仅略有弯曲，河床上水流平顺，边滩较小。洪水期流水淹没整个河床快速行进；枯水期，浅滩出露，流水略微弯曲前行。

弯曲型河床是顺直河床进一步发展的结果，属青年期河床。在地转偏向力的作用下，流动

① 图片引自新华网

的河水向右偏转，冲刷右岸，使河床不断向右拓展，形成凹岸，左岸则逐步堆积形成凸岸，河流逐步向右改变运动方向，同时流水在惯性作用下，凹岸的流水反冲向凸岸，弯曲度越大，冲刷和反冲越强烈，河流逐步转变成“S”状，时间越长河流的“S”形幅度越大。随着时间的推移，凸岸堆积物越来越多，形成河流边滩，凹岸形成深水区，导致河道“蠕移”。当进一步发展时，河流的弯道越来越靠近，当接近到一定程度，流水就冲出新的通道，河流自然“截弯”。被切断的部分，逐步演化为“牛轭湖”——形状像牛蹄，老河床中有静止，枯水季与河道脱离，洪水季作为河流的一部分，河床沉积物具有明显的湖相沉积。

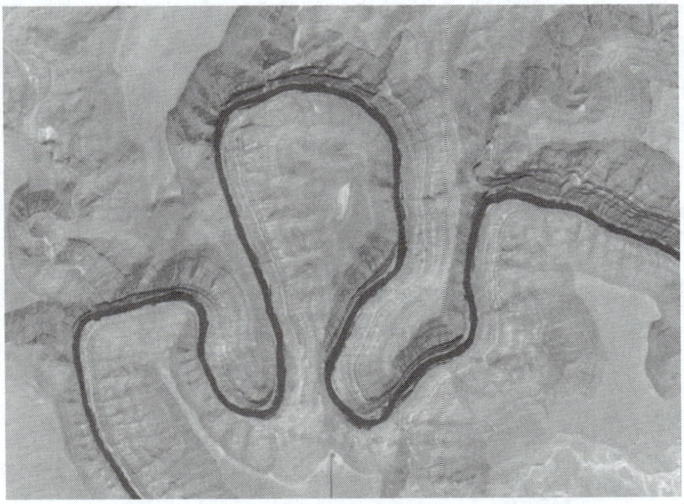

图 4-7 蜿蜒曲折的圣胡安河①

分汊型河床为河床发育的壮年期，在比较宽浅的地区，河流“左右扫荡”使河床变得极宽，演变成宽窄相间的莲藕状，窄道为单一河床，宽道则形成分汊，河道中部早期为心滩，后期演变为江心洲，使河水分道而行，形成分汊。初期，通过窄段的河水到达宽段时，流速变缓，导致粗粒物质沉积下来，时间一长便形成心滩：枯水期露出水面，平水期和洪水期被河水淹没。随着堆积物的增加，滩体越来越大，对河水的阻挡分流作用越来越明显，除了洪水期外，心滩不再被河水淹没，成为江心洲。时间更长，江心洲在特大洪水时期也不会被淹没，如湘江中长沙段的橘子洲。

游荡型河床为老年期河床，是河流发育到后期的形态，河床宽浅，沙滩广布，“洪水时汪洋一片，枯水时河汊密布”(北京大学等 1979)。由于河床宽浅，每次洪水过后，往往导致心滩、边滩发生变化，有时心滩变为边滩，有时边滩被分割为边滩和心滩，有时心滩边滩合拢，分合频繁。

(2)河漫滩

河漫滩是河谷发育到一定阶段的产物。河谷发育从“V”型谷开始，谷底缺乏堆积物，基本上全为河床占据，只有在凸岸才有少量边滩出现。随着河谷的演化，河流向两侧不断拓宽，凸岸的边滩逐步壮大、增高，当河流远离边滩后，大部分时间边滩都出露在外，并有芦苇等喜湿植物生长发育，只有洪水期才被河流淹没，此时的边滩演化为河漫滩。河漫滩的沉积物质具有明

① 图片引自美国《连线》网站

显的分层性，河漫滩的下部为原来沉积的沙粒等粗物质，成为河漫滩后，细粒、粗粒交替出现，平时有落叶和植物残体形成腐殖质，洪水期河漫滩水流缓慢，黏土物质在其上沉积。

(3)河谷的发展与河流阶地

河谷的发育与河流基准面有关，在侵蚀基准不发生变化的情况下，河流从下游至上游，逐渐溯源侵蚀，使河床高程和比降不断降低，同时向两侧拓展，使河谷从狭窄的“V”型谷变成宽浅的“U”型谷，最终整条河流的河床与侵蚀基准高程相差不大，河流从山区性河流演变为平原型河流，分水岭高度低，与流域的其他区域高差不明显，河水流速缓慢，河床比降极小。如果河流侵蚀基准发生抬升，如地壳运动使上游抬升或使下游下降等，河流则将整体下切，在下切过程中，河水一般沿深水区下切，浅水区原有河床最终出露为河流的阶地。河流阶地包括两个组成部分，一是阶面，即原有河床；另一为阶坡，是河流下切形成的坡面。界面坡度下，阶面坡度较陡。如果河流发生过多次基本面变化，则会形成多级阶地，靠近河流的为一级阶地(河谷最靠近河流水面的一级)，依次往上成为二级阶地、三级阶地。(图 4-8,4-9)

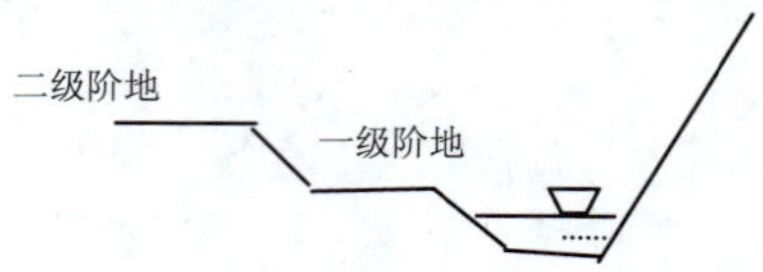

图 4-8　河流阶地示意图

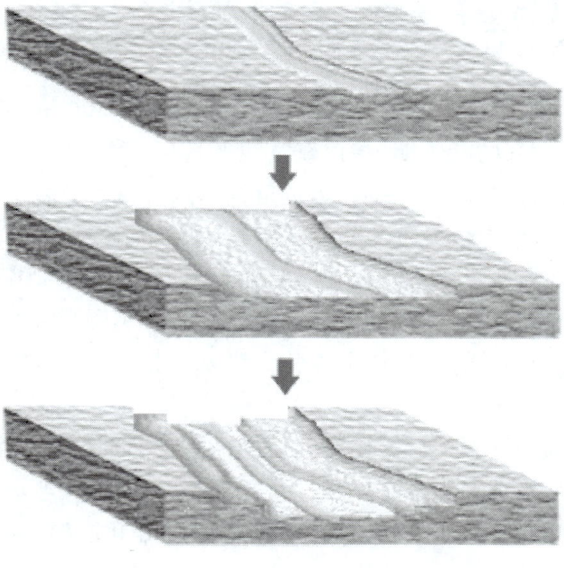

图 4-9　河流阶地形成示意图①

根据阶地的组成物质和结构，河流阶地可分为三类：侵蚀阶地、堆积阶地和基座阶地。

1)侵蚀阶地。阶坡和阶面均由基岩构成，没有或很少有冲积物覆盖。侵蚀阶地多发育在山区河谷中，由于当时水流流速大，侵蚀力强，所以很少沉积。

2)堆积阶地。堆积阶地全为河流冲积物所组成，在河流中下游最为常见。它的形成过程，

① 转引自詹德胜：大地的階梯—新社河階群

首先是河流侵蚀展宽谷地，同时发生大量堆积，然后河流下蚀形成阶地，切割深度不超过冲积层的厚度。

3）基座阶地。阶地上部由冲积物组成，下部为基岩的阶地称为基座阶地。与堆积阶地不同的是由于河流下蚀深度超过了原冲积层的厚度，使基岩出露。这种阶地分布相当广泛。

（二）冰川作用与冰川地貌

冰川地貌是冰川在运动过程中形成的侵蚀、堆积地貌形态，包括侵蚀形成的角峰、刀脊、冰斗、槽谷（U 型谷）、羊背石、峡湾等，以及堆积形成的冰碛丘陵、终碛堤、侧碛堤等。

图 4-10　西藏南部冰川地貌——角峰（2004 年摄）

冰斗是山岳冰川的典型地貌之一，可分为谷源冰斗和谷坡冰斗两种。前者分布在冰川的源头附近，后者位于冰川的谷坡。冰斗呈半圆形，后三面呈环状，岩壁陡峭，向前一侧为高企的狭窄岩槛。

图 4-11　西藏南部冰川地貌——刀脊（2004 年摄）

槽谷即“U”型谷，是冰川前进过程中形成的通道，冰川槽谷具有明显的谷肩和冰蚀三角面，与河谷明显不同。槽谷是冰川侵蚀作用的结果。冰川往往携带大量的石块、泥沙，具有十分强大的侵蚀力，特别是底部楔形的石块，像犁一样挖掘冰川经过的区域，犁出深深的沟谷。

冰川不仅具有强烈的下蚀作用，侧向侵蚀也极为强烈，从而形成明显的“U”型谷。冰川槽谷的纵剖面呈阶梯状，冰坎、冰盆相间。

羊背石是冰川侵蚀冰床形成的，冰川未消融前，羊背石被冰川覆盖，冰川消融后则露出地面。羊背石形态上为石质小丘，背面光滑、平缓，前面则粗糙陡峻，像羊卧爬于槽谷之中，故称羊背石。

大陆冰川在边缘往往形成峡湾，它是原来的冰川通道，形态上为“U”型谷，但前端为高耸的岩坎，岩坎后为宽大的冰盆。

冰川携带的石块、泥沙在冰川前进途中不断堆积，形成冰碛地貌，包括侧碛、终碛、冰碛扇等。侧碛是冰川前进过程中对两侧的岩土侵蚀以及携带的石块泥土离开冰川不再前进堆积而成。冰川前沿受冰川推动卷起的土石和从冰川上产生的流水往往在冰川前缘形成冰水堆积物——冰水扇，当冰川最终消融后，终碛冰川携带的土石在冰川消融后堆积下来的沉积物，成为终碛。冰川沉积物中物质粒径差别巨大，分层极不明显。

（三）海水作用与海岸地貌

海岸是海陆交界面，发生在海岸的水文、地貌过程统称海岸过程。

海岸过程最重要的是河口地区河水与海水的相互作用过程。河水与海水在组成上有较大的差异，河水中钠、钾、镁等的盐类物质比海水少，河水密度小，海水密度大，二者在河口相遇，发生混合作用。海水与河水的相互作用也导致海岸泥沙的沉积过程。由于河口河水水流受海水的顶托等影响（特别是在涨潮时顶托更为严重），流速逐渐减小，河水中的各种悬浮物质便沉积下来，发生河口沉积作用，胶体物质则因水体混合形成凝絮沉积。此外，海水的涨潮落潮则对河口沉积物产生冲刷、搬运等作用。

海岸过程也包括海水的侵蚀作用，即海水在潮汐力等的驱使下对海岸的岩石产生的冲刷作用。沉积和冲刷形成各种海岸地貌，如三角洲、河口沙岛、海滩、离岸堤、泻湖、水下沙坝，以及海蚀崖、海蚀台、海蚀穴、海蚀柱等海岸地貌。

图 4-12　北海涠洲岛的海蚀平台(2008 年摄)

海岸的进退则是海陆界面十分重要的过程，但其时间周期较长。海岸线进退是各种自然要素长期作用的结果，也是各种海陆界面过程的长期积累。当沉积作用占主导地位，或地面处于上升过程，都将导致海岸线向海推进；相反，海岸线向陆退缩。

二、岩石对水圈的约束与水质影响

岩石圈对水圈的作用体现在对水体的约束和通过地球化学作用对水质影响方面。

(一)岩石圈对水体的约束

岩石对水体运动的约束包括控制水体运动方向、改变水体运动过程、形成水体的分布形态和水的储藏量。在影响水体运动方向、过程上,地形起绝对的控制作用,在重力作用下,“水往低处流”,因此,降落地面的雨水和冰雪融水均会从高出往低处流动,但流动方向却受到地表形态的影响,难以直线向低处流动。坡面产流后首先沿坡面向下漫流,但受地形影响,其方向可能会斜着坡面运动,甚至横着流动,逐步汇集到切沟、冲沟中后,运动方向则与沟谷走向一致。河流同样如此,有时呈巨大的“S”型运动。水系形状是水体受地形约束的结果,树枝状、羽毛状、格状等水系,均是地形限制产生的水流汇集形式。此外,冰川、地下水的运动也受到地形的巨大影响和约束。受到地形影响,水体可以在低洼处集聚成湖泊,湖泊的形状、容量和深浅等受到地形的巨大影响。

岩石圈对水体的影响除了地形外,地质构造的影响也十分明显。首先,区域大地构造是河流等水体形成、发展的基础,特别是侵蚀基准的存在对河流等影响甚大,是河流演化的基本原因。其次,地质构造,如向斜与背斜、穹隆与构造盆地、单斜构造、断层、节理等,均对水体运动产生巨大影响和作用,向斜往往导致水流向轴线汇聚,背斜则引起水流以轴线为中心向两侧分流,穹隆是水体的辐散中心,构造盆地则是辐聚中心,单斜构造是羽状水系的基础,断层节理是河流发育的理想之地。

(二)岩石圈对水质的影响

水体中的钾、钠、钙、镁等矿物质来自岩石圈,不同性质的岩石所含矿物质和化学物质不同,因此,流经不同岩石圈的水体的矿物质也不同。水中含矿物质的总量称为矿化度,矿化度的高低对水质有明显影响。矿化度和含盐量较高的水属于咸水,不能直接饮用。一般来说,碳酸盐地区的水中钙、镁离子含量较高,水质较硬。岩石中某些化学元素的短缺或过多,往往引起水中该类元素的缺乏或富集,甚至出现因元素短缺或过多而引发的地方病。

(三)岩石圈运动对水圈的影响

地壳运动对水圈的影响巨大,包括地震火山活动对水体运动的影响,以及地壳升降引起的侵蚀基准变化。

地壳的升降引起侵蚀基准的变化是导致水体运动方向、路径等改变的重要原因。火山喷发,尤其是高纬度和高海拔地区的火山喷发,往往引起冰川融化,并引发洪水等。

海底火山喷发和地震经常引起海啸,导致沿岸地区产生洪水灾难。如 2004 年 12 月 26 日印度洋发生 9.0 级大地震,受此影响,印度洋海底中高达 1 500 m 的山脊倒塌并形成数千米宽的山崩地段,引发了时速达 800 km 的东南亚大海啸,造成二十七万余人死亡。地震火山等还会引发河流阻塞,形成堰塞湖,改变水体形态、河流路径。火山岩浆、地震引起的山体滑坡、泥石流等都会将位于山区的河流阻挡,形成堰塞湖,有的经过河流的冲刷切割,或雍水后溃坝,但河流路径不变;有的则壅塞成湖,河流另寻出路,使得原河流的路径、方向等发生改变。

图 4-13　汶川地震后河道被阻断后形成的唐家山堰塞湖①

第五节　水圈与生物

一、水对生物的作用

(一)水是生命之源

水是生命之源,没有水就没有生物,水是生命存在的最基本要素。根据现有的研究,生命起源于水,是水与大气在特定条件相互作用的结果。水是生物体的重要组成部分,植物体中水的含量占体重的 60%～80%,而动物体含水量比植物更高,如水母含水量高达 95%,鸟类和兽类达 70%～75%;水是很好的溶剂,对许多化合物有水解和电离作用,许多化学元素都是在水溶液的状态下被生物吸收和运转的;水是生物新陈代谢的直接参与者,是光合作用的原料(李博 2000)。水对生命的重要性毋庸置疑。

(二)水影响生物生理结构,使生物产生适应性改变

作为生物的重要环境和资源,水对生物的影响巨大而深远,并导致生物产生水环境适应性,形成水生、旱生等不同生态型的生物。

1. 水生生物

水生生物只能生存在水中,离开水体时间一长就会死亡,包括陆地水生生物和海洋生物,其中海洋生物是水生生物的主体。水生生物包括水生植物、水生动物、藻类、微生物等。

水生植物包括沉水植物、浮水植物和挺水植物三种不同适应形态。沉水植物植株完全沉没在水中,根系扎于水底淤泥;浮水植物叶面浮于水面,茎沉于水中,根系扎于水底淤泥。沉水植物和浮水植物均具有明显的适应水体的生理结构特征和生态习性。首先,具有良好的通气组织,主要是出水部分的叶面具有较大的气孔,而且从叶面至根茎,气道通畅;其次是良好的储气组织,在根茎的细胞膨大,形成良好的气腔,可以储存气体叶片薄而大,或者呈条状,柔软随

① 图片转引自 http://pic.baike.soso.com/p/20090109/20090109120000－100384.jpg

水浮动，光合作用能力较强，能够吸收水中的阳光。由于长期沉于水底，植物的机械组织不发达甚至退化。挺水植物只有根系和小部分茎叶沉于水中，出于水面的茎叶与陆生植物相似，但通气结构良好。

水生动物极多，最常见的是鱼类。此外还有腔肠动物，如海葵、海蜇、珊瑚虫；软体动物，如乌贼、章鱼；甲壳动物，如虾、蟹；其他动物，如海豚（哺乳动物）、龟（爬行动物）等其他生物。水生动物按照栖息场所可分为海洋动物和淡水动物两种。水生动物一般都具有对水环境的适应特征，如最典型的水生动物鱼类具有鳍能够在水中游动自如，具有鳃从而能在水中呼吸。水生哺乳动物，如鲸、海豚等，具有退化形成的鳍和特殊的肺和血液结构，在水下很少或不进行气体交换，特有的血液和肌肉结构使其有较强的溶氧、储氧能力等，能够较长时间沉于水中。不同水环境中的动物对水环境的要求不同，形成不同的生态适应性，如淡水动物难以在咸水中存活，反之亦然。

浮游生物包括浮游植物和浮游动物。浮游植物是指在水中浮游生活的微小植物，通常指浮游藻类，包括蓝藻，硅藻，金藻，黄藻，甲藻，隐藻等。淡水浮游植物包括蓝藻、隐藻、甲藻、金藻、黄藻、硅藻、裸藻和绿藻八个种类，已知全世界藻类植物约有 40 000 种，其中淡水藻类有25 000种左右。浮游动物包括漂浮的或游泳能力很弱的小型动物，随水流而漂动，与浮游植物一起构成浮游生物，是海洋动物的主要食物来源。浮游动物有两类，一类是终生浮游生物，如原生动物和桡足类等，以浮游生物的形式度过全部生命；另一类为暂时性浮游生物或季节浮游生物，如幼海星、蛤、蠕虫和其他底栖生物，在变成成体而进入栖息场所前，以浮游生物形式生活和摄食。

由于浮游生物对水环境的适应性，使其中不少种类可作为水污染的指示生物，如蓝藻的集中爆发是水体富营养化的典型指示，红藻爆发多指示海水的富营养化，水体富营养化时，裸腹溞、剑水蚤、臂尾轮虫等种类一般形成优势种群。

水中微生物数量众多，但也都或多或少地形成特有的水生特征和适应性，与陆生微生物相区别。

2. 旱生生物

旱生生物是指生活在陆地上干旱地区的，能够适应干旱少水的植物、动物等生物。干旱沙漠地区由于降水少，蒸发强，形成干旱气候和环境，在该区域生存的生物经过长期适应，形成了不同的旱生结构。从植物看，包括三种方式共同作用，确保水生理需要：一是提高肢体储水能力，如仙人掌、芦荟等肉质植物或多汁植物，茎秆粗大、肥厚多浆，有发达的薄壁组织细胞，具棱肋，身体能自如伸缩，体内水分多时能迅速膨大、干旱缺水时能向内收缩。另一种方式是减少蒸发，叶退化呈针刺状，或叶面积极小，毛孔细小而深陷，同时用茎秆代替叶子进行光合作用，茎的表皮还有厚而硬的蜡质或密集绒毛，保护它不受强光照射，降低体温、减少蒸发，气孔则晚上开，白天关，从而大大减少水分散失。第三是增强吸水能力，干旱植物根系庞大，如梭梭、猪毛菜等，根系往往是地上部分的若干倍，一遇降雨大量吸水。同时根系有木栓保护组织，不被灼伤致死。此外，有的植物还通过改变生命过程以适应缺水环境，如许多植物可以在极端的雨季完成开花、结果的整个繁殖过程；有的则可以将开花结果的过程分为几个年份完成，第一年雨季完成开花，来年或几年后雨季来临再结果等。

与植物一样，旱区动物也往往通过改变生理结构和生活习性对缺水进行适应。从结构看，骆驼等有驼峰组织（储存脂肪，脂肪分解可以产生水）、瘤胃被肌肉块分割成若干个盲囊即所谓的"水囊"，都可以储存水分。同时，旱区动物一般都有防止体内水体散失的毛孔结构，高效率利用水体完成生理需要组织结构，如骆驼能在10分钟内喝下100多升水，却排水很少，夏天一天中仅排尿1升左右，体温约40度时才开始出汗，并不轻易张开嘴巴。一般哺乳动物在体内水分失去过多时用血液中的水分来补充，而骆驼则从肌肉中获取水分，从而避免中暑现象发生。沙鼠、蝙蝠、蛇、狐狸、臭鼬等等则通过穴居、夜间活动或减少白天活动时间等生活习性，利用有机物分解产物的水、减少皮肤呼吸、通过发汗和喘气等来抵抗缺水和高温。澳大利亚的蜥蜴通过皮肤上的特殊小刺在水中吸附大量的水，在夜晚降温时凝结大气中的水等获取水分，然后慢慢使用。

(三)水影响生物分布

水对生物的分布有明显影响，包括对陆生生物空间部分的影响和水生生物分布的影响两方面。

从对陆生生物分布的影响看，海洋往往成为陆生生物难以逾越的巨大屏障，使海洋两侧的大陆生物呈现不同的区系和演化，如澳大利亚与各大洲相分离，形成特有的动植物种类。

从水生生物来看，海洋温度、洋流对海洋生物分布的影响较大，热带至寒带，各个海区分布不同的生物群落，形成明显的地带性。在冷暖洋流交汇处则出现冷暖水鱼类等海洋生物的集中分布，如墨西哥湾流将热带的众多鱼类带到北极附近的芬兰渔场，日本北海道等则成为世界著名渔场。

二、生物对水圈的影响

除人类以外，生物对水圈的作用较小，主要是生物的生命活动增加了水循环路径和水的分布形态两个方面。

(一)生物对水循环的影响

生物对水循环的影响主要是使水循环增加了生态循环路径，即使自然循环的水经过生物的吸收进入生物体内，转变为生物水，然后经过蒸腾或出汗、排泄等形式回到大气或水体的过程。水的生物循环包括液态水和气态水两个部分，前者是水生物循环的主要来源和归属。后者主要是动物呼吸作用产生的交换，时间短、转换快，一般不作为水生物循环看待。生物水与水圈、大气圈中的水一样，也不是静止不动的，大约有60%参加了水分循环，所以在地球的水分循环过程中，生物水的循环也是一个重要环节。

水生物循环路径有以下五条：

植物水循环一：土壤水——植物根系吸收——蒸腾作用——大气水——大气输送——凝结——降落——地表水——土壤水。

植物体水循环二：土壤水——植物根系吸收——植物光合作用等——植物有机水——植物枯枝落叶等残体分解——大气水——大气输送——凝结——降落——地表水——土壤水。

动物水循环一：地表水——动物饮用——动物排泄——地表水。

动物体水循环二：地表水——动物饮用——动物体有机水——动物残体分解——地表水。

动植物水循环：土壤水——植物根系吸收——植物光合作用等——植物有机水——动物食用——动物体有机水——动物残体分解——地表水。

（二）生物对水的存在形式和分布状况的改变

由于生物的吸收，水体以有机水的形式存在，从而改变了水的存在形式和分布状况，但数量不大，一般植物每吸收 100 g 的水，约有 99 g 用于蒸腾，仅 1 g 留在体内。动物留在体内的水也不多。据估算，生物圈中生物总量约为 1.4×10^{12} t，生物体平均含水量按 80%计，则生物水总量便是 1.12×10^{12} t。

第六节　岩石圈与生物圈的相互作用

一、岩石圈对生物圈的制约与影响

（一）载体作用

岩石圈是地球的固体外壳，是水圈、土壤圈和生物圈的“载体”。没有岩石圈，生物圈难以存在。作为载体的岩石圈，有海陆之分，因此，生物圈也相应分为海洋生物和陆生生物两大类群。各大陆、海洋所处地理位置、形状、面积各不相同，承载的生物种类、分布和种群规模等也各具特色。

岩石圈的运动变化对生物的形成和演化起巨大作用。最初的地球，生物全部生活在水中，随着大陆的逐渐形成和稳定，陆生生物逐步演化繁荣。大陆的分合对物种的扩散、融合有巨大的促进作用。岩石圈的抬升与沉降，导致生态环境巨变，使生物种类、数量和生态系统剧烈变化，引起生物进化和退化，是物种灭绝或诞生的重大诱因。目前的生物分布格局，是岩石圈的多次运动和大陆分合变化的结果。

岩石圈对生物的分布与扩散影响较大。生物的分布受到海拔高度的限制，一般来说，海拔升高，气温逐渐降低，过低的温度并不适宜原来处于平原地区的生物生存发展，紫外线变强不利于生物生存。因此，海拔越高，生物越少。虽然陆地上的生物可以分布在地面上 10 km 左右的范围，但 5 000 m 以上已经很难见到动植物等高等生物的踪影。不同的海拔高度，光、热、水等自然条件不同，适合生长的生物也不同，形成了生物分布的垂直分带现象。山脚为基带，受当地的纬度、经度等决定的冷热、干湿条件影响，生长发育不同的生物群落。从山脚往上，则出现类似从低纬度向高纬度的地带性变化。而且，阴坡和阳坡、迎风坡和背风坡、陡坡和缓坡等的不同，也会引起环境的差异，形成不同的生物群落。

（二）空间障碍作用

陆地高大山脉或高原往往是地理环境的重要分界线，同时也是植物和动物分布的巨大空间障碍。首先，高大山脉，如青藏高原及喜马拉雅山脉，天山山脉等，海拔较高，山体宽大，对大气环流有巨大的阻挡分流作用，从而引起山前山后、山上山下气候环境的巨大差异，导致生物分布呈现以山脉为界的现象。如由于青藏高原的作用，印度半岛、中国东部、青藏高原各自形成具有明显差异的地理环境，生物群落也明显不同。其次，由于高大山脉的阻挡作用，山脉两侧的生物难以逾越山体，从而缺乏交流与联系：一方面，植物大部分以母树为中心，圈层式逐步扩散，由于低海拔植物对高海拔的不适应，逐步向外扩散的植物不能翻越高大山体；另一方面，由于较高山体的阻挡，风到山前而止，风媒植物种只能随风而行，风之所到，植物才能到达，因此，只能在山的一侧繁衍。

海洋更是生物分布不可逾越的地理障碍。被海洋包围的陆地（大陆或岛屿），往往形成“孤岛效应”，陆生生物独特和孤立，与其他大陆相似程度较低。如澳大利亚及其南太平洋的许多岛屿，其上的生物种类古老而奇特，独立发展，与其他大陆明显不同。

（三）生物地球化学作用

生物正常生长发育所需的各种矿物质，虽然不直接来自岩石圈，但岩石圈却是矿物质的源头。岩石中的矿物质经过风化、溶蚀后进入土壤或水体，然后才能被生物吸收。作为必要的营养元素，矿物质对生物的影响很大，但不同的生物对矿物质的需求和适应不同。磷、硫、钾、镁、铁、钙、钠等是所有植物的必需矿物元素，有些元素则为某些植物所必需，如钠是藜科，钴为豆科植物，铝是蕨类植物、硅是硅藻的必需矿物元素，这些矿物元素的缺乏将引起植物生长发育不良。动物同样如此，某些元素的缺乏将引起地方病等现象。此外，还有许多生物需要量不大，但必不可少的微量元素，如硼、钼、铜、锌、硒、锰、氟、碘等。生物对这些矿物的需要量十分微小，如果数量稍多，反而会造成危害。（武吉华等 1988）

由于岩石圈各处岩石及组成矿物各有不同，因此，各地矿物质分布不均。碳酸盐类岩石中钙、镁含量较高，砂岩中硅的比重较大，而紫色砂页岩中钾的含量丰富。因此，砂页岩地区土壤和水中的钾含量较高，生物尤其是植物对钾的需求能够得到较好满足；而碳酸盐地区土壤和水中的钙、镁含量高，喜钙植物，如柏木、马桑、野花椒，就能较好生长发育。微量元素的分布一般比较均匀，但有些元素，如硒、氟、碘等，却往往分布极不均匀，从而引起供给不足，有的数量短缺但不至于影响生物正常生长发育，如硒；有的短缺则可能引起生长发育不良，如硼。当然，生物不仅受到利比希（Liebig）“最小量因子限制定律”的影响，而且也受到谢尔福德（Shelford）“耐性定律”的作用。显然，由于岩石圈岩石、矿物分布的差异，将引起生物分布和习性的差异。

植物在长期的环境适应过程中，形成了特有的生活习性和矿物质在体内的富集，某些植物在某地出现，就说明该地某些矿物或元素在岩石中比较富集，这类植物可以指示矿物情况，叫做指示植物。如柏木能够较好生长发育而泥炭藓难以生存的地方，一定是碳酸岩集中区域，茼蒿菜集中之处多半是铜富集之地。

矿物质对动物的影响也十分明显，特别是微量元素的影响巨大，微量元素缺乏或富集将引起各种地方病。岩石圈中各种元素分布不均，是导致这一现象的原因。

（四）火山地震等毁灭生物

岩石圈的运动，尤其是火山、地震等短期剧烈运动，可以导致生物的直接毁灭。火山喷发的高温岩浆能够压埋、烧烤动植物，导致其死亡；火山活动产生的火山灰能够阻挡阳光，降落到植物表面会封闭气孔，空气中的火山灰可能引起动物呼吸障碍，导致生物受伤或死亡。据英国利兹大学的保罗—维格诺尔的最新研究，在距今大约 2.5 亿年前，大规模火山喷发毁灭了全球的森林，超过 95%的海洋生物物种和 70%的陆地生物物种从地球上永远消失。显然，大规模的火山活动可能是生物灭绝的重大原因。

地震对生物的影响也较大。强烈的地震不仅破坏地表，形成地裂，还会引发山体滑坡，形成堰塞湖，引起海啸、导致洪水等自然灾害。

二、生物对岩石圈的破坏与改造作用

（一）破坏作用与生物风化

生物对岩石圈具有破坏作用，是岩石圈形态变化及物质迁移、循环的重要原因之一。首先，许多植物的根系能够深入岩石裂隙并产生巨大的膨胀力（10～15 $kg \cdot cm^{-2}$），使岩石崩裂，产生机械风化。其次，生物产生的酸性分泌物，如碳酸、硝酸等，腐蚀岩石，溶解其中的某些矿物质，使岩石逐渐松软、破碎，产生生物化学风化。地衣、苔藓等低等植物往往能够分泌大量的酸性物质，溶解岩石中的矿物质，并增加岩石表面持水能力，形成一层厚 0～2 mm 的水膜，加速岩石的风化，自己制造土壤，为生存创造条件。动物尿液、粪便等对岩石也有较强的腐蚀作用，也是生物化学风化的一部分。另外，微生物对岩石风化的作用也十分强烈。微生物分布十分广泛，无孔不入，不仅可以从空气中获取 N、S 制造硝酸、硫酸等，也可以通过特殊的生物酶的参与加速许多氧化、还原作用，如嗜铁细菌，能够将岩石中的低价盐铁转化为高价铁盐。

（二）成岩作用与生物沉积岩

生物是地球表层系统中最为活跃的地质营力之一，是沉积岩石特别是碳酸盐类岩石的重要形成因素和重要组成部分。在沉积岩的泥沙、钙质沉积过程中，大量的动植物和微生物残体，如珊瑚、贝类、浮游生物等，伴随泥沙、碳酸盐等一起沉入海底或湖底，经过长期的沉积压实，形成沉积岩的有机组成部分——化石。由生物遗体组成或由于生物作用而形成的岩石叫生物碎屑岩、生物化学岩。有的岩石中生物化石含量极高，达到 30％以上，如介壳灰岩、硅藻土、白垩等；有的岩石则直接由生物遗体演变而来，如珊瑚礁灰岩。煤炭、石油等是生物遗体经过地球化学作用形成的重要资源，是岩石圈的组成部分之一。

（三）生物地貌

生物在某些地表形态的形成过程中起到十分重要的作用，形成生物地貌，如生物海岸地貌，生物岩溶地貌等。生物海岸地貌中以珊瑚礁地貌最为典型，珊瑚礁地貌的形成包括生物建造和生物侵蚀两个环节，是珊瑚礁地貌形成的主导因素（施祺 2006）。海岸带红树林的存在，对海岸的水动力、沉积过程和地貌演化产生很大的影响，能增加沿岸沉积物的稳定性，对海岸带的地貌起促淤作用（倪海洋，杨清书 1997）。

据研究，岩溶地貌中的石钟乳、石笋、某些钙华的形成，与生物的参与也密不可分。在洞口弱光带，绿色植物在石钟乳向光侧生长发生光合同化作用，使碳酸盐在向光侧沉积得到加强，致使石钟乳生长方向偏离垂线而倾向洞口光亮处。某些生物体的钙化作用在石钟乳的向光侧直接长出瘤凸（曹建华，林玉石 2001）。洞穴层叠石的形成也与生物作用有关。

第五章 自然地理系统的地域分异

第一节 地域分异的基本概念

一、地域分异

地表自然地理系统是不均匀的,不同地区的自然地理系统存在组成、结构、外貌的差异。

地域分异是指自然地理系统各组成要素及整体在地球表面沿一定的方向发生的组成、外貌、结构等的空间分化,以及因此形成不同等级的自然地理系统的过程或现象。地域分异是一种客观现象,有的分异具有明显的规律性,有的规律性不强。前者如热量条件和与热量有关的空间现象,后者如海陆分异等。

自然地理系统的地域分异情况既体现在要素方面,也体现在系统方面。从要素看,构成自然地理系统的所有要素或多或少、或复杂或简单都产生空间地域分异,从而引起地理要素的空间差异。从系统看,地球表面没有完全相同的两个区域,各地景观差异十分明显。

自然地理系统的空间地域分异具有方向性,从大的方面看,主要有水平方向和垂直方向的分异。水平方向主要沿纬度方向和海陆方向进行,其他方向虽然也有分异,但不占主导。垂直方向主要是从低海拔地区向高海拔地区变化,出现以光一热为主导的地域分异过程。从小的方面看,自然地理系统的地域分异的方向性十分复杂,没有明确的规定性和共同特征,大都属于特有现象和特有过程。

地域分异包括自然地理系统的组成、结构、外貌沿一定方向发生的质量分化和数量递减,其结果是沿一定方向系统的组成、结构和外貌出现渐变或突断,使系统特征呈现随空间变化而各不相同的情况。换句话说,地域分异在系统组成、结构和外貌上体现出来。地域分异是一种空间分化的过程,是从中心向边缘的变化,不同要素、不同分异过程之间在空间上有相互交叉、叠加、抵消等现象和过程。

二、地域分异规律

地域分异规律是指自然地理要素或自然地理系统整体沿特定方向呈条带状分布,按一定规则重复出现的特性。

地理学界对地域分异规律的认识差异集中在两个方面,其一仅把地域分异规律定义为纬度地带性规律,而不把其他方向产生的地域分异规律性视为“规律”;二是将规律扩大化,对非可重复性的分异也视为规律。因此,在对规律进行分析时,必须从哲学范畴进行把握,强调规律的基本属性——可重复性，即不要将规律仅理解为纬度地带性，也不要将规律随意扩大。

自然地理系统地域分异的主要规律包括纬度地带性、经度地带性、垂直地带性以及同心环带性、平行条带性等不同尺度、不同形式的带性规律。

第二节　地域分异过程及规律

一、地域分异因子及其作用

引起自然地理系统发生地域分异的自然因素称为地域分异因子，地域分异因子有两类，即地球外部因子及地球内部因子。前者主要是太阳辐射在地球表层的分布，后者主要是地壳的构造运动及其产生的地表形态结构变化。

（一）外部因素

在外力因素中，太阳辐射在地球表面分布的差异是引起自然地理各要素产生地域分异的最根本因素。地球上的能量几乎全部来自太阳辐射，太阳辐射的纬度差异，引起热量条件的纬度变化，从赤道到极地，太阳辐射呈现逐步降低的趋势，导致地表出现热带、温带（含亚热带）、寒带、极地带的热量递减过程和冷热分带现象，形成纬度方向的热量分异，并因此导致生物、土壤等地理环境因子及地理系统的纬度空间差异。引起太阳辐射纬度差异的主要原因是地球是实心的椭球体，而且地球自转轴与绕日公转轴存在23.5°的交角，从而导致太阳直射点只能在南北纬23.5°之间移动，高纬度地区太阳不能直射，纬度越高，太阳高度角越小，得到的能量也越少。

除太阳辐射和热力因素外，水分也是引起地域分异的重要因子。水分条件的差异将地表分为湿润、半湿润、半干旱、干旱的干湿区域。地表的干湿状态与水源和空气运动有关。地球的水体主要集中在海洋，因此，一般来说从沿海向内陆将出现由湿润到干旱的逐步变化。水分条件的差异引起生物、土壤和地貌的空间差异，从而形成从沿海向内陆的地域分异过程。在较大的湖泊周围，也有类似海陆之间的干湿变化特征，只是空间范围远比海洋的影响要小。干湿状态的空间变化与大气运动有关，如果大陆处于背风地带，干湿情况会出现变化，大陆内部与沿岸有时同样干燥，如非洲大陆亚热带（撒哈拉沙漠西部）、澳大利亚等。

（二）内部因素

地球上最大的分异是海陆两大构造单元，其次是内部的一系列构造单元和地貌单元。引起这种分异的动力来自地球内部，并以构造运动形式表现出来。构造运动是地球内能的释放与体现，导致地表的沉降与隆起、大陆与海洋的分分合合。地球的构造运动十分复杂，各种理论试图进行合理解释，其中大陆漂移与板块构造学说是被普遍接受的一种。

在地质历史时期，岩石圈的格局与现在并不一致，早期的大陆面积很小，位置也不一样，古生代以来，海陆至少经历了两次大的分合。古生代以前的大陆面积小，相互连接在一起，从古生代开始逐步分离，寒武纪（5.5亿年前后）时分离成四块大陆（北美、欧洲、亚洲和南部的冈瓦纳大陆），到中生代的泥盆纪（3.9亿年），欧洲与北美大陆联合，全球有三块大陆，石炭纪（3亿年）南方冈瓦纳大陆往北漂移与欧洲—北美大陆相连，至二叠纪（2.25亿年）地球上的大陆终于全部相连，期间只有古地中海和泛大陆存在。中生代开始大陆再次走向分离，先是一分为二(北方为劳亚大陆，南方为冈瓦纳大陆)，然后继续分化，白垩纪(1.3亿～0.7亿年前)分解为欧亚、北美、南美、非洲、南极和澳洲、印度六块大陆。进入新生代后，印度大陆向北逐步俯冲至欧亚大陆底部，形成喜马拉雅褶皱和新构造运动，构成现代海陆基本格局(刘德生 1986)。目前地球表层岩石圈可分为六大板块，即亚欧板块、太平洋板块、美洲板块、非洲板块、印度一澳大利亚板块和南极板块(伍光和等 2002)。各大板块中还可以进一步划分出更细的板块。板块与板块之间的接触带是构造比较活跃的地方，包括洋中脊、俯冲带(岛狐、海沟)、转换断层、地缝合线、裂谷等，板块接触带一般多火山、地震，而板块内部则相对稳定，是古大陆的核心。在板块内部，外力作用下的地域分异表现比较充分，在板块交界处，内力作用的分异十分明显，内力在地域分异中起到控制作用。

从大陆的运动方向看，大陆漂移即板块运动有两种情况，一是相向运动，最终结果是发生板块碰撞，引起地表的大规模变化，如印度板块向北运动与亚欧板块相撞，并楔入亚欧板块之下，形成了新构造运动，即喜马拉雅运动，导致青藏高原的不断抬升，并引发我国一系列构造带的形成，奠定了我国甚至亚洲东部的大地格局，改变了热量和水分的空间分布形式，出现东部湿润区、西北干旱区和青藏高原区的明显区域分异。另一种是相背运动，即两个板块相互从不同的方向运动，结果导致板块相互分离，越来越远，如印度板块与南极板块，这种分离并不导致板块内部发生较强的构造运动，仅使原来的一块大陆或大洋分成两个部分。在地球表层，岩石圈板块的这两种运动其实是相互联系的，只是表现的区域不同。地球内力引起的分异大多规律性不强，因此，往往被认为是非地带性的主因。

从静态来看，地球内部的因素通过对地形(地表的高低起伏)对地域分异产生影响。地球表层岩石圈因地壳运动或地质构造变化，分化形成不同的地形地貌，如高原、盆底、山地、丘陵、平原等，特别是高大山脉的出现，是引起从地理要素及其环境系统从山脚到山顶的垂直分异的根本原因。地形在地域分异中的作用主要是改变地表水热分布的空间格局和规律，从而影响自然环境空间差异特征。如高原，由于海拔影响，高原面上气温要低一些；同时，高原不是突然高出平原一大截的，而是逐渐升高的，在水平分异的同时兼有垂直分异的过程，形成叠加，使地域分异变得更加复杂。

在自然地理环境的地域分异过程中，内外力因素往往共同作用，并不截然分开。一般来说，内力作用形成了地表的基本形态和格局，外力进行再塑造与再分异，二者的共同作用引起地理环境的地域分异。

二、地域分异的空间尺度

地理系统的地域分异具有空间尺度性，有的在全球范围内显现，有的只在局地产生。根据地域分异表现的空间范围大小，地域分异分为大尺度、中尺度和小尺度地域分异。其中大尺度地域分异又可以分为全球尺度、大陆或大洋尺度，大区尺度。

(一)大尺度地域分异

1.全球尺度的分异

全球尺度的地域分异包括海与陆的分化和热量带的分化。海与陆是地球上自然地理系统最大的分异，各自形成一大系统，具有差异明显的地理要素和系统特征。大陆以固体岩石为基础，其上分布有土壤、生物和淡水三大子系统，气候与海洋系统也有明显不同。大陆平均海拔

875 m,有山地、高原、丘陵、平原、盆地等地形,其中平原面积最为广阔,陆面的四分之一在200 m以下。陆地水体形态多样,有河流、湖泊等地表水,还存在广泛的地下水。不同区域,大陆表面生物与岩石圈等相互作用形成的土壤分布不同。大陆生物以中生高等植物和哺乳动物为主,形成分布广泛的陆生植被和生物群落,构成复杂多样的陆生生态系统。大陆的地域分异影响因素多,分异过程和现象十分复杂。

海洋系统以水体为主,平均深度 3 795 m,覆盖在海盆之上。海底地形起伏变化十分明显,可分为大陆架、大陆坡和洋底,洋底以宽浅的盆底地形为主,面积占海洋的 80%,其上也有山脉、台地、盆底、山脉等的差异,但相对于海水深度,地形起伏高差不大,对海洋环境的影响不明显。海洋表面物质组成简单,构成比较均匀,但水深各地不一,最深可达 11 000 多米,浅的地方只有几百米。海洋的表面均匀,地域分异多受热量条件影响,其复杂程度远低于大陆。

热量带的分化是全球性分异的主要形式,是地表地域分异的基础和最大的控制性因素,表现具有明显的全球性。从赤道至极地,热量呈递减趋势,不仅在大陆,而且在洋面都相似,热量带分异可以横贯东西,环抱全球。其中,高低纬度的全球性热量带分异表现比较明显,中纬度地区由于受海陆热力环流和洋流影响,大陆沿海与内部气候分化较大,热力分异表现不如高、低纬度明显。赤道、极地附近热量带贯穿全球,海陆之间没有明显区别。

2. 大陆/海洋尺度地域分异

(1)大陆尺度地域分异

大陆尺度的地域分异指贯穿整个大陆的分异现象,包括纬度地带性分异、干湿地带性分异。大陆内部的纬度地带性分异是全球热力分异在大陆的表现,主要是在热力作用下形成的自然地带性分异,与全球性分异相似,高、低纬度表现极为明显,中纬度表现不明显。高纬度地区,贯穿大陆的如亚寒带针叶林带、苔原带,低纬度的如热带雨林带。个别大陆,如非洲大陆,大陆的地带性分异在很大范围内清晰,大部分区域地带性分异都是大陆尺度的分异。而南北美洲等则表现极不清楚,几乎没有明显的贯穿大陆的纬度地带性分异出现。

在干湿地带性分异方面,除南极大陆外,从沿海到内陆,一般出现贯穿大陆的干湿分异现象,如亚欧大陆、北美大陆等东西两侧都有如此情况,大致呈南北延伸,东西更替或东北一西南延伸(西欧等),澳大利亚大陆情况有所不同,基本上呈东西延伸、南北更替的半环带状,在大陆的南、北两侧和东部有环陆干湿地带性存在。

(2)海洋地域分异

海洋内部表层组成物质均为海水,因此,主要受热力因素影响,地带性分异贯穿整个海洋。但由于洋流作用,仍然存在一定的差异。

(二)中尺度地域分异

中尺度分异又称区域性地域分异,地理学家对此的理解有较大分歧。作者理解为大陆内部较大的区域地貌单元引起的分异,如高原、盆底、平原等,山地垂直地带性分异,以及自然带被分割成段的情况。一般来说,中尺度的地域分异是由于大陆内部大地构造和海陆位置影响造成的,形状往往不规则。从地带性分异看,自然带在大陆内部由于气候差异,将产生断裂情况:沿海与内陆不同,沿海地区比较湿润,多出现森林等自然景观,相应的自然地理系统为湿润森林带,中部则为草原带和荒漠带,各带长几百至数千千米,宽几十至几百千米,产生带段性分异。如亚欧大陆的温带,东西两侧沿海地区(西欧和东亚),气候比较湿润,发育形成落叶阔叶林带,而中部则为草原一荒漠所取代(中亚和我国西北),未能跨越整个大陆。

大陆内部的大地貌单元，如大的盆地、高原、山脉、平原，往往独立成型，具有明显的景观一致性，这是内力作用形成的大地分异，也是自然地理系统区域分异的有机组成部分。如我国的青藏高原、黄土高原、四川盆地、云贵高原等，不仅地形地貌各具特色，而且植被土壤等的地域分异明显，但局限在大陆内部特定区域，面积在十几万至数百万平方千米范围，是中尺度地域分异的典型。此外，由于高大山脉影响的垂直分异也是中尺度地域分异，涉及范围也在几十万至上百万平方千米，如我国秦岭、天山山脉的垂直分异。

(三)小尺度地域分异

小尺度地域分异往往只涉及几十至几百平方千米的空间范围，有的甚至只有几平方千米。小尺度地域分异十分普遍，与地质构造、河流侵蚀影响等有密切关系。如由于地质构造引起的山谷相间，构造盆地形成的同心环带，岩溶地区的峰丛洼地、峰林溶原，河流阶地、分水岭高原丘陵，黄土高原的塬、墚、峁等，还有地方性气候引起的阴坡阳坡、迎风坡和背风坡分异，人为因素造成的土地利用分异，如林地、灌木林地、草地、农田等差异。

三、地域分异的方向性

地域分异的方向包括水平方向和垂直方向，其中水平方向又分为纬度方向(南北方向)、经度方向(东西方向)和其他方向(如东南一西北方向等)。水平分异是地域分异的主要形式，在地理环境的地域分异过程中起决定性作用，影响和决定垂直分异。垂直分异只能发生在特定的地域，受到水平分异的严重影响和制约，垂直分异的起点(基带)是水平分异的结果。

(一)水平方向

自然地理要素或整体在水平面上产生的差异性，叫水平分异。水平分异是由水平方向上的热力、干湿等因素引起的。水平分异主要有纬度方向和经度方向，其中纬度方向是地域分异的主要方向，各地理要素或整体(自然带)沿纬线方向(东西方向)延伸、沿纬度方向(南北方向)更替、变化。纬度方向的分异主要是热力因素引起的地域分异。经度方向与纬度方向相反，各地理要素或整体沿经线方向(南北方向)延伸、沿经度方向(东西方向)更替、变化。经度方向的变化大都是由海陆差异引起的干湿变化，更多的是沿海岸线延伸，垂直于海岸线更替。水平方向的分异，尤其是中小尺度的分异，除了以上两个方向外，还有其他方向，但规模、频率等均远小于纬度、经度方向。

(二)垂直方向

垂直方向的分异是以地面为准自下而上(山脉)、自上而下(高原)的分异变化。主要是由山地地形引起的气候变化，进而导致全部自然地理要素的变化。垂直方向的变化一般范围较小，并局限在特定区域。

(三)组合方向

主要是水平分异与垂直分异的组合，高原分异。从平原或丘陵区域进入高原，不仅会有海拔的上升，还有水平方向的变化，从而导致高原边缘的自然地域分异不能简单地归为垂直或水平分异，应单独作为一类分异处理。

四、地域分异规律

如前所述，地域分异规律是指自然地理要素或整体沿特定方向呈条带状分布，按一定规则重复出现的特性，是控制、制约地域分异的地理要素的空间变化规律。这种规律主要是地带性规律，即一定空间范围内，自然地理要素或整体沿一定方向呈带状分布，并有规律地更替。地带性规律包括纬度地带性、经度地带性、垂直地带性等基本规律，以及在此基础上衍生出来的其他地域分异规律。

（一）纬度地带性规律

纬度地带性规律也就是自然地理要素和整体从低纬度到高纬度成带状分布，东西延伸、南北更替的变化规律。该规律起源于地球形态，受制于太阳辐射。由于地球是实心椭球体，太阳辐射到地球表面，给自然地理系统以能量（光能和热量），但这种能量分布受到太阳高度角的限制，同样的纬度太阳辐射相似、能量条件相同（地球自转的结果），不同纬度的能量不同，从低纬度到极地，到达地表的太阳辐射能递减，所以产生了以热量为基础的纬度地带性规律。无论从赤道的任何地方开始向南北两极前进，自然地理要素和整体都沿纬线成带状分布，沿纬度呈带状更替，其更替变化的过程都一致：赤道带——热带——亚热带——温带——亚寒带——寒带——极地带。其中以热量（温度）要素的变化最为明显和规则，受此影响，生物与土壤也具有明显的纬度地带性。当然，纬度地带性规律在地球表面的表现并不完全相同，海洋与大陆、高低纬度、各大洲均有一定变异：海洋比大陆表现清楚，高、低纬度比中纬度清楚，非洲大陆比其他大陆更为明显。尤其是中纬度地域分异因素的变异使得纬度地带性受到较大破坏，虽然也是明显的纬度地带性变化，但却出现东、中、西的差异，大陆上中部出现干旱、荒漠景观，海洋上则出现冷暖洋流的影响。

由于自然地理系统是十分复杂的开放系统，因此，与物理学中的相应规律相比，地域分异规律变化的规则性相对较低，特别是尺度较小时更是如此。

（二）经度地带性规律

经度地带性规律与纬度地带性规律相对，是地域分异的另一主要规律，是自然系统呈南北延伸、东西更替的规律。引起经度地带性变化的因素不是经度，而是海陆差异，因此，其变化更多的是与海岸线平行，垂直于海岸线更替。之所以叫经度地带性，原因在于目前的大陆形状和分布格局产生了如此影响，特别是北半球。与纬度地带性规律相比，经度地带性规律更多表现为区域性，只在一定区域内表现明显，没有全球性规律，横贯整个海、陆的也基本没有。经度地带性规律在美洲表现最为典型，规律性较强，其他大陆规律性均较弱。但在更小范围，经度地带性规律有时十分清晰。

（三）垂直地带性规律

垂直地带性规律是指垂直方向的地域分异表现出来的温度方面类似于纬度地带性变化的规律，也就是以地面为准自下而上（山脉）、自上而下（高原）出现温度逐渐降低的规律。垂直地带性规律与水平方向上的纬度地带性规律在温度逐渐降低这一点是一致的，但与纬度地带性规律有许多明显的不同：首先是自然地带的规模远远小于纬度地带；其次，垂直分异的主导因素是山地地形引起的热力条件变化——温度变化，而且光照长度因素变化不大；第三，规律表现范围具有典型的局域性；第四，受水平地带性的巨大制约，是水平分异规律衍生出来的规律；第五，垂直地带性分异规律受到山体高度的影响明显，没有足够的高度，显现不出规律。

垂直分异规律受水平分异规律的影响，从而使不同区域的垂直地带性规律不同。首先，处于不同纬度的垂直地带性规律不同，纬度越低，垂直地带越完整；纬度越高，垂直带越少。赤道地区的山脉，如果山体足够高，则可以出现类似于纬度地带性规律的情况。山脉所处的纬度越高，垂直地带越少——从山脚开始向山顶的变化，相当于从基带开始向高纬度的纬度地带变化。极地地区即使有足够高的山脉，山上山下自然地理环境也一样。

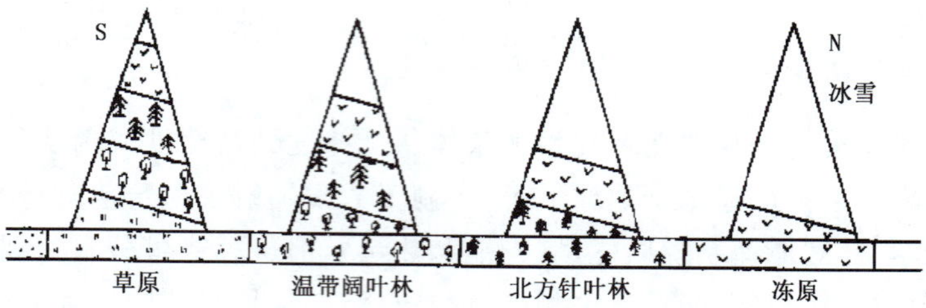

图 5-1　不同纬度垂直带的变化(伍光和等 2002)

其次，处于干湿状况不同地区的山脉产生的垂直地带性规律不同，处于同一纬度，但位于湿润带(或海洋性地域)中的山地垂直分异规律与位于干旱地区(或大陆性地域)的山地垂直分异规律不一致。一般来说，地处干旱地区的垂直分异的基本规律是：随着海拔增加，气温逐渐降低，降雨先逐步增加后逐步减少，但迎风坡降雨山上总比平地多。与之相应，植被从荒漠——草原——森林——草原——苔原——冰原逐步过渡，如天山山脉。地处湿润地区的山体，垂直地带性分异在降水方面不如干旱区明显，而且最大降水高度远远低于干旱区。同纬度的湿润区与干旱区的垂直带高度明显不同，同样的垂直带干旱区的高度比湿润区要高许多(图 5-2，5-3)。

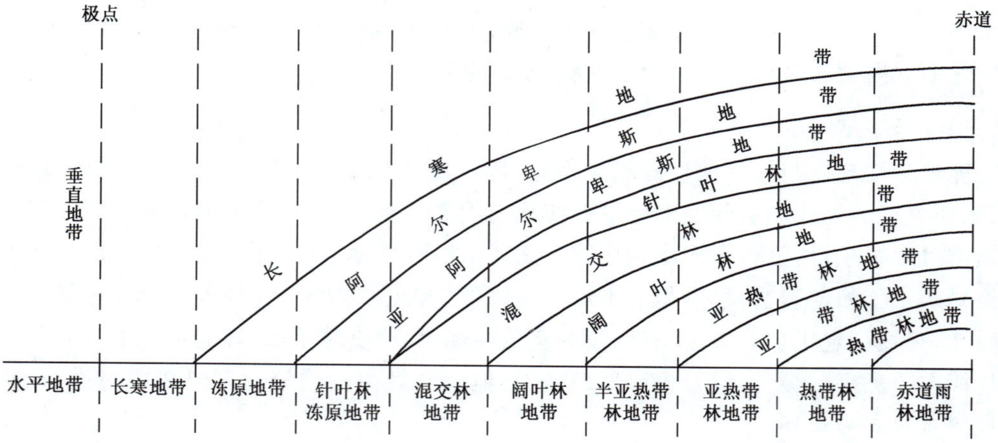

图 5-2　海洋性地域的理想垂直带结构(伍光和等 2002)

(四)其他地带性规律

其他地带性规律就是除上述几种规律之外的方向不十分明确的地域分异规律，包括各种地带性、非地带性因素引起的地域分异规律，如同心环带规律、阶梯递变规律、对称条带规律等，尺度有大有小。地质构造往往是这种规律的重要形成因子，如向斜背斜，经常会产生以轴线为中心的对称条带或环带结构，具有明显的规律性。河流阶地也容易产生有规律的变化——阶梯递变。从分水岭到河流，自然地理环境要素和整体大都有一定的递变规律。此外，我国南方岩溶山区，从高原到平原，还会形成溶原残丘——峰丛洼地——峰丛谷地——峰林谷地——峰林溶原的规律性变化。

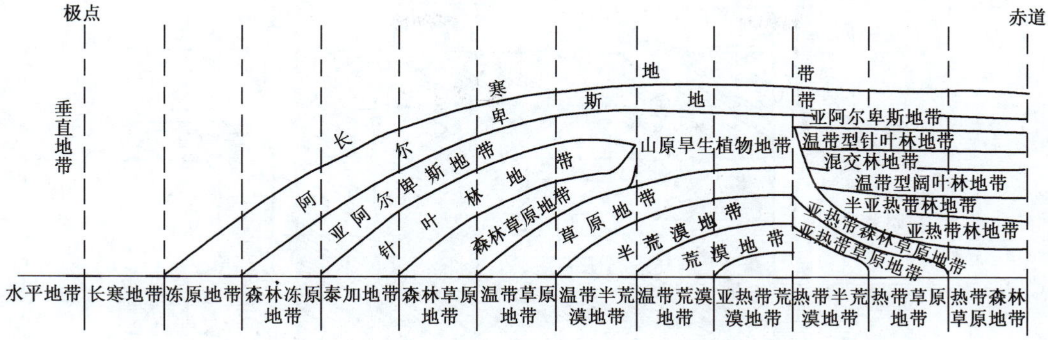

图 5-3　大陆性地域的理想垂直带结构(伍光和等 2002)

第三节　地域分异的结果——现代自然地理系统空间格局

由于地域分异作用,引起自然地理系统空间地域同质化与异质化演变,从而使自然地理系统呈现出特有的空间地域结构格局。

一、大陆自然地理系统结构

(一)马克耶夫理想大陆结构图

著名的地理学家马克耶夫对全球地理环境的空间地域结构进行了深入研究,并绘制了理想大陆结构图(图 5-4)。

从图 5-4 可以得出目前地理系统空间地域结构的一般特征:

(1)全球陆地自然地理系统大致以带状分布,且南北基本对称。

(2)高纬度和低纬度地区自然带东西延伸,南北更替情况比较明显,表现出明显的纬度地带性,中纬度地区则以从海洋到内陆的干湿性变化为主,表现出经度地带性。

(3)洋流对大陆沿岸区域的自然带分布有明显影响,暖洋流促使低纬度自然带向高纬度扩展,冷洋流导致高纬度自然带向低纬度渗透,并使流经地区形成特有的沿岸干燥带,同时导致自然带东西两侧宽窄不一、位置偏移。

(4)大陆东西两岸一般均为湿润地带,以森林景观为主,但冷洋流经过的亚热带沿岸除外(以南北纬 23.5°为中心);大陆内部为干旱地区,草原、荒漠景观占优。

(5)大陆西岸寒、暖流交汇处(南北纬 35°左右)出现特殊的地中海式气候和景观带,即夏干气候带,而大陆东岸则出现季风气候和景观带,冬夏季节变化明显。

马克耶夫的理想大陆结构基本揭示了大陆自然地理系统的空间结构形式,但实际的大陆由于面积、形状、地理位置等不同,自然地理系统的空间地域结构并不完全与之一致。具体如下:

非洲大陆地处中低纬度,北半球部分近似东西向的长方形,南半球大致呈南北向的长方形,地表起伏不大,自然地理系统受纬度地带性规律控制明显,形成明显的纬度地带性结构,但赤道以南面积较小且受洋流影响明显,大陆西岸出现干旱区域,且与大陆内部干旱区相连;大

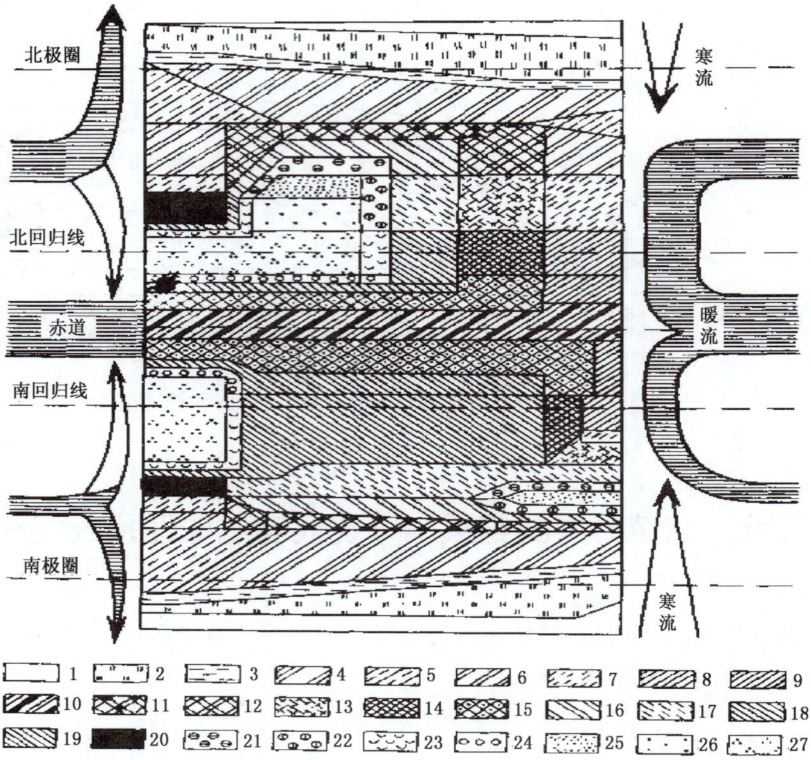

图 5-4　马克耶夫理想大陆图示(伍光和等 2002)

1. 长寒地带;2. 冻原地带;3. 森林冻原地带;1. 泰加林地带;5. 混交林地带;6. 阔叶林地带;7. 半亚热带林地带;8. 亚热带林地带;9. 热带林地带;10. 赤道雨林地带;11. 桦树森林草原地带;12. 栎树森林草原地带;13. 半亚热带森林草原地带;14. 亚热带森林草原地带;15. 热带森林草原地带;16. 温带草原地带;17. 半亚热带草原地带;18. 亚热带草原地带;19. 热带草原地带;20. 地中海地带;21. 温带半荒漠地带;22. 半亚热带半荒漠地带;23. 亚热带半荒漠地带;24. 热带半荒漠地带;25. 温带荒漠地带;26. 半亚热带荒漠地带;27. 亚热带荒漠地带

陆东岸则出现湿润区域,与南部相连。

大洋洲位于南回归线两侧,呈螃蟹状,东西宽、南北窄,基本呈矩形,但面积较小,受海洋影响较大。因此,其自然地理系统空间结构大致以南回归线附近的大陆中部为中心呈环带状,其中东部和北部面积较大,湿润森林面积较广,西南部面积较小。

南极洲由于常年冰雪覆盖,区域差异不明显。

南美洲大陆大致呈顶朝东、底在西的不对称三角形,北宽南窄,其中最宽处大致在 8°S,南回归线以南,大陆面积迅速缩小,东西较窄。在大陆的西部,高大的安第斯山脉纵贯南北,将大陆分割为安第斯山以西地区和以东地区,在此大陆形状和位置控制下,南美洲的自然地理系统结构呈现出明显的东西差异,安第斯山脉以西,自然带局限在较窄的区域,南北延伸、南北更替;安第斯山脉以东,南北差异也明显,30°S 以北以纬度地带性为主,以南东西变化明显。

北美洲与南美洲相似,但北回归线以南面积较小、狭窄。安第斯山脉以西,基本上也是南北延伸、南北更替,安第斯山脉以东,北回归线以北,以纬度地带性为主,以南大陆狭窄,但东西差异明显。

欧亚大陆东西延伸,面积宽广,所跨经纬度较多,海陆对比强烈。因此,大陆的高低纬度以地带性为主，自然地带纬度地带性结构显著；中纬度受海陆对比影响，中部为典型的干旱区域，两侧为湿润区，经度地带性典型。

（二）大陆上的自然带

1.热带雨林带

热带雨林是位于赤道附近的自然带，该带地处赤道附近，水热条件好，植物生长茂盛，是陆地上最复杂的自然地理系统。

热带雨林带属赤道气候，气温高而温差小，降雨多而变化小，天气炎热潮湿，终年高温多雨。气温一般维持在 20～28 ℃，既无特别的高温，也无较低温度，各月气温年相差不大，一般小于 5 ℃，最大不超过 16 ℃。年降雨量一般超过 2 000 mm，空气湿度大多时候保持在 90%以上，但个别地区也有旱季存在。天气和降雨形式单调，常年为晴天，无风或小风，午后多降雨，雨过天晴，空气闷热。在此气候条件下，岩石风化比较彻底，形成的土壤多为砖红壤，红色或砖红色（某些也呈黄色），土层富含铁铝质，土壤黏重，酸性，贫瘠，土壤中大多存在铁盘等障碍层。

热带雨林的生物极为丰富，物种组成、群落结构十分复杂，具有很多独特的生态现象和特征。从植物看，热带雨林是植物种类最丰富的一种类型，如马来群岛记录的乔木就达 2 000 多种。植物叶薄而大（80%以上为 4 级叶，即中叶），以单叶为主。植物群落分层复杂，乔木层一般高 30～40 m，植株高大，最高可达 100 m 以上，可分为 3～4 层，林下植物密集，灌木、草本和幼树较多，往往可以分出 3～5 层。热带雨林还多攀援植物、附生植物、腐生植物、绞杀植物等。植物四季花开，无明显季节差异，还有老茎生花等独特现象。动物方面，热带雨林多树生动物，猿、猴、鸟类等较多。

因海洋隔离，热带雨林在陆地上分成三个区域，南美洲的亚马逊河流域、东南亚赤道附近岛屿（马来群岛、新几内亚群岛等）和非洲的刚果盆地。其中以南美洲的亚马逊河流域面积最大，约 400 万 km^2，其次是南亚的热带雨林，约 250 万 km^2，最小的是非洲刚果盆地，约 180 万 km^2。各地雨林形态外貌相似，但在物种组成等方面有所不同。

图 5-5　热带雨林的植物——大花草①

2.热带稀树草原带

热带稀树草原带位于热带雨林带之外，主要分布在非洲和南美洲。由于太阳直射点南北

①　图片引自时尚博闻网

移动，导致了信风带的季节移动，引起副热带高压的南北移动，使热带稀树草原带干湿季节变化明显，一年之中有一个干季、一个雨季。当受副热带高压控制时，进入旱季；受来自海洋的信风控制时，雨季来临。雨季降雨丰富，气候与热带雨林区无明显区别，是生物活跃生长、繁殖的季节；旱季高温少雨，类似于热带沙漠，酷热难耐，生物多迁徙躲藏。

在特定气候条件下，该带植物以草本植物为主，乔木只稀疏分布于草原之上，形成热带稀树草原特有的景观（又称萨瓦纳（savanna））。因温度较高，草本植物比较高大，以禾本科高草种类——须芒草、黍属和龙胆科绿草属为主，乔木则矮生、多羽状叶、茎干粗壮具有储水耐旱结构。非洲以具有旱生结构的金合欢、猴面包树等最为典型，南美洲则以有刺植物和仙人掌最多，木棉科的纺锤树十分典型（卡汀珈群落），澳大利亚以瓶子树为标志。稀树草原的动物众多，食物链完整，特别是各种大型哺乳动物极为发育，种类众多、种群庞大，如非洲的长颈鹿、斑马、羚羊、狮、河马、大象、犀牛、鳄鱼等。

热带稀树草原带内部存在明显的带状差异：在与热带沙漠的过渡区一侧一般为热带草原，只有草本植物，没有乔木，气候比较干旱，草本较低矮，生物没有靠近赤道一侧繁盛；中部为典型的稀树草原林，草本植物较高，草原上零星、独株地分布有耐旱的乔木植物，乔木树冠宽大，茎干粗壮；靠近热带雨林则为热带草原林，乔木成片分布，密度较大，逐渐过渡到热带雨林。

图 5-6 非洲的稀树草原景观

图 5-7 马达加斯加的猴面包树（图片引自：非洲旅游网）

3. 热带荒漠带、亚热带荒漠带

热带荒漠带位于回归线附近，东非的撒哈拉、西南亚的阿拉伯、北美的墨西哥西南部、南美洲的秘鲁西部和澳大利亚中部都属热带荒漠带。该区域纬度较低，并受副热带高压下沉气流控制，气候炎热，降水稀少，植被稀疏，为荒漠景观。年降水量一般只有 250 mm 左右，但夏季气温高达 40 ℃，撒哈拉沙漠可以几天都在 60～70 ℃，蒸发量是降水量的数十倍甚至上百倍。

存在于荒漠的生物较少，植物多旱生灌木和少数草本植物，以及短生植物（雨后快速完成生命过程的植物）。动物数量较少。

热带荒漠带往往与亚热带荒漠带连为一体。亚热带荒漠与热带荒漠从景观上没有什么区别，但冬季气温前者为低。

图 5-8　撒哈拉沙漠景观

4. 亚热带常绿阔叶林带

亚热带常绿阔叶林带位于亚热带大陆的东部南北纬 18°～35°之间，属湿润季风气候或湿润季风性气候，在亚洲、美洲、澳大利亚等相似纬度的地区都有分布，其中以亚洲面积最大，发育最典型。该地带气候冬冷夏热，春秋温和，降水丰富，空气湿润。典型地区最冷月均温 3～8℃，最热月均温 24～28 ℃，年均温 15～20℃；年降水量 1 000 mm 以上，夏季降雨量占全年的 70%以上。蒸发量小于降水量，空气湿润。

植被以常绿阔叶林为主，主要由壳斗科、樟科、山茶科、木兰科植物组成，种类丰富，结构清晰。一般群落可分为乔木层、灌木层和草本层，其中乔木层还可进一步分出 2～3 个层次，第一层高度可达 16～20 m，树冠相连，郁闭度高，多壳斗科植物，如青岗、栎；第二层 8～14 m，第三层 8 m 以下。灌木也有亚层，多山茶、杜鹃、蔷薇、忍冬、山矾科等。草本以蕨类最多，菊科、禾本科等也十分丰富。亚热带常绿阔叶林叶级多属中、小叶级，单叶为主，革质。外貌常绿，植被茂密。此外，还有暖性针叶林广泛分布，形态外貌与常绿阔叶林相似，常绿，树木高大，林下植物丰富，结构复杂，典型的针叶林有马尾松、华山松、红杉、粗榧等。竹林也是亚热带常见的草本群落，尤以楠竹、毛竹等最多。林下动物较多，猴、虎、野猪、兔等常见。土壤为黄红壤，质地黏重，酸性，铁铝质。

我国是亚热带常绿阔叶林带发育比较典型的国家，分布比较集中的区域在长江以南和云贵川等地。

图 5-9 贵州省遵义市金鼎山自然保护区亚热带植被外貌(2009 年摄)

5. 亚热带常绿硬叶林带

亚热带常绿硬叶林带主要位于亚热带的大陆西岸 30°～40°之间,地中海沿岸、美国加利福尼亚西南、智利中部、非洲、澳大利亚西南角。其中地中海沿岸除利比里亚、埃及沿岸外均有分布。该带与亚热带常绿阔叶林带在位置上相对应,属于亚热带内部地域分异引起的东西差异。

该自然带属夏干气候,又叫地中海式气候,夏季受副热带高压控制,炎热干燥,均温一般 20 ℃以上,8 月均温可达 30 ℃以上,但降雨量极少,3—8 月不足 100 mm,尤其是最热的 7、8 月份,降雨十分稀少,与荒漠区相似,经常出现连续的夏季干旱;冬季受暖湿西风带控制,温暖多雨,最冷月均温 4～10℃,9 月至次年 2 月降雨量 400～700 mm。

受气候影响,植物常绿,但具有明显的耐旱性,一种是硬叶,另一种叶退化为针状。硬叶植物叶小,茎干有刺,叶面气孔深陷,有绒毛,且与光照呈锐角。植物多为灌丛,难有高大乔木生长,主要有刺叶栎、鹰爪豆、、油橄榄、欧石南等。林下土壤为褐色土。亚热带常绿硬叶林带缺乏常绿阔叶林带的郁闭和生物量,动物种类较少,缺乏大型食肉动物。由于人类活动,原生植被已很难看到。

6. 温带落叶阔叶林带

温带落叶阔叶林带位于南北纬 40°～60°的大陆东西两岸,主要集中在北美大西洋沿岸、欧亚大陆西部和东部,属温带海洋性气候或温带湿润季风气候,年平均气温 13～23℃,冬季不寒冷,但均温在 0℃以下;夏季较热,均温 20℃以上。降雨量 800～1 000 mm,季节差异不明显,尤其是西欧,终年都较温暖湿润。

温带落叶阔叶林带植被一般为壳斗科的纯林,树种不多,上层乔木往往由山毛榉、栎属、槭属的单一植物构成,结构相对简单,一般分乔灌草三层,乔木层较简单,1～2 个层次。灌木层大多只有 1 层。季相变化明显,冬季植物落叶以躲避寒冷,群落外貌为枯枝凸露,林下透光。春季开始萌发新叶,夏季茂盛生长,秋季后期枯黄落叶。叶片宽阔,以 3、4 级为主,芽均有腊质保护。土壤主要是棕壤,黏粒含量较多,质地较黏,有钙性反应。动物与亚热带常绿阔叶林带相似。

7. 温带草原—荒漠带

温带大陆中部，距离海洋较远，气候逐渐干燥，靠近湿润森林带一侧是半湿润带，为温带草原，中心则为干旱区域，温带荒漠景观。除澳大利亚、非洲两个低纬度大陆和南极洲外，欧亚、南北美洲大陆均有分布，尤以欧亚面积最大，东西横跨 100 个经度，约 8 000 km，南北跨越 28 个纬度。气候为半干湿润气候，冬冷夏热，降雨较少，年均温 −3～9℃，年雨量 150～500 mm，一般 350 mm 以下。植被以多年生丛生禾本科低草草本为主，兼有大量豆科、菊科植物，种类繁多。草原夏绿冬枯，春华秋实，季相变化明显。土壤为草原黑钙土，有机质含量高，结构良好，钙性反应。草原动物繁多，马、牛、羊、兔、鼠、狼、狐狸等数量较多，分布广泛。

温带荒漠带大致位于温带草原的中部，与亚热带荒漠基本相连，该区降雨更为稀少，大多年降水量小于 150 mm，有的甚至多年无雨，冬季寒冷，夏季炎热，日温差、年温差均较大。植被稀少，只有稀疏的荒漠灌丛生长，主要是耐旱、耐盐碱植物，如亚洲的碱蓬、梭梭、猪毛菜、麻黄等。流沙区、石质戈壁和荒漠的核心区域往往无植物生长发育。

8. 亚寒带针叶林带

亚寒带针叶林带是北半球十分典型的高纬度林带，横贯欧亚大陆和北美大陆北部、温带草原以北至极圈的广大区域，属寒温带气候，夏季温暖湿润，冬季极为严寒，最冷月均温大多在 −10℃，西伯利亚甚至达到 −50℃。降雨虽然不多，只有 300～600 mm，但天气寒冷，蒸发量小，空气湿润。植被为耐寒的针叶林，以云杉、冷杉、落叶松为主，树种比较单一，结构简单。由于冬季严寒，树叶均为针状，并具有各种抗寒特征。林下土壤为灰化土，动物有松鼠、雪兔、狐狸、貂、熊、猞猁等耐寒动物。

9. 苔原带

北半球大陆边缘及其沿海岛屿，由于气温过低，夏季短暂，地表存在永冻层，乔木已难生长，只有低等的苔藓、地衣植物和少数灌木、草本植物能够忍受寒冷生存发育，形成没有乔木的，以苔藓、地衣为主的苔原带。苔原带面积巨大，横贯整个欧亚大陆和北美大陆北部，面积数百万平方千米。苔原带的气温很低，夏季也只有 10℃左右，而且时间短暂，只有 2～3 个月，越往北时间越短；冬季漫长而寒冷，气温在 −50℃以下，时间长达半年以上。降水以降雪为主，降水量 200～300 mm，集中夏季，但增发微弱，空气湿润。苔藓植物大多具有耐寒性，生长期长、匍匐地面、常绿，可利用短暂的暖季完成繁殖活动等。苔原带动物种类单一、数量不多，特有驯鹿、北极狐、旅鼠等。但沿海的鸟类较多。北极熊、海豹等常活动在冰原和苔原之间。

图 5-10　北极的苔原带(池中玉摄)

10. 极地冰原带

极地附近常年结冰，属于极地冰原带。主要集中在南极大陆、格陵兰岛等极地岛屿。植物极不发育。动物以沿岸捕食鱼类的为主，多鸟类，北极以北极熊、海豹最为典型，南极以企鹅闻名。

图 5-11 北极的冰原带（Icery Deng 摄）

二、海洋自然地理系统结构

相对于陆地，海洋上的自然带要简单得多。世界海洋可划分为七个自然带（刘德生 1986），基本上就是热量带。各带的基本情况如下：

1. 北极带

位于大陆以北的北冰洋海域，大致在极圈以内，属极地气候，气温常年在 0℃以下，表层海水常年冰冻，但夏季有短暂的融冰期使之破裂，形成浮冰。受极低高压控制，降水稀少，盛行干冷的东北风，冰面干燥寒冷。该自然带海洋生物较少，均为冷水性动物，包括各种鱼类和哺乳动物。邻近大陆边缘，特别是河流入海口附近，由于来自陆地的有机物较多，浮游生物丰富，吸引了鱼类和哺乳动物聚集。北极带常见的动物有北极鳕、白海鲱、格陵兰鲸、海豹、海象等，鸟类也十分丰富，如海鸥、海雀等。北极熊等陆生动物也经常在北极海冰上活动，捕食鱼类。极地海洋带与冰原带基本连为一体，尤其是冬季，并无本质区别。

2. 北温带

位于 40°N 以北到北极地带，水温在 0～10℃，盐度小，含氧量大，盛行西风，形成墨西哥湾流和北大西洋暖流，水平、垂直运动的水体规模均十分可观，水团垂直交换强，营养物质丰富，浮游生物众多，鱼类和哺乳动物种类多、数量大，盛产太平洋鲱鱼、鳕鱼、大马哈鱼等，还有海豚、海豹、海狗、日本鲸、灰鲸等。日本和千岛群岛附近沿海、挪威海、北海、纽芬兰等均为世界著名渔场。

3. 北热带

位于 40°N 到 10°～18°N 之间，地处热带暖流路径，日本黑潮、墨西哥湾流十分强大。受副热带高压控制，水团垂直交换弱，营养物质缺乏，生物量小，北热带北部哺乳动物较少，主要有抹香鲸等。靠近赤道一侧，水团垂直交换稍强，生物较多，海龟、鲨鱼种类繁多、数量巨大。由于寒暖流不同，海洋东西两侧差异较大。

4. 赤道带

位于 10°～18°N 到 0°～8°S 之间，气温和水温高，气候与陆地相似。南北两侧发育南北赤道流，中部形成补偿流，水体交换十分频繁，海洋生物极多，但少于温带。海中鲨鱼、覃目鱼特别多，飞鱼、旗鱼、翻车鱼等也较多。

5. 南热带

位于 0°到 8°S 之间，与北热带相似。典型鱼类有南非沙丁鱼、秘鲁鳀鱼等，南非和秘鲁均有著名渔场。

6. 南温带

位于 40°～60°S 之间，横贯整个地球。该带受西风控制，海洋西风漂流范围广、程度强，经常波涛汹涌，称为"咆哮西风带"。海水上下层交换频繁、强烈，饵料丰富，浮游生物多，广布各种鱼类和哺乳动物，其中比较著名的有鲸、海象、儒艮(美人鱼)等。但该带水温比北温带低，并缺乏沿岸型生物。

7. 南极带

位于 60°S 以南至南极大陆周边水域，与北极相似，但南极大陆周边有丰富的硅藻、磷虾。因此，海洋鱼类和哺乳类十分丰富，典型的有南极鳕鱼、蓝鲸、海豹、海狗、企鹅等，其中鲸是南极带最为丰富的大型哺乳动物。

第六章 自然地理系统的演化

第一节 古地理环境的演进

一、地质历史时期的地理环境演化

地球年龄在60亿年左右，人类的历史却仅有几百万年。各个历史时期自然地理环境有所不同，目前人类能有所认识的距今大约只有几亿年。真正意义上的自然地理环境是从有生命现象，也就是从古生代开始的。

古生代以前，即距今6亿年以前的地球表面，只有海陆两个部分、两种要素。生物从古生代开始成为环境的重要组成部分，并极大地改变了自然地理环境。因为自然地理要素中只有生物化石和地壳运动留下的一些痕迹，其他要素很少留下供人们认识的东西，所以对地质年代自然地理状况的了解难度较大。总的来说，新生代以前的情况只可从海陆对比、生物和气候方面去大致了解，新生代以来认识较为清楚。

(一)古生代以前的自然地理环境

距今5.7亿年前的元古界(5.7亿～25亿年前)、太古界(25亿～46亿年前)，只有原始的大陆地台存在，大陆面积远比现在小，太古界中早期只有原始陆核存在，到太古界晚期和元古界早期，原始陆核逐渐形成为古地台，元古界晚期的震旦系出现泛大陆，地球只有一块大陆，大陆之外是泛大洋。当时的地壳运动十分剧烈，火山频发，曾发生过多次大地构造运动，如我国先后发生过阜平运动(28亿年)、五台运动(25亿年)、吕梁运动(18亿年)、晋宁运动(10亿年)、蓟县运动(8亿年)。原核生物在25亿年以前已从海洋中产生，真核生物(菌藻类)在10亿年前已经出现，末期无脊椎动物开始出现，但无陆生生物。当时的气温较低，属大冰期气候，中国叫震旦系大冰期，空气中氧气所占比重小，仅为现代大气的1%～10%(罗汉明 2000)。

(二)古生代的地理环境

古生代距今5.7亿～2.25亿年，包括寒武纪(5.7—5亿年)、奥陶纪(5亿～4.4亿年)、志留纪(4.4亿～4亿年)、泥盆纪(4亿～3.5亿年)、石炭纪(3.5亿～2.85亿年)、二叠纪(2.85亿～2.3亿年)。

1.海陆格局

寒武纪时，泛大陆分成四块：冈瓦纳大陆(南方大陆)，古北美大陆、欧洲大陆、亚洲大陆(北方大陆)。各大陆之间为古海洋：北美与冈瓦纳之间为古海西海，古亚洲大陆与冈瓦纳大陆之间为古地中海，古欧洲大陆与北美大陆之间为前加里东海，欧亚大陆之间为前乌拉尔海。

泥盆纪时，大陆合为三块，欧洲与北美大陆合并，前加里东海消失。

石炭纪时，欧美大陆合并，大陆变为两块，前海西海消失。

上二叠纪时，前乌拉尔海闭合，大陆合并成一块，大洋仅留古地中海。

古生代大陆总趋势是由分而合。

2. 气候

泥盆纪以前，气温较高，属大间冰期，大气增暖现象明显，干湿分带清楚，欧亚大陆可清楚分出三个气候带。泥盆纪以后，气温渐低，进入大冰期，气候冷而干燥。进入二叠纪后期，又开始变得湿润。

3. 古生物

古生代的生物比较古老，前期只有海洋低等生物，寒武纪时红藻、绿藻等开始繁盛，奥陶纪时藻类极为繁盛，海生无脊椎动物如三叶虫、笔石、头足类、腕足类、棘皮动物非常多。古生代中期的志留纪蕨类植物开始出现，三叶虫、珊瑚、腕足类等繁盛，晚期鱼类开始出现。泥盆纪开始出现陆生植物，早期植物以裸蕨较多，中后期蕨类和裸子植物出现；动物生物群中以无脊椎动物最重要，腕足类和珊瑚发育，原始菊石出现，昆虫和原始两栖类出现，鱼类大发展。石炭纪陆生植物蕨类植物繁盛，其中鳞木和封印木高达 20～40 米，径 1～3 米，是石炭纪重要的造煤植物；珊瑚、腕足类等很多，两栖类进一步发展，爬行动物出现。二叠纪时，则以裸子植物为主，形成茂密的森林，动物进一步演化。

（三）中生代的地理环境

中生代距今约 2.25 亿～0.67 亿年，包括三叠纪（2.25 亿～1.95 亿年）、侏罗纪（1.95 亿～1.37 亿年）、白垩纪（1.37 亿～0.67 亿年）。

1. 海陆面貌

冈瓦纳大陆发生多次分裂，从中裂解出来的大陆向北漂移并相继归并于劳亚古陆，面积不断增生。距今 2 亿年的中生代早期（三叠纪），大陆一分为二，北方叫劳亚大陆，南方为冈瓦纳大陆。然后开始分裂，至白垩纪已分裂成六块大陆：欧亚大陆、南北美、非洲、印度、南极—澳大利亚大陆。

2. 气候

总体属大间冰期，气温较高，侏罗纪湿热，其他时期较干燥。气候带与现代类似。氧气含量不断增加。

3. 生物

气候较为炎热，有利于生物的繁衍，生物比较繁盛。在脊椎动物中，爬行类动物广泛分布于海陆空，故中生代又称爬行动物时代。三叠纪时裸子植物进一步发展，爬行类继续增加，哺乳动物出现。侏罗纪时真蕨、苏铁、银杏和松柏类繁荣，巨大的爬行动物恐龙空前繁荣，鸟类开始出现，无脊椎动物以菊石类和箭石类最多。白垩纪被子植物大量出现，后期爬行动物急剧减少，菊石类和箭石类逐步衰落，有袋类和有胎盘类哺乳动物已开始出现。

（四）新生代的地理环境

新生代包括第三纪和第四纪，距今约 7 000 万年。

1. 海陆格局

印度大陆继续北上，与欧亚大陆碰撞，产生新构造运动并促使南亚板块抬升，形成喜马拉雅山系，古地中海逐步消失，阿尔卑斯山形成，南北美西部科迪勒拉山系产生，澳大利亚脱离南极大陆。七大洲四大洋基本成型，现代地貌基本形成。

2. 气候

第四纪以前属中生代大间冰期的延续，气候温暖湿润，气候带与现代类似。第四纪出现大冰期，氧气含量与现代基本一致。第四纪冰期，气候多次变动，冰川有进有退，形成亚冰期与亚间冰期。在欧洲，分为玉木（距今 100 万年）、里斯（300 万年）、民德（700 万年）、群智（1000 万年）四次亚冰期，在亚冰期之间为亚间冰期。我国与之类似。

3. 生物

无脊椎动物中，瓣鳃类、腹足类、海胆、海星、微小有孔虫，珊瑚类等广泛发育和演化。植物则以被子植物为主，被称为“被子植物时代”。脊椎动物、哺乳动物迅速兴起，被称为“哺乳动物时代”，鸟类繁多；到第四纪，灵长类和人类出现。

二、人类历史时期的地理环境演化

第四纪以来的自然地理环境变化，主要是气候变化和因此引起的植物动物及植被变化，以及地表形态的发展变化。

（一）气候变迁

冷暖方面，按竺可桢先生的研究，距今 5000 年来的气候变迁经历了四个温暖期和四个寒冷期。他认为，此期在我国也可相对分出四个温暖时期和四个寒冷时期，其特点与世界冰后期气候变动的总趋势相似。

第一个温暖时期始于公元前 3000 年到公元前 1000 年左右的仰韶文化时代和河南安阳殷墟时代，我国黄河流域发现有象。第一个寒冷时期在公元前 1000 年左右到公元前 850 年的周代初期，汉水两次结冰，之后紧接着大旱。

第二个温暖时期是公元前 770 年到公元初年秦汉时代，象群栖息北限移到淮河流域及其以南，在公元前 659 年到公元前 627 年，淮河流域有象栖息。第二个寒冷时期为公元初到公元 600 年的东汉、三国到六朝时代，有淮河封冻的记载（公元 225 年）。

第三个温暖时期从公元 600 年到 1000 年的隋唐时代，只在长江以南的江浙一带、广东、云南才有象。第三个寒冷时期从 1000 到 1200 年，属于南宋时期，出现了太湖封冻的情况（1111 年）。曾有 1178 年福州荔枝全部冻死的记载。

第四个温暖时期从 1200 到 1300 年，为元朝初期，河南的博爱和陕西的西安、凤翔都设有管理竹园的竹监司，到了南宋时因气候寒冷，竹子无法生长，竹监司被取消（凤翔除外），到了元朝初期（1268—1292 年），竹监司又重新设立，说明气候又转暖。第四个寒冷时期是 1400 到 1900 年的明末至清朝时期，17 世纪是我国最寒冷时期，特别是 1650—1700 年为最冷，在这 50 年中，太湖、汉水和淮河结冰四次，洞庭湖结冰三次。在近 500 年的第四次寒冷期中，温度仍有明显起伏，其中有四次较冷期（即 1470—1520 年，1620—1720 年，1840—1890 年，1945 起特别是 1963 年以后）和三次回暖期（1550—1600 年，1720—1830 年，1916—1945 年）。

干湿方面，据张家诚分析，自公元 2 世纪开始，旱涝变化有明显的阶段性，2—8 世纪，降水偏少，是相对的干旱期；9—14 世纪，降水偏多，属于湿润期。以后干湿变化频率加快。伴随干湿、冷暖变化，自然地理系统植物的分布和其他要素也相应变化，如降雨多、温度高的时期，侵蚀作用较强，生物生长活跃；反之，则弱。

表 6-1　历史时期雨量指数距平(张家诚 1976)

世　纪	中　国	欧　洲	世　纪	中　国	欧　洲
2	－0.01	＋0.27	10	＋0.01	－0.18
3	＋0.03	＋0.07	11	＋0.02	＋0.05
4	－0.24	－0.06	12	＋0.14	0
5	－0.02	－0.06	13	＋0.01	＋0.09
6	－0.15	＋0.15	14	＋0.14	－0.06
7	－0.12	－0.03	15	－0.04	－0.06
8	＋0.08	－0.19	16	－0.01	
9	＋0.01	＋0.02	17	＋0.08	

(二)地理环境变化

有人类以来的地理环境变化受人类活动的影响比较大，其中，植被破坏是最主要的方面。中亚两河流域随着人类活动的增加和自然因素的影响，环境逐渐干燥退化，植被从森林草原逐渐退化为半草原和沙漠。中欧到西欧，大片的落叶阔叶林在人类影响下消失，取而代之的是大片的农田和城市、村庄，环境逐渐退化。其他各大洲同样如此，主要的变化包括大量的森林草原被开垦为耕地，并引起了半干旱区的土地沙漠化。据研究，在人类历史发展初期，地球一半以上的陆地披着绿装，森林总面积达 76 亿公顷；1 万年前，森林面积减少到 62 亿公顷，还占陆地面积的 42%，19 世纪减少到 55 亿公顷，无论在欧洲、美洲还是亚洲、非洲，依然到处都能见到森林，可进入 20 世纪以后，毁林的情况日趋严重，至今全球只存 40 多亿公顷森林，占陆地面积不到 30%，而且正以每年 730 万公顷的速度在减少①。我国西北广大地区 4000 年前也覆盖着茂密的森林，如今林海湮灭，植被已基本被破坏。与此同时，沙漠面积迅速扩大，据联合国粮农组织的研究报告，全球土地面积的 15%已因人类活动而遭到不同程度的退化，全球每年损失灌溉地 150 万公顷，70%的干旱和半干旱农用地已沙漠化。

此外，人类大量的改造地表形态活动，促使地貌发生了较大变化，体现在城市和村庄等形成的建筑集群，彻底打破自然格局，如原来是盆地的盆底，自然情况下多为平地或起伏较小的丘陵，但建设为城市后，高楼大厦林立，成为新的地貌形态，并对区域气候产生巨大影响，如城市热岛效应等。人类还对河流进行了较强的干预，筑坝拦截、跨流域引水等，改变了河流的水文过程和形态，对河流和气候都产生巨大影响。

第二节　现代自然地理系统演化的一般过程

一、一般过程

自然地理系统的演化方向是从低级向高级，从无序向有序，现代自然地理系统演化同样如此。从总体上看，第四纪的大地构造运动是现代自然地理系统演化的基础，发生于第四纪末期

① 联合国，世界森林状况报告，2007

的新构造运动和全球气候变化，导致新的地表格局和气候形势的形成，成为现代自然地理系统演化的起点。第四纪以来，现代自然地理系统演化中，陆地主要是“削高填低”的地貌改造过程引起的地貌变化，以植物为主的适应气候变化过程引起的植被演替和地表水系的演化。

二、现代地貌演化

现代地貌的演替起源于新构造运动之后，新构造运动促使青藏高原抬升，阿尔卑斯山脉、安第斯山系隆升，导致其地貌回春进入幼年期，开始地貌的演化，但在大陆内部和比较稳定的地台区域，地貌并未受到新构造运动的明显影响，如非洲高原、蒙古高原等，地貌长期处于稳定状态。总体来说，陆地上的现代地貌演化过程以削高填低为基本方向，只是速度有所区别，地壳隆升的区域，侵蚀切割比较明显，速度较快；地区下沉区域以接受沉积为主，稳定的大陆内部区域，虽然也在削高填低，但速度较慢，规模较小。

地貌的演替也就是地貌的发育过程，类似于人的成长阶段，可分为幼年期、壮年期、老年期；而幼年期、壮年期又分为早晚二期。

（一）幼年期

地貌发育的幼年期，原始地表比较平坦，物质分布均匀，地貌形态单一。幼年期早期，河流（顺向河）沿原始地面倾斜发育，由于地壳迅速上升，河水下切、侵蚀作用强烈。此时，地面尚比较完整、平坦，水系尚不发育，河网密度小，存在大面积平坦地面。幼年期晚期，随着水系的发展和侵蚀作用的不断进行，地面被侵蚀得支离破碎，地表起伏巨大，沟壑纵横，山地地貌为该期主是特征。目前，幼年期地貌在各大高原表现都比较明显，其中，青藏高原最为典型：高原面以宽浅的河谷和相对高差不大的山体相间分布为主要特征。

（二）壮年期

壮年期早期地表起伏很大，地面支离破碎，以山地为主。在长期的流水侵蚀作用下，谷坡将渐渐平缓，山脊变得浑圆，谷坡逐渐被风化物和土壤覆盖。河流逐渐发育成庞大的水系，侧蚀和下切并重。

到壮年期后期，地势起伏较为和缓，河谷宽广，丘陵为主，侧蚀为主。

（三）老年期

地貌发育的老年期，侧蚀和堆积作用明显，形成宽广低平谷底平原。地面起伏极小，残留分散独立的残丘。

目前，大陆地貌的演化总体上处于河流溯源侵蚀与高原山地侵蚀矮化，即“削高填低”的过程之中，但不同的区域所处的地貌演化阶段不同。一般来说，原始地貌多出现在高原内部，幼年期地貌出现在高原边缘，壮年期地貌出现在高原与平原的过渡区域——低山丘陵地带，老年期地貌出现在平原和古老的高原面上。

三、地表水系的演化

河流水系的发育大致可以分为幼年期、壮年期和老年期三个阶段。

（一）幼年期

幼年期，即河流的发展壮大时期。当水系刚开始形成时，河流较小，沟壑较浅窄，流域面积较小，水系不发育。随着时间的推移，流水不断冲刷、切割地表，流水最为集中的沟壑不断下切变深，河道变宽，形成干流，并将周边的小河小溪纳入其范围，成为支流，流域面积不断扩大，水系开始形成。水系进一步发育，干流下切深度越来越低，逐步成为区域性的侵蚀基准，汇入该河流的支流越来越多，流域面积越来越大。当水系发展到河网密度较大，支流逐渐分出层次（支流的级别达到3～4级）时，水系发育进入壮年期。幼年期河流主要集中在山区和高原区，如云贵高原区的许多河流水系，都属于幼年期河流水系。

（二）壮年期

壮年期的水系干流河床宽大，源远流长，支流发育，流域面积和河网密度大，水系庞大而复杂。一般来说，此时的河流，上下游分化明显，上游河源地区有1～2级冲沟、溪流，中游地区支流繁盛，多达3～5级，下游干流河道宽敞，水量巨大，沿途仍有各级支流汇入。长江、珠江等都正处于壮年期。

（三）老年期

进入河流发育的后期，即老年期，河流开始袭夺兼并，由于不断的溯源侵蚀，河流分水岭越来越窄，最后被切割联通，两条河流重新根据侵蚀基准进行组合，要么其中一条并入另一条，要么其中一条河流的一部分并入另一条河流。随着时间的推移，这种兼并重组不断进行，最后，地表较高的部分逐步被河流侵蚀削平，河流进入平原区期，河流宽浅、水流缓慢，河网密度较大，水系之间的界限难以分清。如果陆地继续扩大，河流将逐步萎缩甚至消失；如果地壳运动抬升地面形成新的侵蚀基准，河流将进入回春阶段，再次经历幼年期、壮年期和老年期的循环。

四、植被演替与顶级群落理论

（一）植被演替的类型划分

植被，即地表植物组成的整体，又叫植物群落。植物群落并不是静止不动的，而是不断处于动态变化之中。植被的演替是指由于自然或人类活动等外部原因或者群落内部植物生长发育和生态相互作用引起的内部因素变化导致的植物群落的更替现象，即一种群落代替另一种群落的过程。例如，原来没有植物的地方逐渐出现植物并产生结构分化，然后形成具有一定结构和生态功能的群落系统的现象。

植物群落的演替原因有多种，演替的过程也各不相同，按演替完成时间的长度，可分为世纪演替、长期演替和快速演替。世纪演替，即演替时间在百年甚至千年以上的植物群落演替过程，一半是地质历史时期的植物演替过程。长期演替，也就是演替时间比世纪演替短，但仍达数十年的演替。快速演替往往在较短的时间内即可完成，一般几年，短的甚至是一两年。

按演替的起始状况，植物群落演替可分为原生演替和次生演替。原生演替是裸地或者说没有植物群落的地表开始进行的演替过程，原生演替既可以在裸岩、裸土上发生，也可以从水中开始。前者叫陆生原生演替，后者叫水生原生演替。原生演替就是植被的形成过程，是从无到有的演化过程。次生演替是在原来已有植物覆盖的地点因火灾、砍伐等破坏植被后开始的演替。这种演替与原生演替有所不同，土壤中有原有植物落下的种子，以及没有破坏的原有植物根系、茎干，植物的产生和变化有较好的基础，并与原有植被联系紧密，是在原来的基础上开始的一种演变。

按演替的状况与动态趋势，植物群落演替则可分为灾难性演替、发育性演替。灾难性演替也就是导致原植物群落毁灭的比较快速的变化，是在某种自然灾害尤其是地质灾害的影响下导致植物群落出现的演替过程，其演变过程迅速。发育性演替就是植物生长发育过程中逐渐的种类更迭，结构变化。速度相对较慢，是内外部因素共同作用的结果。

按引起植物群落演替的主导因素，演替可以分为内因生态演替和外因生态演替。内因性演替是由植物自身的原因，也就是植物生长发育引起的群落内部生态环境改变，导致群落的组成和结构发生变化，形成新的植物群落的现象。如植物都有一定的寿命，当一个成熟群落的上层乔木因年龄而死亡，则将改变群落的光强分布，导致原来处于上层植物屏蔽的耐阴植物暴露在阳光下因不适应新的环境而死亡，取而代之的是喜阳植物的发育。通过一系列的变故，新的群落在优势植物、植物种群数量、结构等方面都与原来的植物群落不同，这样，原来的群落就演化成新的群落。外部因素是指自然环境如气候、人类活动如伐木等，这些因素也可以引起植物群落的演替。从自然因素看，气候变化是植物演替的最主要原因。闪电引起的火灾也是植物群落演替的重要因素之一。人类因素则自不用说，砍伐、火灾、引种等都是重要的群落演替因素。

按演替基质的性质划分，植物群落演替有水生基质演替和旱生基质演替。水生演替是发生在湖泊、河流等水中的植物群落演替，旱生基质演替就是发生在岩土等干旱地面上的演替。

按演替的意义，可分为进化演替和退化演替。进化演替导致群落的组成越来越丰富、结构越来越复杂、功能越来越完善，是一种优化群落的过程。退化演替则导致群落组成越来越少、结构越来越差、功能越来越简单，最终导致群落逐步消失、灭亡。进化演替可以发生在演替的任何阶段，退化演替一般发生在群落已经基本形成以后，退化演替并无基础。

（二）演替阶段

植物群落的演替具有阶段性，每个阶段的植物组成、结构、外貌都有所区别。

1. 原生演替

（1）原生裸地植物演替

原生演替一般就是植物群落的形成演替，陆生植物群落的演替往往从裸地开始，然后逐步进化到草地、灌丛、森林。植物的种类越来越丰富，结构越来越复杂，系统的稳定性也越来越高。原生陆生演替可以分为五个主要的演替阶段，具体如下：

①裸岩阶段。尚无植物生存，地表为裸露的岩石或土壤。一般由地壳运动导致，也可以是原来有植被覆盖但因人类活动或自然因素导致植被彻底毁灭，土壤中的植物种子大多死亡的情况，也就是原来的植物群落及其影响已经完全不存在的地表情况。

②苔藓植物阶段。耐旱、生存能力极强的苔藓植物是最初侵入裸地的植物种类。苔藓植物能够用根和枝体吸附水分，并能分泌出酸性物质腐蚀岩石，改变岩面，创造适合植物生存的条件。该阶段持续时间一般都较长。

③草本植物阶段。苔藓植物侵入一段时间后，蕨类植物、耐旱的禾本科植物、菊科植物等开始逐步进入，随着草本植物增多，植物生长环境不断得到改善，落叶促使土壤开始形成腐殖层和一定的有机物质，土壤的储水保水功能也进一步提高，为木本植物的生长创造了基本条件。

④木本植物阶段。到草本植物阶段后期，一些阳生性先行的灌木在草本中生长发育，并逐步扩散，数量不断增多。然后，乔木也开始生长发育。随着林木的不断增加，群落内部环境发生改变，乔木下层阳性植物逐步消失，耐阴植物逐步成为林下主要物种。最后，乔木开始分层，植物群落形成。随着生态环境的不断改变，植物之间的联系与相互作用不断发展，植物群落的

组成、结构、外貌逐步完善和稳定。

(2)原生水生演替

根据克列门茨的研究成果,淡水中植物群落的演替阶段如下:

①沉水植物阶段:在水深5～7米以上地带,常有众多沉水植物,如黑藻、眼子菜等,这些植物死亡后沉于水底,使水底抬高,水深变浅,使原来生活的植物不能适应,从而被适合于浅水生活的植物取代。

②浮水植物阶段:在水深2～3米的地带,出现浮水植物,如莲、菱等,它们的根系发育很快,且具有迅速沉积泥沙的能力。故一段时间后,水体变得更浅,浮水植物就不能生存,进入下一阶段。

③挺水植物阶段:在水深1米左右时,挺水植物如芦苇、香蒲、泽泻等大量繁殖,根茎极为发育,常纠缠交接,使水底迅速垫高。

④沼泽植物阶段:当水底露出地面时,挺水植物不能生存,沼泽植物大量出现。随着植物残体的堆积,地面越来越高,加之蒸发作用,地面逐渐变干,沼泽植物也退出历史舞台。

⑤木本植物阶段:最初出现的是耐水淹的灌木、乔木,如杨、柳等。经过一定时间,中生植物出现并逐步稳定下来。

2.次生演替

当原来的植物群落受到破坏后,在原来生长植物的土地上便可发生次生演替。次生演替在过程和时间上与原生演替有巨大区别。首先,演替发生的基础不同,主要是次生演替的土壤、物种种源不同,次生演替具有较好的土壤环境,土壤中腐殖质较多,能够保证植物生长发育所需的营养物质;同时,原来植被中可能植物根系还未死亡,土壤植物种子较多,只要条件许可,即可萌发。其次,次生演替的时间较短,一般来说,与原生演替需要几十年甚至上百年才能完成演替过程相比,次生演替往往只需几年或十几年即可完成演替。第三,次生演替阶段较少,一般直接进入草本和木本阶段。

值得注意的是,并不是所有植物群落都能发生次生演替。很多时候,植物群落的演替是不可逆的,正向的次生演替难以发生,反而是退化演替开始占据主导地位,从而导致该地块的环境不能恢复到过去的样子。

(三)顶级群落理论

克列门茨认为,演替不是从水生向陆生就是从旱生向中生群落的发展。每一个演替系列都由先锋阶段经过不同的演替,到达中生状态的最终演替阶段,称为顶级群落(Climax)。这时,不论群落的结构或群落与气候之间的均衡状态都能达到稳定。顶级群落是一个大气候区域内植被发展的顶点,只要气候不发生变化,群落将长期保持此稳定状态不变。如亚热带湿润地区,顶级群落是常绿阔叶林,当环境不受到大的破坏,植物群落都将逐步演化到常绿阔叶林阶段,并长期保持不变。

后来,顶级又被细分为气候顶级和土壤顶级、地形顶级等"多元顶级"。

群落的稳定是相对的,顶级也是相对的。植物群落总是处于运动——静止——运动的变化之中。顶级群落理论为人类认识环境的演替提供了新的思路。

(四)植物群落的逆向演替

前述植物群落的演替属于正向演替,即植物群落从无到有、从简单到复杂的演替过程,但并不是所有的植物群落都会正向演替至顶级群落，有时候，由于人类活动或自然地理环境因素的变化，植物群落演替会出现逆向演替，或者叫退化。

逆向演替发生在植物群落演替的某个阶段，一般发生在比较成熟的群落，但有时刚开始出现的群落也会逆向演替，出现退化。引起植物群落逆向演替的因素很多，从自然方面看，气候是主要因素，气候变化引起的逆向演替是最重要的形式。比如，冷暖变化将导致植物群落原来前进的方向发生逆转。从冷期转向暖期，植物生长活跃，群落中耐寒植物逐步被喜热植物取代，植物种类、数量增多，结构趋向复杂，正向演替的可能性大；反之，植物群落将逐步退化，原来喜热的植物逐步消失，耐寒植物得以繁盛，群落的总体结构简单化。

地质灾害等也可引起植物群落的逆向演替。如火山喷发，滑坡、泥石流等都可以终止植物群落的演替进程，导致演替方向逆转。

第三节　自然地理系统的未来变化

自然地理系统的未来变化受多种因素影响，变化的趋势十分复杂。截至目前，虽有众多研究成果，但都属于推测性的，都具有不确定性。本节将简单介绍对未来变化预测的相关研究成果。

一、岩石圈的变化

根据板块构造学说已有的研究，地球岩石圈的未来变化的主要趋势与目前的板块构造格局相关，是目前板块运动趋势的延续。主要的可能变化如下：

(1)印度板块继续北移，导致青藏高原继续抬升。根据相关监测和研究，印度板块正以 50 $mm \cdot a^{-1}$的速度向北运动，澳大利亚板块以 50 $mm \cdot a^{-1}$的速度向东北方向运动。据此有人预测青藏高原将越升越高。据印度学者乔杜里的意见，按目前的速度，5 000 万年之内，印度的北方邦和比哈尔邦将推进到喜马拉雅山底；澳大利亚板块可能与亚欧大陆靠在一起。也有人预测，澳大利亚、日本、巽他群岛、新几内亚，以及新西兰将连成一片，形成一个长达 10 000 km 的雄伟山脉(张润祥 1989)。但我国学者边千韬教授等则认为“这种作用仍在继续，但同时从下地壳一直到地幔上部也在同时产生东西拉张的力量，在这种拉张力量的作用下，喜马拉雅山在几百万年后可能会下降。”

(2)东非大裂谷逐渐扩张，导致非洲板块分离，地中海逐步缩小直至消亡。由于非洲大裂谷为扩张性板块边缘，因此，非洲可能沿着大裂谷向两侧扩张并逐步解体，西非洲向西北移动，使地中海渐趋消灭，东非将向东北方向漂移。东非大裂谷进一步扩大，引进海水，红海将逐步形成一个新的大洋。

(3)亚欧板块向东，美洲板块向西漂移，大西洋将进一步扩大，太平洋将不断缩小。

二、大气圈及全球气候变化

二氧化碳、甲烷等温室气体的增加是有人类以来，尤其是工业革命以来，大气成分变化的显著特征，这一趋势在未来有继续延续的可能。

工业革命以来，人类砍伐森林，大量使用化石燃料等已释放了巨量的二氧化碳，导致温室效应明显，全球气温逐渐增加，20世纪以来，全球气温增加了0.3～0.6℃，并将延续下去。

由于气候变化十分复杂，未来全球气候变化究竟如何，需要更加深入的研究，才能得出科学结论。世界气候变化成为国际学术界研究的重要领域。1979年，在日内瓦召开了第一次全球气候变化研究国际会议，形成了世界气候研究计划（WCRP），接下来国际地圈生物圈计划（IGBP）（1982年）、全球变化人文因素计划（IHDP）（1986年）和生物多样性计划（DIVERSITAS）（1992年）相继启动，全球气候的变化相关研究逐步展开。学术界对全球气候变化的未来趋势进行了长期、激烈的争论，但观点至今尚未统一。不过从总体上看，大多数学者和国际社会都高度认同全球气候将逐步变暖，并导致更多的气候异常和自然灾害。

根据《气候变化2007：自然科学基础》对未来气候变化的预估结果，21世纪末全球平均地表气温可能升高1.1～6.4℃，全球平均海平面上升0.18～0.59 m。预计陆地上和北半球高纬地区的增暖最为显著，而南大洋和北大西洋的变暖最弱。北极和南极的海冰会退缩，北极暮夏的海冰甚至可能完全消融。热浪和强降水事件的发生频率很可能将会持续上升，热带气旋（台风或飓风）的强度可能会更强。热带以外的风暴路径会向极地方向移动，引起热带外地区风、降水和温度场的变化，高纬地区的降水量很可能增多，而多数副热带大陆地区的降水量可能有所减少。由于各种气候过程、反馈与时间尺度有关，即使温室气体浓度趋于稳定，由于清除二氧化碳气体所需的时间尺度，过去和未来的人为二氧化碳排放将使全球增暖和海平面上升仍会持续数个世纪，延续到千年以上。

与全球变暖关系密切的一些极端事件，如厄尔尼诺、干旱、洪水、热浪、雪崩和风暴、沙尘暴，森林火灾等，其发生频率和强度都可能增加。如干旱发生频率和强度的增加，将加重草地土壤侵蚀，因而将增大荒漠化或沙漠化的趋势。

全球变暖背景下，未来中国的气温也将升高，相关研究估计，到2020年，我国年平均气温将增高1.3～2.1℃，2030年为1.5～2.8℃，2050年2.3～3.3℃，2100年3.9～6.0℃。降水也可能呈增加趋势：预计到2020年，全国平均年降水将增加2%～3%，到2050年将增加5%～7%，到2100年将增加11%～17%。旱涝等灾害性天气发生频率可能增大，干旱区范围可能扩大。

三、水圈的变化

1.地表径流将发生变化

对于全球变暖后地表径流的变化，现在比较一致的预测是：到2050年，全球年平均径流变化是高纬和东南亚径流增加，中亚、地中海沿岸、非洲南部、澳大利亚等呈减少趋势。对我国而言，长江、珠江等七大流域天然年径流量整体上呈减少趋势，其中，长江及其以南地区年径流量变幅可能较小；淮河及其以北地区变幅最大，以辽河流域增幅最大，黄河上游次之，松花江最小。气候变暖后，我国各流域年平均蒸发量将增大，其中黄河及内陆河地区可能增大15%左右。

2.湖泊缩减，冰川融化、海平面上升

（1）湖泊水位变化

以我国青海湖为例，气候变化可能是导致其水位下降和湖面萎缩的重要原因。青海湖水位在15—19世纪的近500年间尽管存在较大的升降波动，但近百年，特别是20世纪20年代以来，仅在1908—1986年间就下降了约11 m，湖面缩小了676 km^2，面积呈快速缩减趋势。有实测记录以来,1957—1986 年间下降了 2～3 m,湖面缩小了 264 km^2。另外,20 世纪 50 年代以来,各大湖泊水量基本上处于入不敷出的状态,湖泊均向萎缩方向发展。

(2)冰川融化

随着全球进一步增暖,山地冰川将继续融化、后退萎缩。根据小冰期以来冰川退缩的规律和未来夏季气温和降水量变化的预测,到 2050 年,我国西部冰川面积将减少 27.2%,折合冰量约 16 184 km^3,其中,海洋性冰川减少最显著,为 52.5%,6 925 km^3。冰川平衡线高度将分别上升 238 m、168 m 和 138 m。未来 50 年,西部地区冰川融水总量将处于增加状态,天山与河西走廊最大融水径流预计出现在 21 世纪初期,柴达木及青藏高原的内陆河流域冰川融水高峰预计出现在 2030—2050 年,塔里木盆地周围高山冰川 2050 年前径流增加量可达 25%左右。随着全球进一步增暖,冻土面积继续缩小。未来 50 年,青藏高原多年冻土空间分布格局将发生较大变化,80%～90%的岛状冻土将发生退化,季节融化深度增加。表层冻土面积将减少 10%～15%,冻土下界抬升 150～250 m,高山季节性积雪量将较大幅度减少,积雪年际变率显著增大。到 2050 年,冬季气温将升高 1～2℃。随着降雪量缓慢增加,青藏高原和新疆、内蒙古稳定积雪区积雪深度将分别以 2.3%和 0.2%的速度缓慢增加。同时,雪深年振幅将显著增大,大雪年和枯雪年的出现更为频繁。到 2100 年,大范围积雪将可能于 3 月份提前消失,春旱加剧,融雪对河川径流的调节作用将大大减小。

(3)海平面上升

1900 年以来,全球变暖使海平面上升了 10～20 cm。海平面上升将会影响珊瑚礁、珊瑚岛、礁岛、盐沼以及红树林等海岸带生态系统和海洋生物资源。实测资料显示,我国海平面近 50 年呈明显上升趋势,上升的平均速率为每年 2.6 mm,近几年上升速率加快。据专家预测,我国未来海平面还将继续上升。

3.水资源的供需状况将恶化

随着径流减少,蒸发增大,全球变暖将加剧水资源的不稳定性与供需矛盾。尽管由气候变化引起的缺水量小于人口增长及经济发展引起的缺水量,但在干旱年份,气候变化引起的缺水量将大大加剧我国华北地区的供水状况。预计在 2010—2030 年,西部地区缺水量约为 200 亿 m^3,2050 年将缺水 100 亿 m^3。而且西部地区由于缺乏供水工程等水利设施,水资源系统对气候变化的脆弱性影响较大。

4.旱涝灾害频率将加大

全球变暖可能增强全球水文循环,使全球平均降水量趋于增加,但降水变率可能随之增加,这意味着未来旱涝等灾害的出现频率会大大增加。2009—2010 年冬春,我国西南地区出现百年一遇的特大干旱,正是这种情况的典型反映。

5.水质将恶化

全球变暖后,一些地区由于蒸发量加大,河水流量趋于减少,可能会加重河流原有的污染程度,特别是在枯水季节。同时,河水温度的上升,也会促进河流里污染物沉积、废弃物分解,进而使水质下降。

四、生物圈的变化

一般来说,生物圈的自然变化是比较缓慢的。从过去生物演化的历程看,生物总是从低级向高级、从简单到复杂、从少到多演化,但由于地理环境系统中往往有某些因素会突然变化,因此，生物圈也会受此影响而发生剧烈变化。在没有人类之前，生物群的演化受制于气候变化，有人类以后，生物圈的变化更多地受到人类活动的影响。生物圈未来变化与人类活动等有关，由于人类大量砍伐森林、开垦耕地、修建城市，导致气候等生物生存环境发生了巨大变化，因此，生物大量灭绝的可能性极大地增加。

全球变暖将对植被的水平及垂直分布、面积、结构及生产力等产生很大影响。气候变化将改变植被的组成、结构及生物量，使森林分布格局发生变化，生物多样性减少等。

(1)森林面积不断缩小的趋势有望得到扭转

联合国粮农组织《2010 年全球森林资源评估》调查结果显示，在 2000—2010 年期间，全球每年有大约 1 300 万 hm^2 森林被转作它用或因自然原因消失，与此相比，上个世纪 90 年代为 1 600 万 hm^2。在 20 世纪 90 年代，当地森林面积一度减少了 3000 平方英里①，但自从 2000 年后，亚洲反而新增了大约 4000 平方英里的森林资源，大大减缓了地球上森林面积减少的速度。上世纪 90 年代森林面积损失最大的巴西和印度尼西亚，情况已经明显好转。此外，诸如中国、印度、美国和越南等国家的植树造林计划，加之一些区域的森林自然扩展，每年新增林地面积超过 700 万 hm^2。因此，在 2000—2010 年，每年森林面积的净损失从上个世纪 90 年代的 830 万 hm^2 下降到 520 万 hm^2。

1990 年以来，国家公园、荒野地区和其他依法设立的保护区内的森林面积已经增长超过 9 400万 hm^2，现在占森林总面积的 13%。2000 年以来，76 个国家公布或更新了它们的森林政策。2005 年以来，69 个(主要是欧洲和非洲)国家已颁布或修订了各自的森林法，加强了对森林的保护和管理。

因此，根据目前的趋势和各国对森林的重视程度，可以预见，未来世界森林面积有望逐步增加。

(2)生物物种将不断灭亡

根据法国《科学与未来》杂志转载的数据，2000 年，全世界濒危动植物已经达到 19 540 种，其中动物 5 423 种，植物 5 531 种。以动物为例，全世界将近 24%的哺乳动物、12%的鸟类、25%的爬行类、20%的两栖类和 30%的鱼类都面临灭绝的危险。

世界上已知的 1 万种淡水鱼中，在最近的几十年已有 20%的鱼种消失或处于将要灭绝的危险之中。

科学家们在对全球 6 个生物物种最丰富的地区进行了两年的研究后得出惊人结论：由于全球气候变暖，在未来 50 年中，陆地上四分之一的动物和植物将遭到灭顶之灾。他们预计，2050 年，地球上将有 100 万个物种灭绝。在南非主要生物保护区内，受保护的 60%的生物物种有灭绝的危险。研究显示，在占巴西总面积五分之一的巴西中西部热带草原地区的 163 种树木中，将有 70%以上的树种灭绝，其中很多植物是该地区特有的稀有品种。科学家们预计，在该地 1 700 到 2 100 个植物物种中，39%到 48%的物种将在未来 50 年内消失。

目前，全世界每天有 75 个物种灭绝，每小时有 3 个物种灭绝。

IUCN(国际自然与自然资源保护联盟)主席阿希姆·施泰涅尔表示，物种的实际灭绝速度几乎是先前估计的 1 000 倍，而且这种状况还在加剧。他警告称，如果现在仍不赶快采取有效措施，再过 50 年将会有超过 30%的现存动植物品种彻底从地球上消失。

---

①　1 英里＝1.609344 千米——编辑注

五、土地退化

土地退化是指土地在不当利用或自然原因影响下，质量逐步下降，组成和结构趋于简单的过程。土地退化主要表现为荒漠化、盐碱化等，其中尤以土地荒漠化最具代表性，其危害也最大。

(1)土地荒漠化

土地荒漠化包括半干旱、干旱地区的土地沙化和湿润山区的土地石漠化。据联合国粮农组织统计，全球荒漠化(沙化)土地面积有 3 600 万 km^2，占全球陆地面积的四分之一，相当于俄罗斯、加拿大、中国和美国国土的总和，并以每年 500 万～700 万 hm^2 的速度扩大。亚洲、非洲和拉丁美洲是沙漠化最严重地区，大约已有 8.7 亿 hm^2 耕地沙漠化。目前全球已有 110 多个国家、40%以上的陆地表面、10 亿以上的人口受到荒漠化的影响。土地荒漠化每年给全球造成约 420 亿美元的经济损失。土地沙化的主要原因是土地的不当利用。荒漠边缘本来气候十分干燥，不适宜于耕种，但人类却大量开荒种地，从而导致地表物质松动，由于蒸发量大，土壤水分大量散失，土地越来越干燥，进而逐步退化为沙漠。我国西北地区土地沙化现象十分普遍，据国家林业局提供的数据，2002 年全国沙漠化土地面积达到 1.6 亿 hm^2，占国土面积的 18.2%，受沙漠化影响的人口达 4 亿人。沙化土地从上世纪 50 年代每年扩大 1.5 万 hm^2，发展到目前每年扩展速度达到 34.36 万 hm^2。从荒漠化程度来看，轻度占 20%，中度占 33%，重度占 21%，极重度占 26%。

基于严重的荒漠化及其影响，1994 年，联合国《荒漠化防治公约》签署后，全球尤其是中国等荒漠化比较严重的国家实施了一系列阻拦土地沙化的措施，土地沙漠化速度有望得到缓减。如中国在土地荒漠化的边缘实施了著名的“三北防护林带”工程，对遏制沙漠的侵扰产生了积极影响。但由于气候变化等因素的影响，土地沙漠化的过程还将持续一定时期。

(2)土壤侵蚀

全球土壤侵蚀也十分严重，严重的导致土地石漠化。据统计，全球每年约流失土壤 250 亿 t，耕地土壤的损失速度约为 10～100 $mm \cdot a^{-1}$，至少超过成土速度的 10 倍，其中，中国和印度总量最大。目前就连极少受土壤侵蚀影响的英国等也出现严重的侵蚀现象，约有 94%的耕地受到土壤侵蚀的威胁。由于土地退化，全球每年要损失至少 260 亿美元。

我国土壤侵蚀十分严重，分布范围广泛。根据《2004 年中国水土保持公报》，2004 年，全国土壤侵蚀量达 16.22 亿 t，其中尤以长江、黄河的土壤侵蚀量最多，分别达到 9.32 亿 t 和 4.91 亿 t。根据第三次土壤侵蚀遥感普查资料，我国土壤侵蚀面积为 161 万 km^2，水土流失分布很广，现有严重水土流失县 646 个。其中东部相对较轻，土壤侵蚀面积相对较少，约 9.11 万 km^2，占全国土壤侵蚀面积的 5.6%；中部较多，土壤侵蚀面积约 33.48 万 km^2，占全国土壤侵蚀面积的 20.8%；西部地区比例最大，土壤侵蚀面积 118.63 万 km^2，占全国土壤侵蚀面积的 73.6%。全国土壤平均侵蚀模数约为 2 800 $t \cdot km^{-2} \cdot a^{-1}$，土壤侵蚀强度远远大于容许土壤流失量。黄土高原是我国土壤侵蚀最严重的区域，侵蚀模数≥5 000 $t \cdot km^{-2} \cdot a^{-1}$，侵蚀模数≥15 000 $t \cdot km^{-2} \cdot a^{-1}$的面积达 3.67 万 km^2；部分区域侵蚀模数甚至超过 30 000 $t \cdot km^{-2} \cdot a^{-1}$(郑粉莉等 2008)。

由于水土流失导致我国南方岩溶地区石漠化十分严重。据调查，1987—1999 年，我国西南地区石漠化面积从 8.3 万 km^2 增加到 10.51 万 km^2。其中，贵州石漠化面积约 5 万 km^2，约占全省总面积的28%，且每年以900 km^2 的速度递增，全省89个县市中有74个有石漠化，经过治理，目前仍有3.75万 km^2，占全省国土面积的21.34%(熊康宁 2008)。严重石漠化地区面积已达13 187 km^2 云南、贵州、四川、广西、湖北、湖南、重庆、广东8省区中，石漠化面积大于1 000 km^2 的县有20个，大于500 km^2 的县有74个。短期内有石漠化趋势的面积有仍43 707 km^2。

第七章 自然地理系统与人类活动

人类与环境之间的相互作用、相互影响的关系统称为人地关系，即人与自然环境的关系。人地关系既是十分古老的命题，也是现代社会面临的新课题。实际上，自有人类社会以来，人类与自然之间就存在着十分密切、不可分割的联系。人类的出现是自然界生物进化的结果，人类是地球生态系统的有机组成部分，这是人类的自然属性。同时，人类又不同于普通动物，人类具有高级智慧，能够创造工具，具有其他生物难以匹敌的对自然界的深刻影响能力。很显然，人地关系包括自然环境对人类的影响与制约，以及人类社会对自然地理过程和面貌的影响与破坏两个方面。开展人地关系研究，弄清人类在自然地理系统演化中的作用与地位，调控人类活动，是解决人地矛盾的基本途径。

第一节 自然地理环境对人类活动的约束与影响

一、自然资源对人类活动的约束与影响

（一）自然资源的概念及分类

1. 自然资源的概念

广义的自然资源是指存在于自然界的、人类赖以生存和发展的自然物质和能量，既包括人类经济社会所必需的具有稀缺性和经济价值的经济资源，又包括一般的自然物质和能量。狭义的自然资源主要指经济资源，具有数量上的稀缺性。

2. 自然资源的分类

按物质组成，可将自然资源分为矿产、水、生物、土地、气候资源。矿产资源主要存在于地壳之中，包括各种金属、非金属和化石能源；水资源存在于陆地、海洋和大气之中，包括水资源和水能资源；生物资源主要存在于陆地和海洋之中，包括动物、植物和微生物；土地资源存在于地球表层，包括空间位置资源和土壤资源；气候资源既包括光、热、水、气等物质资源和能量资源，也包括它们在运动中形成的气候现象和气候条件。

按存在空间，可将自然资源分为陆地资源和海洋资源。陆地资源包括位于陆地表面及其地下的多种物质与能量，如矿产、生物、气候、土地等资源。海洋资源主要是存在于海洋之中的矿产、生物、化学物质，以及潮汐等海洋能源。随着人类的过度开发，陆地资源逐步走向枯竭。而与此同时，海洋资源的开发逐步深化，在自然资源中的地位逐步提高。

按增殖能力，可将自然资源分为再生资源、可更新资源和不可再生资源。可再生资源指不

会因使用而发生数量上的减少的资源，如太阳辐射、风、水力、潮汐等。可更新资源指在较短时间内即可再生，或是可以循环使用的资源，多数情况下指生物资源。不可再生资源指在人类历史时期，用完了就不能再生的资源，主要指矿产资源。这三类的划分是相对的，不具绝对性。

3. 自然资源的特征

(1)有使用价值

资源的使用价值是资源对人类的需求而言的有用功能，也就是资源的用处。自然资源的使用价值具有隐蔽性，并与人类科学技术的进步有关，以前不是资源的，现已成为重要资源，现在不是资源的，会随着人类经济技术的进步，成为今后重要的资源。

(2)多用途性和可替代性

一种自然资源通常有两种以上的用途，且可以替代某种或某些其他资源。例如水资源可用于饮用、发电、养鱼、灌溉等，具有多种用途，但是相对于其中某种功能，例如发电，其他如煤炭资源也具有该项功能，因而可以互相替代。

(3)具有分布的空间差异性

地球上的资源分布都是不均匀的，具有明显的空间差异性。

可再生资源受纬度位置和海陆位置等多种因素的影响，分布具有地带性规律，所以是不均衡的，如南北方就存在差异。地表上构成自然环境的各要素，对自然资源的形成有巨大影响和制约作用。因为各种自然要素，如气候、植被、土地、河流的分布具有规律性，所以自然资源的分布也具有一定的规律性。

不可再生资源的分布也具有空间差异性。从地质规律来看，世界地热资源主要分布在板块构造的边缘地带，有色金属主要分布在有大规模岩浆活动的岩浆岩分布地区，煤和石油主要分布在沉降地带。即不可再生资源的形成受地质成矿规律制约，分布的不均衡性受地质条件决定。因为各种自然资源的分布既不均衡，又服从于一定规律，所以在资源的利用上应注意扬长避短，发挥地区优势。

表 7-1　世界主要不可再生资源分布差异(宋学庆，陆峻 2003)

矿种	2001 年区域分布(主要生产国及其储量在世界总储量中所占比例(%))
铁	俄罗斯 17，中国 17，乌克兰 16，澳大利亚 13，其他国家 37
铬铁矿	南非 84，哈萨克斯坦 9，津巴布韦 4，芬兰 1，印度 1，其他国家 1
锰	南非 54，乌克兰 21，中国 6，印度 5，其他国家 14
钛	澳大利亚 32，南非 18，挪威 12，加拿大、印度各 9%，美国 4，乌克兰 2，其他国家 14
矾	俄罗斯 50，南非 30，中国 20
铜	智利 25，美国 13，波兰、俄罗斯、秘鲁、印尼各 6，中国 5，墨西哥、哈萨克斯坦、赞比亚各 4%，其他 27
铅	澳大利亚 23，中国、美国各 14，秘鲁、南非、哈萨克斯坦、加拿大各 3，墨西哥 2，其他 35%
锌	中国 18，澳大利亚 17，美国 13，加拿大 6，秘鲁 4，墨西哥 3，其他 39
镍	澳大利亚 35，加拿大、俄罗斯各 11，古巴 10，新喀里多尼亚 8，中国、印尼各 6，南非 4，其他 9
锑	中国 43，俄罗斯 17，南非 11，吉尔吉斯斯坦 6，美国 4，塔吉克斯坦 2，其他 2

续表

矿种	2001年区域分布(主要生产国及其储量在世界总储量中所占比例(%))
铝	几内亚32,巴西、澳大利亚各16,牙买加8,印度、中国、圭亚那各3,苏里南2,委内瑞拉、俄罗斯各1,其他15
镁	俄罗斯35,朝鲜24,土耳其4,巴西3,中国、希腊各2,其他30
锂	智利56,中国37,加拿大、澳大利亚各3,美国1
钨	中国38,加拿大、俄罗斯各13,美国7,韩国、玻利维亚各3,泰国2,其他21
钼	美国48,智利20,中国9,加拿大8,俄罗斯4,哈萨克斯坦、墨西哥2,其他4
锡	中国31,马来西亚17,印尼12,秘鲁10,巴西8,玻利维亚7,泰国5,俄罗斯4,澳大利亚3,葡萄牙1,其他2
金	南非37,美国11,澳大利亚10,俄罗斯6,印尼4,加拿大3,中国2,其他17

(4)数量上的有限性

占全球淡水总储量的68.7%为冰川冰,而且主要分布在南极洲和格陵兰岛,目前人类还不能加以利用。人类目前比较容易利用的淡水资源只有河水、淡水湖泊水、浅层地下水,它们仅占全球淡水总储量的0.3%。

18世纪由于蒸汽机的使用,人类从水利时代进入到煤炭时代,20世纪50年代以后,人类又进入石油时代。随着太阳能的利用,温室和利用太阳能取暖、太阳能发电开始出现。

无论是一个地区还是全球,自然资源的数量都是有限的。但是数量的有限性又是以一定的时间、空间范围和一定的技术条件为前提的,对可再生资源来说,从长远和总体上讲是取之不尽、用之不竭的,但是一定的时空范围内,其数量则是可计量的、有限的。我们今后的重要任务就是要充分合理利用有限的自然资源,提高资源的利用率,扩大它的生产潜力,还要不断发现新的品种,开拓新的领域。

(5)动态性

自然资源的种类、数量都会随着时间的变化而变化。总的说来,随着人类科学技术的进步,资源种类是被不断增加的,但资源的数量却又是不断减少的。联合国环境规划署报告称,有史以来全球森林已减少了一半,主要原因是人类活动。

(6)自然、社会双重性

自然资源作为自然界的有机组成部分,具有自然属性;但它也是人类生存和发展的基础,大部分参与到人类社会经济系统,因而具有自然和社会双重性。

(7)不可缺性

自然资源是人类社会生存和发展的基础,没有自然资源,人类将无法生存,其他一切资源也无从依附,一切社会经济活动也将无从进行。

(8)整体性

自然资源并不是孤立地存在于自然界的,而是相互影响、相互制约,在功能上互相耦合形成一个整体。

(二)自然资源对人类活动的影响与约束

1.土地资源的约束

土地资源是人类最基本、最重要、最宝贵的资源，是资源之母。首先，“万物土中生”，土地是农业之本，万物之源，没有土地资源或土地资源不足将导致食物和棉花、油料等农产品的短缺，对人类的生存和发展构成巨大威胁。土地质量的好坏，数量的多少是衡量一个国家和地区国力的重要方面。土地资源对人类的约束和影响巨大。人类首先在土地肥沃的区域繁衍生存，然后才逐步扩散到其他区域，中国黄河流域、印度恒河流域和中亚的两河流域在历史上都是土地极为肥沃的地区，繁衍了世界三大文明。直到今天，肥沃的土地仍然是发展的基础和重要条件。很显然，由于世界各地土地类型、质量和数量不同，因此，能够承载的人口和经济也不同，制约了人类的社会经济活动，导致了人口分布、生产力水平和社会经济发展的空间差异。许多地区，如荒芜的沙漠，海拔较高、起伏巨大的山脉，由于土地质量较差，生产能力低，人类难以在此定居发展，成为荒无人烟的不毛之地；有的则土地肥沃，沃野千里，如广阔的河流三角洲平原，人口稠密，经济兴旺。

其次，土地资源是重要经济载体，人类的各种建筑物必须建立在土地之上，没有土地支撑，城市、道路、工厂等一切建筑都无从布局和安排。因此，土地资源对人类活动的制约非常大。随着世界人口的不断增长和城市化水平的快速发展，土地资源越来越短缺，用地紧张逐步扩展到世界各地，尤其是中国等人多地少的国家，土地资源十分短缺，供需矛盾突出，并严重制约了社会经济发展：(1)土地价格不断上涨，导致固定资产投资加大，生产总成本提高，增加了社会负担。(2)耕地面积不断减少，威胁到人类的粮食安全。由于工业、城市等土地投入产出远比农业用地高，在利益驱动下，耕地等农用地转化为工业用地和城镇用地的趋势不可遏制，因此，必然导致耕地等农业用地的不断减少，在农业生产技术没有显著提高的情况下，粮食等农产品的数量难以增加，如果人口增长速度快于粮食增长速度，那么，粮食危机就将出现。(3)由于土地稀缺，人类食物等需求又大，因此，导致了对土地资源的过度利用，引起各种生态问题。如陡坡开荒，引起水土流失；抽取地下水浇水灌溉引起土地盐碱化，毁林开荒、毁草开垦导致土地荒漠化等。

2.水资源的约束

水(淡水)是人类最重要的生命物质，也是重要的自然资源。水的质量好坏、数量多少，对生活、生产都将产生重大影响。没有水，人类无法生存。因此，水的空间分布格局影响和制约了人口的分布格局。

水资源对人类活动的影响首先体现在“饮用”方面，人类的祖先寻找水源，“逐水草而居”，水源丰富、取水方便的地方往往就是人类活跃的地方，也是人口密集之所。目前这一格局也未打破。

其次，水是农业生产的关键。农业生产用水量很大，水资源丰富，灌溉方便之处往往是农业生产比较发达的地方，古代如此，现代亦然。缺水的地方农业生产往往比较薄弱。目前，很多国家和地区农业增产都是通过改善灌溉条件而获得，如我国华北地区。大量水资源的消耗，虽然获得粮食等的增产，但也破坏了地下水平衡，同时还会出现盐碱化等土地退化现象，长期看，并不具有可持续性。同时，水资源还对农业生产的类型产生了影响，如缺水地区只能种植耐旱作物，有水的地方才能种植水稻等作物，水对农业生产和作物分布有较大制约。

再次，水是工业的基本生产资料，对工业布局等也有影响和约束。相比于农业，工业生产用水数量要少得多，但水也是工业生产不可缺少的生产资料。冶金、锻造等工业生产中要用水作为冷却剂，耗水量较大。火电等产业则需要用水作为媒介(通过制造水蒸气)来发电。造纸、皮革等化工行业也不可缺少水。水又是食品、饮料等行业重要的原料。

总之,充足、清洁的淡水资源是人类生存发展的基础。然而,由于水污染日益严重、气候变化不断加剧等,缺水问题已经越来越严重,甚至威胁到了国家安全。据《联合国世界水资源开发报告》第一版(执行摘要),世界上有 80 个国家约 15 亿人口面临淡水不足,其中 43 个国家的近 7 亿人生活在缺水状态中。联合国教科文组织的统计显示,全球还有 20%的人至今没有享受到洁净的饮用水,40%的人由于缺水得不到最基本的卫生保障。

3.矿产资源的约束

矿产资源是近现代社会最重要的经济资源,是经济发展的动力和加速器。矿产资源包括金属、非金属矿产,金属矿产又包括黑色金属、有色金属,是采掘、冶金工业的基础,而金属制品是现代社会必不可少的物资。非金属矿包括沙石、水泥等建筑材料,以及磷矿、钾盐、金刚石、石墨、硫、硫铁矿、水晶、刚玉、滑石、石棉、云母、长石等化工材料。

矿产资源不是生存资源,对人类的影响与约束远远比土地、水等资源要小,发生作用的时间也短得多。但在近现代,矿产作为最重要的经济资源,对人类活动,尤其是经济活动的影响越来越大,甚至已经上升到国家安全的程度。重要的矿产资源种类是否齐全、数量是否丰富,对于一个地区和一个国家来说都十分重要。铁、铜、铝等重要资源的不足,对于一个国家或地区的国民经济都是十分严重的制约和影响。世界资源分布极不均衡,拥有比较丰富资源的国家和地区,资源保障能力强,经济发展后劲足,而且作为资源的拥有者,还可以通过贸易获取巨大国民收入,甚至影响和控制其他国家和地区的经济发展。而资源比较短缺的国家和地区,资源保障能力弱,经济受制于人的可能性较大。资源价格的波动对经济影响巨大,资源短缺的国家和地区经济的稳定性将受到较大的影响、制约。

许多矿产资源数量十分稀少,这些资源除了具有重要经济意义外,还具有重要战略意义,对国家安全和世界政治经济格局都有影响。如铀矿、稀土矿等矿产资源,其影响远远超出经济范畴。铀矿是核燃料的来源,许多国家限制其贸易,有无铀矿对于核工业具有重大影响。锗、镓、铟等许多稀土矿产资源用途也非常广泛,从手机到电脑、从混合动力车到巡航导弹,几乎所有现代化设备都使用稀土元素,而这些在国家战略中十分重要,其影响也远远超出经济范畴。

矿产资源的分布,影响和决定了采掘和冶金等工业的布局,也影响了交通、城镇的兴衰和人口分布。一般来说,矿产资源富集之地,往往可以发展相应的采掘、冶金工业,以及建材和化学工业,并成为支柱产业,相应地,服务于矿山、支柱产业的辅助产业、交通运输业和服务业等第三产业也会兴起,同时还将带动农业的发展,从而构成以资源为基础的产业结构和经济体系。人口在资源开发的吸引下向资源富集地集中,除了大量的产业工人外,还有服务业和农业人口,从而导致人口集中并发展起资源型城市(镇)。世界上最早形成工业城市的往往是矿产资源比较丰富的地区。当然,资源型城市的兴衰受资源储量的重大影响,当矿产资源逐步衰竭后,吸引人口、经济的因素逐步消失,如果不进行有效转型,将导致资源型城市衰退,甚至难以为继,最终消失。

从我国来看,矿产资源对社会经济的影响范围广、程度大。现阶段我国 95%以上的能源、80%以上的工业原料、70%以上的农业生产资料来源于矿产资源,30%以上的农业用水和饮用水来自属于矿产资源范畴的地下水。我国矿业从业人员 900 多万人,矿业产值 4 542 亿元,矿业占工业产值的 6.61%。但是,由于矿产资源分布不均,我国矿产资源严重不足,尤其是重要的铁、铜等严重短缺,需要大量进口才能满足社会经济的需要。而拥有这类矿产资源的国家,如澳大利亚、巴西、赞比亚等，则借此对我国实行“经济讹诈”，不断抬高矿产品价格，绑架我国企业，迫使我国不得不花费更多的代价，确保生产和经济的正常运行，从而影响了社会经济运行，甚至国家的经济安全。

4.能源约束

能源包括煤、石油、天然气等化石能源，还有核能、太阳能、水能、风能和生物能源。目前，使用最多的仍然是煤炭、石油、天然气等化石能源，以及水能。其他能源的使用范围和程度十分有限。

能源对人类活动的制约与影响很大，具有十分重要的战略意义。在现代社会，能源对社会经济的作用和意义不亚于粮食对于人的生存意义。人类社会的早期，能源主要局限于柴草(传统意义的生物能源)，对人类社会经济活动影响不大，随着工业革命后现代工业的诞生，能源成为工业和现代社会的命根，没有能源，现代工业和社会立即瘫痪。能源开采、冶炼、输送本身还成为工业的一大部类，直接影响经济活动。

由于能源在现代社会经济中的重要性，世界各国在能源争夺中矛盾重重。长期以来，能源尤其是石油问题不仅影响全球经济，而且是战争和地区动荡的根源。中东问题其实就是石油问题，从二战至今，冲突不断，战争频发，这与世界各国对石油的争夺和利益分配密不可分。

能源影响社会经济的发展，也对国家和社会经济安全构成重大影响与制约。能源的使用还影响了大气和气候。

5.生物资源约束

生物资源对人类活动的影响和约束主要从三个方面展开，一是食物，二是经济资源，三是生态安全。

(1)食物资源

生物资源是人类食物的唯一来源，生物为人类提供粮食、肉类、蔬菜、水果，是维持人类生存和发展的基础。由于关乎生存，因此，生物资源的开发利用历时悠久，大部分食物都成功地转为由人类控制与生产，直接从自然界获取食物的时代早已结束，生物资源对人类活动的影响与制约也大幅降低。但生物资源在人类食物安全中的重要性不仅没有降低，反而不断增加。人类目前认识、驯化、培育的物种不多，与自然界上千万种生物种类相比，相差很远，能够为人类提供食物的生物资源还很多。同时，由于长期定向使用，品种退化问题十分严重，人类需要从自然界获取更多的生物种类和信息，才能确保食物来源的安全。而且随着人口的不断增加，以及自然灾害的频繁发生，粮食等食品供需矛盾越来越突出。

(2)经济资源

生物资源是人类重要的经济资源，包括已经驯化的棉花、油料、药草、香料等资源，同时也包括尚未认知的许多潜在的生物资源。经济资源对人类的影响比较局限，主要围绕农业生产布局展开。生物分布区往往也就是相关经济作物生产区，农业生产受生物分布影响。

(3)生态系统安全

相比于提供资源，生物资源对生态安全的意义要重要许多。生物是生态系统的主体，对于包括人类在内的生态系统的稳定性有重要影响。目前，人类利用生物资源进行农业生产的系统比较单一，稳定性很差，随时都有可能出现系统崩溃的危险。替代性资源对人类有重要意义。同时，确保生物的多样性本身就是维持生态系统的需要。尽管生物资源破坏对人类的影响目前并未显现多大威力，但一旦发生，可能难以挽回。因此，应予高度重视。

二、自然地理环境对人类活动的约束与影响

(一)气象、气候条件的约束

气象、气候对人类活动影响广泛而频繁，包括人类分布、生产与生活、交通运输等都受到气象、气候条件的巨大影响。

1. 对人口分布的影响

气候条件是人类生存条件之一，包括温度、湿度、光照、空气组成和质量等。从空气成分来说，氧气含量对人类的影响具有决定性，没有足够氧气，人类不可能存活，大气中含氧一般稳定在21%，低于这个浓度，人和动物会呼吸频繁、心跳加快，低于10%时人就会恶心、呕吐。同时，其他气体如二氧化碳含量过高，人类也难以生存，当二氧化碳浓度从0.032%增加到4%时，人就会头痛、呕吐，超过10%就会死亡。当然，由于空气的流动性，世界各地氧气、二氧化碳含量并未明显差别，而且大气成分也不可能在相当长的时间内发生本质变化。因此，大气成分的影响可以不用考虑。但温度、湿度等对人口的分布却不可忽视。

从温度看，大多数动物生活在－2～50℃范围中，人类同其他动物一样，对温度有严格的要求，温度耐性有限。正常情况下，人类最适宜的温度是23～24℃，能够耐受的极端温度大致在－20～50℃之间，但不能长期处于不良温度之中。当气温超过人体体温(36.5℃)，人体的散热将变得困难，如果长时间处于高温状态则会导致中暑等现象发生，引起体内水、电解质代谢紊乱及神经系统功能损害，直至呼吸衰竭。过低的温度则导致人体热能的大量散失，将发生冻害，如果人的体温低于35℃，思考力减退，身体极度虚弱疲劳；30℃以下时，意识不清，心律不齐；26℃以下即能致死。有资料表明，在0℃左右海水中，普通人存活时间不超过20～30分钟。虽然人类可以生活在－50～－40℃的环境中，但如果没有取暖设施，人类很难在超过适宜温度范围的极端低温环境中生存和发展。

2. 对农业等生产活动的影响与制约

农业包括种植业、畜牧业和养殖业等，都与气候密不可分，温度、光照、降水等对农业生产影响巨大，极端天气情况则往往构成农业气候灾害。气候是农业生产的重要环境条件，更是不可缺少的主要自然资源之一。气候对种植业、畜牧业和水产业的生产环境、布局和结构等有制约作用。

(1)对农业类型和结构的影响

由于地域分异，地球气候环境呈现热量带和干湿区域的变化，同时，温度还引起光照时间长短的变化。农作物和家禽等生物在长期的适应中形成了特有的生态习性，对光照、温度、水环境的要求各不相同。

种植业、畜牧业等都与温度有关，由于全球气温的带状差异，农业也有带性特征。从种植业看，有热带农业、温带(含亚热带)农业的区域差异：热带农业适宜种植香蕉、龙眼、荔枝等水果和水稻等粮食作物；温带农业是农业的主体，种植的作物种类多、面积大，广泛种植水稻、小麦、玉米等粮食作物和苹果、梨、桃、李、栗等水果。寒带由于温度过低，种植业极不发达。而且种植的带状特征较明显，如小麦带、玉米地、水稻带等。从我国情况看，南方与北方的区别极大，南方以水稻、油菜为主，北方以小麦、玉米、大豆、棉花为主。从畜牧业看，热带畜牧业比较落后，而温带畜牧业发达，猪、牛、羊、马等放牧、养殖都比较发达，寒带则以驯鹿为主。

降水方面，由于降水差异，导致湿度不同，出现的农业形态也不同。湿润地区发展起了雨

耕农业和养殖业，半干旱地区则发展起灌溉农业和畜牧业。

从单个农业品种看，生态习性不同，其适宜的地域就不同。不同的农作物和牲畜都有自己的生态适应范围，其光、温、水等的气候“生态幅度”不同，最适宜的区域也不同。如水稻、油菜适宜在温度较高地区生长，小麦则要求“冬冻”，荞麦、甜菜等在较低温度下也可较好生长。

因此，气候影响和决定了区域的农业类型和结构。

(2)对产量的影响

气候条件对农产品产量的影响主要取决于光、温、水的有效配合。由于温度是光合作用和呼吸作用的“控制器”，温度高低将影响光合作用和呼吸作用的强度，从而影响其产量。

光照强度、光照长度等对产量形成有较大影响。一般来说，在热量、水分和土壤肥力等其他因素配合较好的情况下，光照比较强对产量的提高有好处。但不同的作物光能利用率不同，光强在产量形成中的作用也有所区别。

影响农作物产量的温度因素一般用≥10℃的积温来反映。首先，积温影响熟制，一般来说，≥10℃的积温在 4 800℃以上可一年三熟（双季稻＋冬作油菜、大麦或小麦等），4 000～4 800℃可一年二熟（冬小麦复种玉米、谷子、甘薯、大豆或稻麦两熟），3 400～4 000℃可二年三熟或一年二熟（冬小麦复种早熟糜子、荞麦等），3 400℃以下基本一年一熟。因此，一般情况下，寒带、寒温带、中温带农作物只能一年一熟，暖温带农作物可二年三熟或一年二熟，亚热带可一年二熟或一年三熟，热带可一年三熟或一年四熟。

水分对作物的产量形成有较大影响，在开花、授粉和灌浆阶段，水分短缺将造成玉米、大豆、小麦和高粱等作物的减产。但水分过多，也会影响温度等从而影响作物产量。

(3)对农业生产布局的影响

农业生产布局是以气候为基础的一种适应性布置，温度是主要影响因素。气温的变化将影响农业布局的变化，如随着气温的上升，原来只能在低温度、低海拔地区生长的农作物可能会向高纬度和高海拔地区转移，与此相反，如果温度降低，高纬度、高海拔地区生长良好的作物会向低纬度、低海拔地区扩展。当然，由于作物品种不同，对温度变化的敏感性也不同。如咖啡等对年平均气温的变化非常敏感，在乌干达，气温只需上升 2℃，就会导致适合种植咖啡的土地面积大量减少；而玉米等则对温度变化相对迟缓，温度变化对其分布区域影响不大。

3. 对交通运输的影响与制约

交通运输是受气象条件影响较大的部门，大雾、凝冻、台风、暴风雨(雪)、沙尘暴等都会影响交通。雾是影响交通最常见的一种天气，其发生范围较广，各个季节都可能出现，但以冬春和秋季较多，夏季较少。雾对交通的最大影响是能见度，能见度越低，影响越大。随着交通运输业越来越发达，尤其是高速公路、高速铁路和航空的兴起，其影响日益重大。大雾天气，由于能见度低，高速运动的汽车、火车和飞机等难以在较短时间内发现对方，因此，为避免交通事故，高速公路、高速铁路和机场等必须关闭，停止运行。大雾已经导致成千上万的重大交通事故和重大经济损失。

凝冻的影响主要是路面结冰，摩擦力降低，影响车辆通行，严重的凝冻还会导致交通事故。如 2008 年 1—2 月，大面积、长时间的凝冻天气导致我国南方 19 省市交通全面瘫痪，并影响电煤、粮食等大宗物资的运输，造成经济社会一片混乱，损失巨大。

暴风雨、台风是中低纬度沿海地区常见的天气现象，台风往往伴随狂风暴雨，风速可达 12 级以上，其破坏力巨大，往往导致交通瘫痪，尤其是海运受台风影响最大。巨大的风力会摧毁建筑物，颠覆车船，暴风雨还会产生洪水，淹没城市街道、村庄、农田，冲毁建筑物，给人类带来巨大经济损失，有时甚至生命危险。

沙尘暴是干旱区的一种灾害性天气，大风将沙源区的沙尘吹拂到空中并携带到经过的地区，导致大气能见度下降，交通受阻。随风前进的沙尘还会损害车辆、击伤建筑物。我国西北、华北的沙尘暴十分严重和频繁，每年的春秋季节，甚至夏季都有沙尘天气出现，严重时，黄沙漫漫，遮天蔽日，交通全面瘫痪。沙尘暴带来的大量沙尘还会使空气质量下降，影响人们的正常生活。

(二)地形地貌的约束

地形地貌对人类的约束首先来是地理空间隔离。高大的山脉、高原对人口、文化交流限制作用明显。尤其是交通工具和工程技术还比较落后的古代，巨大山脉往往是不可逾越的障碍，如青藏高原等，往往隔断了南亚与东亚的联系。时至今日，青藏高原仍然是人类相互联系的巨大空间障碍。

山地作为特殊的地形地貌，对人类行为影响较大，不仅影响交通，还对农业生产和城镇发展产生影响与制约。山区地势较高，起伏较大，沟壑纵横，一方面交通困难，另一方面导致土地破碎，农业生产等资源条件较差，资源开发利用难度较大，从而影响了土地承载能力，人口规模小，居住分散。平原地区则相反，地势平坦，交通便利，集约生产条件好，人口承载能力高。尽管现代技术已今非昔比，但到目前为止，世界55%以上的人口仍然居住在海拔200 m以下、不足陆地面积28%的低平地区，随着海拔高程的上升，人口密度迅速下降，4 000 m以上基本没有人口分布。据联合国人类住区规划署(人居署)资料，目前世界各地共有3 351座城市位于低海拔(海拔10 m以下)的沿海地区，尽管面积仅为陆地总面积的2%，但承载了占全球10%的人口。我国的城市也主要分布在东部平原地区，集中了约70%以上的大城市、一半以上的人口和近60%的国民经济。青藏高原等高海拔地区城市密度很低。

三、自然灾害对人类社会的危害与影响

(一)地震与火山活动

1.地震

全球每年发生约500万次地震，平均每天1万多次，但对人类有影响的不多。据美国地震学联合研究会统计，全球6级以上的强震平均每年近200次，7级以上的平均每年近20次，8级以上的平均每年近3次。根据历史记录，全球7级以上地震，最少的时候一年不到10次，最多的时候一年可达30多次。对人类有影响的主要是震级较大、震源较浅、烈度较大的地震。

地震对人类的影响包括直接影响和间接作用，直接影响主要是引起建筑物倒塌，地面产生断裂等，导致人员伤亡和财产损失。大地震破坏力惊人，往往导致巨大的人员伤亡和财产损失。如我国唐山大地震、汶川大地震。1976年7月28日发生的唐山大地震震级为7.8级，震中烈度为11度，属毁灭性地震，导致24.2万人死亡，重伤16.4万人，震中建筑物全部倒塌，无一幸存。2008年5月12日发生的汶川大地震，震级8.0级，震中烈度11度，导致7万余人死亡，37万多人受伤，上万人失踪，震中大部分房屋倒塌，道路、桥梁等基础设施几乎全被破坏，经济损失高达8000亿元。地震除了引起直接的破坏外，还会诱发海啸和地质灾害，2004年12月26日印度洋地震引起的大海啸，导致超过30万人死亡，财产损失数以亿计。

2.火山喷发

火山喷发也是重大自然灾害，对人类的影响也十分巨大。火山喷发的影响也可分为直接影响和间接影响。直接影响包括高温岩浆流对经地区的建筑物、农田、森林等的损毁，火山灰对交通尤其是航空和人体健康的影响等，间接影响包括火山气体、火山灰等对气候的影响。2010 年 4 月 14 日，冰岛火山爆发，火山烟尘横扫欧洲大陆，并向亚洲等扩散，导致大约 30 个国家关闭或限制领空，310 多个机场陷于瘫痪。根据国际航空运输协会估算，欧洲航空业由此每天损失 1.48 亿欧元，全球航空业每天损失 2 亿美元。

(二)气象灾害

1.农业气象灾害及影响

一些极端性的天气，如低温霜冻、干旱、暴雨(雪)、冰雹、大风等，对农业生产，尤其是产量的影响巨大。

低温霜冻是春秋季节最常见的农业气象灾害，低温会冻伤或冻死农作物，尤其是耐寒能力较差的热带、亚热带作物，一场霜冻就可能导致成片作物的死亡。如果在作物开花、抽穗等产量形成的关键时期受到低温影响，则将导致空壳、灌浆不饱满，降低作物产量和质量。

干旱首先是影响土壤墒情，导致作物供水不足，影响肥力的供应和光合作用，如果长期缺水，则导致植物脱水死亡。严重干旱还会使动物因缺水而死亡。

暴雨往往导致洪涝灾害，旱生作物如果长时间被水浸泡，会影响根部呼吸和营养物质输送，时间过常会导致烂根。如果作物的茎叶被淹，光合作用和呼吸作用都会受阻，叶子会死亡。即使是水稻等湿生作物，如淹没部位过高，影响其光合作用和呼吸作用等，也会导致死亡。

冰雹常见于春季和夏季，是一种短时灾害性天气。其危害极大，但范围有限，一般呈线状或小区域，“雹打一线”是其特征。小的冰雹降落时，将损毁作物叶片，打落花瓣，影响作物正常生长发育，导致作物减产；大的冰雹可能将植物的叶全部打落，甚至将植株打折，不能存活，导致绝收。

大风也是影响农业的重要天气灾害，大风常伴随暴雨。狂风暴雨往往使作物倒伏，甚至连根拔起，其破坏性较大。

2.其他灾害和影响

(1)龙卷风

龙卷一般由空气强烈对流运动而产生，最大风力可达 100 $m \cdot s^{-1}$，甚至是 175 $m \cdot s^{-1}$以上，比 12 级台风还要大五、六倍，又呈旋转上升趋势，因此具有巨大的破坏力和搬运力，所到之处，可以将大树、房屋，甚至巨大的轮船摧毁，也可能将之完整地拔出、抬升到空中，然后移动到某处，有时甚至可以达到上百千米之外。据报道，1956 年 9 月，上海发生的一次龙卷风，曾将一个 110 吨重的储油桶“举”到 15 米高的高空，再甩到 120 米以外的地方。如果龙卷风在海上或湖面发生，将产生巨大的吸水作用，将海面或湖面的水体大规模地吸到空中，然后倾盆而下，产生巨大的破坏性和洪涝灾害。不过，龙卷风历时短，影响范围小，破坏性虽大，但对人类的影响并不重大。

(2)台风

台风是热带气旋中心持续风速达到 12 级(即每秒 32.7 m 或以上)后的天气现象，我国叫台风，国外一般称为飓风。台风主要在低纬度热带海洋上形成，然后沿着一定的路径移动，逐渐减弱直至消失。台风移动路径漂浮不定，大部分台风在海上消失，除对航海构成一定威胁外，影响不大，但如果移动到大陆，则将对台风登陆区域产生巨大的破坏作用，台风过处狂风大作，经常摧毁树木、农作物和电线杆等建筑物，暴雨还经常冲毁道路、淹没农田，造成街道积水等洪涝灾害。

（三）地质灾害

1. 滑坡

滑坡是山区常见的破坏性极强的地质灾害。滑坡产生时，位于滑坡体上的建筑物、农田、道路等都将随滑坡体的运动而变形、破裂或倒塌。滑坡舌前端的巨大冲击，能够将沿途的建筑和农田等全部摧毁。大规模的滑坡会掩埋村镇，摧毁房屋、工矿建筑，损害道路等交通设施，堵塞江河，破坏农田和森林，对人民生命财产造成严重损失。

据报道，1982 年 7 月 18 日，四川云阳鸡扒子老滑坡复活，180 万 m^3 土石滑入长江，直抵河槽并达对岸，填高河床 30 m 左右，使江岸南移 50 m，长江航运彻底中断 7 天，影响航运达 1 年之久，仅航道清理整治费就用了 8 000 万元。

2. 泥石流

泥石流的危害主要有淤埋、冲毁、阻塞河道等。全世界每年都要发生近 10 万次大大小小的泥石流。据报道，1970 年南美洲秘鲁的安第斯山脉发生的一次泥石流，导致 3010 万 m^3 的冰雪泥石冲入山脚的城镇，全城被彻底淹埋，3 万居民全部罹难。1984 年 8 月 3 日，甘肃武都北峪沟、甘家沟暴发泥石流，使县城及其附近的 5137 间房屋和 3600 公顷耕地，被冲毁淤埋，14 人遇难，人民生命财产遭到巨大损失。

图 7-1 泥石流冲毁、淤埋房屋等情况①

第二节 人类活动对自然地理系统的影响

一、人类活动对生物及生态环境的影响

人类是地球生物和生态系统的有机组成部分，但又不同于普通生物。人类的生活、生产对生物及生态环境产生了巨大而深远的影响，主要包括物种的驯化、生态环境的破坏、改变生物

① 图片引自人民图片网

的分布区域、加速物种灭绝等。

(一)驯化物种,形成人工生物群落

物种驯化指人类为满足自身需要而影响生物演化进程,定向培养其生活习性,以获取所需的行为。物种驯化历史悠久,人类至今已利用了大约 5000 种植物作为粮食作物,其中栽培驯化的有水稻、玉米、小麦、马铃薯等(不到 20 种)。人类还栽培驯化了白菜、萝卜、西红柿等蔬菜,棉花、油菜、烤烟、甘蔗、向日葵等经济作物,苹果、梨、桃、李、荔枝等水果;杉、松等用于获取木材的树木,杜仲、黄连、沙仁、半夏等药用植物。在动物方面,据不完全统计,人类已经驯化或驯养的动物共有 40 多个物种,有猪、牛、羊、马、兔等家畜,也有鸡、鸭、鹅等家禽,还有鸽子、鹦鹉等鸟类和蜜蜂等昆虫。甚至在微生物方面人类也通过定向培养为人类提供抗菌素等产品。尽管如此,到目前为止,仍有大量的物种还不为人类所认识。

人类在驯化物种的同时,发展了农业、林业、牧业、渔业等利用动植物的生产活动。规模化种植的结果是形成人工植被,包括农田植被(水田、旱地)、人工林(经济林、防护林、水保林、特种林等)、果园、茶园、橡胶园、人工牧草地、养殖场、养鱼场等。在人工生物群落中,为获得特定的生物经济产品,人为地对群落物种的类型和数量施加影响和控制,并对生物的非经济部分生物量进行人工抑制,如降低茎叶生物量等,从而使人工群落的物种单一,结构简单,功能单一。人工群落或人工生态系统的系统稳定性较差,需要靠人类大量的投入和管理维持,一旦缺少投入或管理不善,系统将迅速崩溃。

目前,世界森林中有很大部分是人工林,全球森林面积消减速度的减缓也主要靠人工林的增加。据《2005 年全球森林资源评估报告》,全球人工林面积占森林面积的比重达 3.8%,人工林主要分布在中国(22.4%)、俄罗斯(12.1%)、美国(12.2%)、日本(7.4%)、苏丹(3.9%)和巴西(3.9%)。人工林占森林面积的比重大于 20%的国家和地区有 38 个,阿联酋、阿曼、科威特、佛得角、利比亚和埃及等森林已经全部为人工林。2004 年,全球热带国家拥有 6 760 万 hm^2 人工林,亚太国家占 80%,而拉美国家和加勒比国家分别占 13%和 7%。最新统计显示,我国森林面积已达 1.95 亿 hm^2,其中人工林面积 0.62 亿 hm^2,为世界最大,占全国森林总面积的 31.8%。

(二)加速物种灭绝

地球曾出现过约 5 亿种生物,目前存留的已不到 1 000 万种。人类是加速生物灭绝的主要原因。据科学家估计,由于人类活动的强烈干扰,近代物种的丧失速度比自然灭绝速度快 1 000倍,比形成速度快 100 万倍,物种的丧失速度由大致每天 1 种加快到每小时 1 种。20 世纪大约有 100 万种物种灭绝。目前,地球上濒危物种大概占到全部物种的 10%左右。世界物种保护联盟公布的"2000 濒临灭绝物种红色名单"称:地球上大约有 11 046 种动植物面临永久灭绝的危险,包括 1/4 的哺乳类、1/8 的鸟类、1/4 的爬行类、1/5 的两栖类和近 1/3 的鱼类。根据"红色名单",在过去的 500 年中有 844 种动植物灭绝。

据相关资料统计,目前中国有近 200 个特有物种消失,约有 10%的高等植物处于濒危状态,约 20%的野生动植物的生存受到严重威胁。

(三)改变物种的分布区和分布范围

人类的活动,包括有意和无意的行为,改变了生物的分布区域和范围。如由于人类无意间将鼠、兔等动物从欧洲带到了澳大利亚,改变了鼠、兔等生物的分布区域和范围。植物、微生物等也是如此。人类有意地让物种迁移的现象主要是引种行为，如玉米、向日葵从美洲引种到亚洲等，是人类为了获得相应的作物而有意为之，引种过程有时还伴随品种改良和驯化。

目前，人类的空间活动范围、内容急剧扩张，同时也将各种微生物、昆虫和其他动植物带到了世界各地，改变了世界上物种的空间分布区域和范围。有时，由于缺乏天敌，往往导致某些动植物的暴发式增长，致使本地生物的灭绝。

（四）砍伐森林、破坏植被

人类开垦、砍伐、放牧等活动使森林、草原面积锐减，目前已使寒温带落叶林面积减少了30%，热带森林面积减少了15%～20%，全球草原面积减少了45%以上。

2005年，国际环保组织绿色和平发布的原始森林卫星地图数据现实，地球上大面积的原始森林只占陆地面积的10%，148个森林带范围内的国家中，有82个国家完全失去了原始森林。世界现在原始森林只有部分热带雨林和北方针叶林未受到人类侵扰，其中35%分布在拉丁美洲，28%分布在北美洲，19%分布在北亚地区。

联合国粮农组织（FAO）研究显示，由于人类砍伐，2005年世界森林面积约为39.5亿hm^2，占陆地面积的30.3%，与1990年相比约减少1.3亿hm^2，与2000年相比约减少0.4亿hm^2。2000—2005年，全世界有731.7万hm^2的森林从地球上消失。根据世界银行《世界发展指标》2008报告，世界森林消失率2000—2005年平均为1.7%。

但根据联合国粮农组织《2010年全球森林资源评估》报告，情况已经明显好转。中国、印度、美国和越南等国家大力植树造林，并实施森林保护，人类破坏植被的情况正在逐步转变为对自然植被的保护。

（五）产生新的物种

人类不仅影响自然界的物种生存和发展，还通过基因工程创造新的有别于自然界的新物种，如各种转基因生物。早期的转基因生物主要是利用自然物种进行“杂交”，培育出新的品种，如杂交玉米、杂交水稻和杂交猪、鸡等，在原来自然物种的身体中增强某种生长能力或抵抗外界影响的能力，如抗倒伏、抗病虫害等。后期的则通过基因工程改变物种的基因排序或结构，如目前的彩色棉花，转基因大豆等。转基因生物实质是一种人造的新物种，与原来的物种已经有很大的区别。

目前，人类对转基因生物是否对人类构造危害还有较大争议。但一般认为，转基因生物与自然生物相比，因其体内有特殊基因，有更强的竞争性，在生存竞争中占据优势，长期作用的结果将使转基因生物将取代原来的生物，造成物种灭绝，破坏生态平衡。

二、人类活动对大气及气候的影响

（一）增加二氧化碳等温室气体浓度，导致气温上升

根据《气候变化2007：自然科学基础》，自1750年以来，由于人类活动的影响，全球大气二氧化碳、甲烷和氧化亚氮浓度显著增加，目前已经远远超出了根据冰芯记录得到的工业化前几千年来的浓度值，其中二氧化碳浓度值从工业化前的约280 ppm① 增加到2005年的379

① 1 ppm=1×10^{-6}——编辑注

ppm，甲烷浓度从工业化前的约 715 ppb[①]，增加到 2005 年的 1 774 ppb，氧化亚氮浓度从工业化前的约 270 ppb，增加到 2005 年的 319 ppb，并得出了自 1750 年以来，人类活动对气候的影响总体上是增暖的结论。

根据世界银行《世界发展指标》2008 年统计，1990 年二氧化碳排放量为 227 亿 t，到 2004 年达到 290 亿 t。氮的排放量 1990 年为 8 970 千吨二氧化碳当量，到 2005 年为 10 160 千吨二氧化碳当量。据研究报告预测，2010 年全球温室气体排放量为 304 亿 t，2015 年将达到 350 亿 t，2020 年 380 亿 t。根据《第一次全国污染源普查公报》，2007 年，我国工业废气中氮氧化物达 1 188.44 万 t，数量居高不下。

从气候统计看，近 50 年平均线性增暖速率（每 10 年 0.13℃）几乎是近 100 年的两倍，相对于 1850—1899 年，2001—2005 年总的温度增加为 0.76℃；南北半球的山地冰川和积雪总体上都已退缩，在 1961—2003 年，全球海平面上升的平均速率为 1.8 $mm \cdot a^{-1}$。1993—2003 年，该速率有所增加，约为 3.1 $mm \cdot a^{-1}$。

1985—2001 年，我国已连续出现了 16 个全国大范围的暖冬。最近暖冬天气越来越明显，气温也越来越高。

当前，国际社会呼吁“低碳经济”，即在可持续发展理念指导下，通过技术创新、制度创新、产业转型、新能源开发等多种手段，尽可能地减少煤炭、石油等高碳能源消耗，从而减少温室气体排放，达到经济社会发展与生态环境保护双赢的一种经济发展形态。低碳经济是低能耗、低污染、低排放为基础的可持续发展经济模式。2009 年 12 月，联合国在哥本哈根召开全球气候变化大会，基本形成《哥本哈根协议》，就发达国家实行强制减排和发展中国家采取自主减缓行动作出了安排，并就全球长期目标、资金和技术支持、透明度等焦点问题达成广泛共识，但最终未能获得通过。温室气体排放控制任重道远。

（二）排放有毒有害物质，污染大气

工业革命以来，随着现代工业和交通运输的发展，向大气中持续排放的有毒有害物质数量越来越多，种类越来越复杂，引起大气成分发生急剧的变化，对人体和生物健康构成巨大威胁。

工业生产、汽车尾气等产生的有毒有害物质较多，其中主要有甲醛、苯系物、氨、挥发性有机化合物、亚硝胺，铅、镉等重金属。

目前，汽车的大量使用，汽车尾气成为全球第一大大气污染源，如美国洛杉矶市汽车等流动污染源排放的污染物已占大气污染物总量的 90%。汽车尾气中有上百种不同的化合物，主要包括一氧化碳、碳氢化合物、氮氧化物、二氧化硫、烟尘微粒（某些重金属化合物、黑烟及油雾）、臭气（甲醛等）。2007 年，全球汽车拥有量已达 9.2 亿辆，德国埃森的市场调研机构预测，2015 年全球汽车将增至 11 亿辆左右，2020 年达到 20 亿辆。据统计，每千辆汽车每天排出一氧化碳约 3 000 kg，碳氢化合物 200～400 kg，氮氧化物 50～150 kg，这样，全球汽车每年将排出一氧化碳约 300 万 t，碳氢化合物 20 万～40 万 t，氮氧化物 5 万～15 万 t。

工业排放到大气中的污染物种类繁多，性质复杂，有烟尘、硫化物、氮氧化物、有机化合物、卤化物、碳化合物等。据统计，全世界涂料和装修工业每年向大气中排放越 1 100 万 t 有机溶剂，是仅次于汽车尾气的大气第二大污染源。溶剂排到大气中还会造成光化学污染。据《第一

---

① 1 ppb $=1\times10^{-9}$——编辑注

次全国污染源普查公报》,2007 年,我国工业废气中主要污染物排放量:二氧化硫 2 119.75 万 t,烟尘 982.01 万 t,氮氧化物 1 188.44 万 t,粉尘 764.68 万 t,其中电力及热力生产与供应行业是大气最主要的污染源。

(三)破坏臭氧层,产生臭氧层空洞

科学研究和大气观测发现,每年春季南极大气中的臭氧层一直在变薄,事实上在极地大气中存在一个臭氧"洞",2000 年曾达到 3 000×10^4 km^2,2003 年还有 2 700×10^4 km^2。资料显示,从 2000 年开始,臭氧层开始了逐渐恢复的过程,据推算,臭氧层完全恢复要等到 2060—2070 年左右。

臭氧空洞的出现将使进入地表的太阳辐射中的紫外线大幅度增加,对生物构成巨大威胁,导致生态平衡破坏。有学者曾预测:人类如果不采取措施,到 2075 年,全世界将有 1.5 亿人患皮肤癌,其中有 300 多万人死亡,将有 1 800 多万人患白内障,农作物将减产 7.5%,水产品将减产 25%,材料损失将达 47 亿美元,光化学烟雾的发生率将增加 30%。随着臭氧层保护公约的深入实施,臭氧层空洞现象将有望逐步缓减。

臭氧层的保护

由于臭氧层破坏的危险性,世界各国开始协调对臭氧层进行保护,并达成了一系列臭氧层保护国际公约:1985 年,签署《保护臭氧层维也纳公约》(简称《维也纳公约》),1987 年签署《关于消耗臭氧层物质的蒙特利尔议定书》(简称《蒙特利尔议定书》)。《蒙特利尔议定书》签署以来,已经增加了许多修正案,制定了更快减少和淘汰消耗臭氧层物质的时间表。到 2006 年 8 月,签署《维也纳公约》的国家共有 176 个;签署《蒙特利尔议定书》的国家共有 175 个。我国政府也于 1989 年和 1991 年分别签定了《维也纳公约》和《蒙特利尔议定书》,成为缔约国。1993 年 1 月,国务院批准出台了《中国逐步淘汰消耗臭氧层物质国家方案》(简称为《国家方案》)。

各缔约国分阶段停止生产和使用氟氯碳化物制冷剂,发达国家要在 1996 年 1 月 1 日前,其他所有国家都要在 2010 年 1 月 1 日前停止生产和使用,现有设备和新设备都要改用无氟氯碳化物制冷剂。

中国是氟氯碳化物类制冷剂生产和消费大国,保有量达 50 多万 t,其消费量占全世界总量的一半以上。作为缔约国之一,中国政府向国际承诺:将与世界各国联手拯救臭氧层。为此,中国政府计划用 10 年时间,在生产和消费领域淘汰氟氯碳化物类物质,直至 2010 年在中国完全禁止使用氟氯碳化物。按照有关条款,中国已从 1999 年 7 月起冻结了氟氯碳化物制冷剂的生产和消费,在此基础上逐步消减,并在 2010 年 12 月 31 日前完全淘汰氟氯碳化物制冷剂。

(四)产生酸雨现象

据统计,全球每年排入大气的二氧化硫约 1 亿 t,二氧化氮 0.5 亿 t。全球已形成中国、西欧和北美三大酸雨区。我国酸雨区域覆盖四川、贵州、广东、广西、湖南、湖北、江西、浙江、江苏和青岛等省市部分地区,面积超过 200 万 km^2。欧洲以德、法、英等国为中心,波及大半个欧洲;北美的美国和加拿大两个酸雨区的总面积大约 1 000 万 km^2,降水的 pH 值小于 0.5。总体来看,欧洲、美洲的酸雨已明显减少,但亚洲的酸雨情况仍不容乐观。

中国 2005 年二氧化硫排放量达到 2 549 万 t,超过了环境容量一倍以上,由此导致的酸雨污染使全国三分之一的国土面积受到影响。2004年监测的696个市县中，有一半以上出现了酸雨，个别地方酸雨频率达到百分之百，已经到了逢雨必酸的地步。尽管从上世纪90年代以来，国家就采取了一系列严控二氧化硫排放的措施，从2006年开始，我国的二氧化硫排放量开始逐年下降，但排放量依然较大，据《第一次全国污染源普查公报》，2007年，我国工业二氧化硫排放量仍达2 119.75万t。据统计公报，2008年，全国废气中二氧化硫排放量仍达2321.2万t，但比上年减少5.9%。根据王韬教授领衔的国家重点基础研究发展计划《中国酸雨沉降机制、输送态势及调控原理》检测及研究，发现西南地区的酸雨带正逐步东移至经济发达的东部区域，酸雨区有扩大趋势。据广东省气象部门监测统计，广州、汕头、韶关、梅州、肇庆、茂名、深圳等大部分地区都已出现酸雨，2009年广州酸雨出现频率为77%，pH值平均值3.95，呈强酸性。

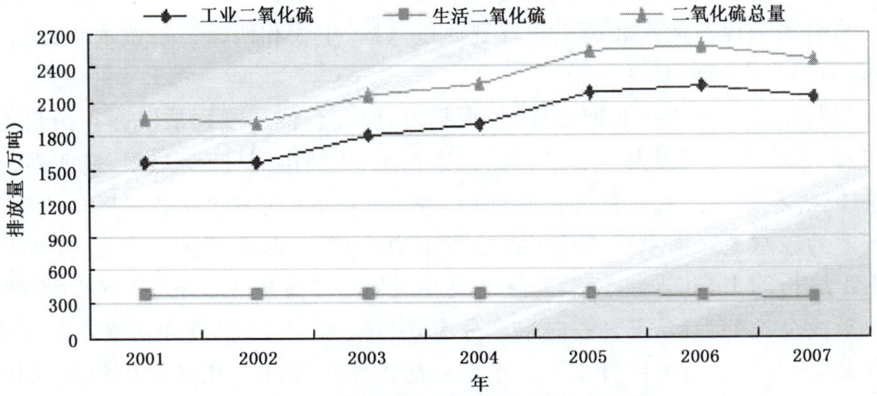

图7-2　我国二氧化硫排放量年际变化①

（五）干扰天气过程

人类对天气的干扰历史悠久，中国从17世纪使用土炮、火炮等消雹。目前正在各国试验的人工影响天气项目有：人工增雨、人工消雾、人工防雹、人工削弱台风、人工消云、人工防霜冻、人工抑制雷电等。但比较普及的是人工增雨和人工防雹。人工增雨早在20世纪50年代就已开始，主要通过火箭、高炮、飞机将干冰、碘化银、盐粉等催化剂送到空中适当的部位，增加空气中的水汽吸附粒子，从而导致凝结的水滴增多增大，促使云层降水或增加降水量。目前，人工增雨在干旱情况下大量使用。人工防雹主要使用两类方法：①播催化剂法，用火箭、高炮、飞机等把碘化银播撒到雹云中，产生大量冰核进而形成大量人工雹胚胎，它们与云中原来的冰雹胚胎争夺水分，降低雹块，在落出云底后还可能逐渐融化成雨滴；②爆炸法，用高射炮、土炮或火箭等，向雹云的中、下部轰击，往往可使雹云不降雹，或在下风向区降小雹，这样便能抑制雹灾。

人工消雾分为人工消暖雾（雾区温度高于0℃）和人工消过冷雾（雾区气温低于0 ℃，雾滴为过冷却水滴等）。目前有三种消暖雾试验方法：①加热法：对小范围雾区，如机场跑道等，大量燃烧汽油等燃料，加热空气，使雾滴蒸发；②吸湿法：播撒盐、尿素等吸湿质粒作催化剂，产生大量凝结核，水汽在凝结核上凝结长成大水滴，雾滴会蒸发并在大水滴上凝结，使雾消失；③人工扰动混合法：用直升机在雾区顶部搅拌空气，把雾顶以上干燥空气驱下来与雾中空气混合使

① 资料引自《中国环境统计年报2007》

雾消失。人工消过冷雾的方法是用飞机或地面设备，将干冰、液化丙烷等催化剂播撒到雾中，产生大量冰晶，夺取原雾滴的水分，雾滴便蒸发而冰晶不断长大降落地面，使雾消失。

三、人类活动对水圈的影响

(一)改变水运动的方向、路径和空间分布格局

人类对水资源的利用从有人类那天开始，自古以来，兴修水利便是人类的一项基本建设活动。大量修渠引水，挖沟排水，提水灌溉等改变了水体运动的基本方向和路径，通过修建水库，跨流域调水等改变了水体的空间分布格局。特别是跨流域引水，对水体的运动变化影响巨大，彻底改变了水体的自然运动趋势。

我国是兴修水利和跨流域引水最多的国家之一。古代的京杭大运河，目前的南水北调都是规模巨大的引水工程。南水北调工程规划通过东线、中线和西线三条调水线路实现长江、黄河、淮河和海河四大水域的联系。

东线工程利用江苏省江水北调工程，扩大规模，向北延伸。规划从江苏省扬州附近的长江干流引水，利用京杭大运河以及与其平行的河道输水，连通洪泽湖、骆马湖、南四湖、东平湖，并作为调蓄水库，经泵站逐级提水进入东平湖后，分水两路，一路向北穿黄河后自流到天津；另一路向东经新辟的胶东地区输水干线接引黄济青渠道，向胶东地区供水。从长江到天津北大港水库输水主干线长约 1 156 km，其中黄河以南 646 km，穿黄段 17 km，黄河以北 493 km。胶东地区输水干线全长 701 km。自西向东可分为西、中、东三段，西段即西水东调工程；中段利用引黄济青渠段；东段为引黄济青渠道以东至威海市米山水库。东线工程规划只包括兴建西段工程，即东平湖至引黄济青段 240 km 河道，建成后与山东省胶东地区应急调水工程衔接，可替代部分引黄水量。

中线工程的源头位于河南省西南部，在亚洲第一大淡水湖丹江口水库东岸，总干渠设计引水的萨芬流量 630 $m^3 \cdot s^{-1}$、加大流量 800 $m^3 \cdot s^{-1}$，调水 145 亿 m^3。总干渠自南阳市淅川县陶岔渠首引水，沿已建成的 8 km 渠道延伸，在伏牛山南麓山前岗垅与平原相间的地带向东北行进，经南阳过白河后跨江淮分水岭方城垭口入淮河流域。经宝丰、禹州、新郑西，在郑州西北孤柏咀处穿越黄河。然后沿太行山东麓山前平原，京广铁路西侧北上，至唐县进入低山丘陵区，过北拒马河进入北京境，过永定河后进入北京地区，终点是玉渊潭。总干渠全长 1 241.2 km。

西线工程将通天河(长江上游)、雅砻江(长江支流)、大渡河用隧道方式调入黄河(西北地区)，即从长江上游将水调入黄河。

(二)围湖填海造地，缩小水域面积

由于对土地的需求日益增加，人类历史上围湖、围海造地、造田的活动从未停止过。许多湖泊因为人类围湖造地而面积大大缩小，有的全部消失，如素有“千湖之省”的湖北江汉湖群的湖泊数量由新中国成立之初的 1 066 个，围垦至 309 个，面积由近 8 300 km^2 减至 2 600 km^2。洞庭湖曾是我国第一大淡水湖，由于不断围湖造地，面积已大大缩减，仅东洞庭湖 1985 年以来围垦的面积就达 8.7 万 hm^2，使湖泊面积减少 40.15%。据记载，清代滇池面积 500 km^2，至今只是 298 km^2，面积缩小了大约 2/5。

填海造地是沿海各国增加土地的重要途径，荷兰是世界上围海造地最多的国家，从 13 世纪开始，其国土面积的五分之一都是通过填海得到的。从 1945 至 1975 年，日本政府填海造地

11.8 万 hm^2，使沿海滩涂减少了约 3.9 万 hm^2，后来每年仍然以约 2 000 hm^2 的速度消失。

世界沿海各国的填海造地过程在导致海洋水体面积不断减少的同时，也引起了一些生态问题，其中首当其冲的就是湿地。湿地是包括沼泽、泥炭地、湿草甸、湖泊、滞蓄洪区、河口三角洲、滩涂以及低潮时水深不超过 6 m 的海域地带，是地球上生产力最高的特殊生态系统，具有保持水源、净化水质、蓄洪防旱、调节气候、美化环境和维护生物多样性等重要生态功能。为保护湿地，1971 年 2 月 2 日，来自 18 个国家的代表签署了《关于特别是作为水禽栖息地的国际重要湿地公约》(简称《湿地公约》)。目前，已有 158 个国家签署了湿地保护公约，我国 1992 年加入了该条约。之后，围湖造地在各国都已停止，有的还出现了“退耕还湖”的良好局面，“围海造地”虽然尚未完全停止，但也远离了湿地保护区域。

(三)污染水体

水污染是人类对水体最大的不利影响。人类工业、农业生产和日常生活产生大量的工业废水和生活污水，进入自然水体后导致水体营养物质、有毒有害物质增加，水质下降。工业废水为水域的重要污染源，包括重金属、有机物等，具有量大、面广、成分复杂、毒性大、不易净化、难处理等特点。农业污染源包括牲畜粪便、农药、化肥等。生活污染源主要是城市生活中使用的各种洗涤剂和污水、垃圾、粪便等，生活污水中含氮、磷、硫多，致病细菌多。

水污染的危害巨大，不仅对水生生物，而且对人体也有巨大影响。污水中的有害化学物质会造成水体的使用价值降低或丧失，污水中的酸、碱、氧化剂，以及铜、镉、汞、砷等化合物，苯、酚、二氯乙烷、乙二醇等有机毒物，会毒死水生生物，影响水质。污水中的有机物被微生物分解时还消耗水中的溶解氧(DO)，影响鱼类等水生生物生存，水中溶解氧耗尽后，有机物会进行厌氧分解，产生硫化氢、硫醇等难闻气体，使水质进一步恶化。

有报告显示，全球每年有 4 200 亿 m^3 的污水排入水体，造成 55 000 亿 m^3 的水体受到污染；全世界每天约有 200 t 垃圾倒进河流、湖泊和小溪，每升废水会污染 8 升淡水。由于水污染，淡水不足已成为全球最重大的资源环境问题。联合国教科文组织的统计显示，全球有 20％的人至今没有享受到洁净的饮用水，40％的人由于缺水得不到最基本的卫生保障。

四、人类活动对土壤的影响

(一)农业耕作，改变土壤理化性状，形成人工土壤

人类活动对土壤的影响最大的莫过于农业生产活动。对土壤进行翻耕、施肥、排灌，不仅改变了自然土壤的理化性状，而且形成了新的土壤，如水稻土等。

农业耕作制度中翻耕是重要的一环。翻耕改变了土壤的自然剖面结构，打破了土壤演化的进程。由于人工翻耕，位于底部的土壤与表层土壤混合，分层性不复存在，形成了两个层次：一是耕作层，一是犁底层。耕作层土壤疏松，有机质较高，结构较好，人为影响明显，一般厚 30～60 cm。犁底层是尚未受到较大影响的自然土壤部分，但受耕作压迫，往往结构紧实，不透水。

源源不断的施肥增加了土壤有机物和氮、磷、钾等营养元素的含量，从而保持土壤的肥力。人为耕作土壤与自然土壤的明显区别之一就是土壤肥力较高。

土壤排灌是人类对土壤进行调控的手段。浇水和排水不仅影响土壤水分，而且通过土壤水分调节，改变了土壤的温度、空气等理化形状。

在长期的耕作过程中，大多数自然土壤的理化形状发生改变，出现了新的土壤类型，其中比较典型的是水稻土。水稻土长期在水的浸泡下处于缺氧状态，土壤中的氧化铁被还原成易溶于水的氧化亚铁，并随水在土壤中移动，当土壤排水后或受稻根的影响(水稻有通气组织为根部提供氧气)，氧化亚铁又被氧化成氧化铁沉淀，形成锈斑、锈线，土壤下层较为黏重。水稻土中的缺氧环境，还导致土壤微生物多以厌氧为主，有利于有机质积累，故有机质丰富，腐殖质化系数高，土壤肥沃。

(二)污染土壤，改变土壤物质组成

人类活动对土壤理化性状影响较大的还有土壤污染。由于人口急剧增长，工业迅速发展增多，固体废物、生产生活废水、大气中的有害气体及飘尘降落，均导致了土壤污染。土壤污染物的来源广、种类多，大致可分为无机污染物和有机污染物两大类。无机污染物主要包括酸、碱、重金属(汞、镉、铅等)、放射性等污染。有机污染物主要包括有机农药、酚类、氰化物、石油、合成洗涤剂、苯并芘，以及由城市污水、污泥及厩肥带来的有害微生物等。

污染物进入土壤改变了土壤的物质组成，增加了重金属、有机化合物等的含量。这些物质积累到一定程度将引起土壤质量、结构恶化，使土壤丧失生产能力，不利于植物生长。更为重要的是，土壤污染物可以通过“土壤一作物一人体”或“土壤一作物一动物一人体”食物链进入人体，威胁人类的健康。

(三)陡坡开荒，导致土壤侵蚀

由于人口增长过快，世界各地土地资源不足现象十分突出。因此，陡坡开荒现象比较严重，尤其是我国、印度等人口大国。据统计，全球每年约流失土壤 250 亿 t，耕地土壤的损失速度约 10～100 mm · a^{-1}，至少超过成土速度的 10 倍，其中中国和印度总量最大。目前就连极少受土壤侵蚀影响的英国等也出现严重的侵蚀现象，约有 94%的耕地受到土壤侵蚀的威胁。

在我国，由于人多地少，坡耕地比重较大，据中国科学院地理与环境研究所统计，我国大于 25°的陡坡耕地 610 万 hm^2，15°～25°的有 1 290 hm^2，陡坡耕地占耕地的 5.47%。因此，水土流失极为严重。据全国第三次土壤侵蚀遥感普查资料，我国土壤侵蚀面积 356.92 万 km^2，其中水力侵蚀面积 161.22 万 km^2，风力侵蚀面积 195.70 万 km^2。

印度全国约有 193 万 km^2 的土地存在土壤侵蚀，平均侵蚀模数达 1650 t · km^{-2} · a^{-1}，每年土壤损失达 53.34 亿 t(刘孝盈等 2008)。

(四)不合理利用，引起土壤沙化、盐碱化

如前所述，由于半干旱区的土地不合理用，导致土地少漠化十分严重。此外，土壤盐碱化也是人类不合理用地引起的土壤退化现象。半干旱、半湿润地区的耕地，由于灌溉不当、用水过量等原因引起地下水位上升，从而造成土壤中盐分、碱分在土壤表层积聚，形成土壤盐碱化。我国盐渍土地总面积 1 亿 hm^2，全国受盐碱化危害的耕地达 900 万 hm^2，主要分布在新疆等西北内陆地区、华北的黄淮海平原和东北平原西部，以及滨海地区。在我国的盐碱耕地中，27%为中强度盐碱化，对农业生产影响较大。

五、人类活动对地貌的影响

(一)资源利用产生地形变化

人类是现代地貌形成的主要因素之一，对地表形态和地貌的影响包括采石、取土和开山采矿，以及修筑梯田等改变地面行为。采石、取土和露天采矿往往将原来是山丘的地形开挖为平地，或者形成巨大的采石坑、采矿坑；采矿后矸石、尾矿等堆积成山，形成新的地貌。

图 7-3　河南某煤矿开采后堆积的矸石山(王庆祥摄)

(二)人工地貌

人工地貌包括城市、工厂、道路等各类构筑物、建筑物，房屋、道路、桥梁、广场、堤坝等充斥城乡各个角落，构成了人工地貌景观。

城镇的形成是人类构造地貌的开始，全世界有 3 300 多座城市，我国 2008 年已达 655 座。目前全球共有超过 50 万人口的城市 961 个，其中中国有 236 个。城市中高楼大厦林立，道路四通八达，立交桥、人行天桥、地下通道、地铁等交互。建筑物的数量十分庞大。

人造建筑物与自然地貌不同，单体面积较小，形态各异，起伏不大，但极为破碎。集中分布的城市等区域往往掩盖原有地形，地面硬化，改变地表物质组成，形成人工地面。

第三节　人地关系的优化调控

一、人地关系的主要观点

人地关系是人类自有史以来便积极探索、思考的问题，因此，历史上出现过众多的观点和理论，概括起来主要有三种：一是宿命的态度，认为相对于自然界，人类十分渺小和卑微，对自然无能为力，只能受命于天(自然)，顺其自然。在此思想指引下，发展起了古代的“天命论”和近代的“环境决定论”。其二是与此相反的“人定胜天论”，认为人类具有伟大的创造力和影响力，可以战胜自然，“改天换地”。第三是介于二者之间的古代“天人合一”思想和现代的“协调论”、“可持续发展观”等，认为人类与自然密不可分，是自然的有机组成部分，人类的行为不能脱离自然的限制，需要遵循自然规律，但又有较大的主观能动性，可以认识、改造自然。

(一)天命论

代表人物：各种基督教等宗教。

主要观点：人类是上帝(神)创造的，人的一切必须听命于天(上帝或神)，人类没有能力与神抗衡。

源于对神的崇拜，是早期人类对自然了解不够的表现。

(二)人定胜天论

代表人物:英国的培根,中国的荀况,毛泽东等。

核心思想:唯意志论。认为"吾闻之,人众者胜天,天定亦能破人。"(伍子胥)"人主宰自然"(李約瑟)。

过于强调人的力量,忽视了人类活动对大自然的破坏和不利影响反过来会对自己造成巨大灾难。

(三)地理环境决定论

代表人物:古希腊的亚里士多德,法国的孟德斯鸠,德国的拉采尔等。

核心思想:自然环境对人类社会、经济、政治等起绝对支配作用,是社会发展的决定因素。

是对"天命论"、"神创论"的否定,有一定的进步意义,但过于强调环境对人的作用。

(四)天人合一观

代表人物:中国的老聃、管仲等。

核心思想:认为人与自然处于一个整体中,人是自然环境的一个部分,人与环境之间不是对立而是统一的,基本观点是"人与天调"、"道法自然"和"天人合一"。

要求人们遵循自然规律,合理利用自然,不能违背自然肆意妄为,且又能与天融合为一体。不但有了"人地协调"的思想,而且认为"和"是协调人地关系的关键。

(五)或然论

代表人物:法国的白兰士,白吕纳。

核心思想:自然为人类发展提供了可能性,而人类可以按自己的愿望、能力来利用这种可能性。

认为选择的动力是"心理因素",对人地关系的解释不彻底,但承认环境对人类的影响,同时也反对环境决定人类社会的观点,认为人地关系是相对的而不是绝对的,具有朴素的辩证观点。

(六)环境适应论

代表人物:英国的罗士培。

核心思想:认为人类需要主动地、不断地适应环境对人类的限制,而这种适应与生物遗传上的适应不同,它是通过文化发展对自然环境和环境变化的适应。

该理论已有了"协调"人地关系的思想,但"适应"带有被动的含义。

(七)协调论

代表人物:由众多科学家提出。

理论要点:主张分析人与环境的关系,以谋求自然环境与人类生活间的和谐为主要目的。

主要内容有三个方面:

(1)人对地有依赖性,地理环境影响人类的地域特征,制约着人类活动的广度、深度和速度,甚至起到促进或延缓社会发展的作用。

(2)人地协调同人与人之间的协调是互为条件的,人类间的合作是协调人类行动,解决人类矛盾的必要条件。

(3)协调是一种动态的协调,衡量人地关系是否协调,不仅要看人地协调的程度,还要看它能否实现持续发展。

不但反映了人们的愿望和追求，而且也反映了人地关系的本质。

二、人地关系优化调控

（一）限制与约束人类的资源环境行为

人地关系的优化调控包括对人类行为的调控和对自然地理系统的调控两方面，其中对人类行为的调控应该是主要方面。约束和限制人类的某些活动，规范人类开发利用资源行为，对于优化人地关系十分重要。限制和约束人类的资源环境行为主要通过立法形式，具体可从以下几方面进行。

1.制定并缔结国际公约

国际社会为了保护自然环境和资源，往往通过制定并缔结国际公约对各个国家、各种组织和个人进行行为约束、规范，国际公约不仅规定了在环境保护中各国因承担的义务和责任，还包括各种禁止、限制等条款与内容。国际公约的制定与缔结，从国际法的层面规范、约束了人类的行为，为保护自然创造了基本条件。目前，在自然保护方面，已经缔结生效的国际公约有很多，影响较大的有气候公约、生物保护公约。在全球气候控制和环境保护方面具体有：《保护臭氧层维也纳公约》(1985)；《关于消耗臭氧层物质的蒙特利尔议定书》(1987)；《联合国气候变化框架公约》(京都议定书)，(1992)。在生态环境和生物保护方面，有《国际重要湿地保护公约》(1971)，《保护世界文化和自然遗产公约》(1972)，《濒危野生动植物物种国际贸易公约》(1973)，《野生动物迁徙物种养护公约》(1979)，《生物多样性公约》(1992)，《南极海洋生物资源养护公约》(1980)。在海洋保护方面，有《联合国海洋法公约》(1982)，《国际防止海上油污公约》(1954)、《伦敦公约》(1972)(防止倾倒废弃物及其他物质污染海洋的公约)、《马波尔公约》(1973)(国际防止舟舶污染公约)等。还有《控制危险废物越境转移及其处置巴塞尔公约》(1989)等污染物控制公约。除了公约之外，国际社会还通过发表共同声明、宣言等统一认识，达成共识，通过制定《行动计划》落实各种约定。

2.制定并实施自然保护法律法规

为保护自然环境和自然资源，各国相继制定了大量的法律法规。我国环境法比较齐全，已实施的资源环境法律法规有：环境保护法、环境影响评价法、大气污染防治法、水污染防治法、噪声污染防治法、固体废物污染防治法、海洋环境保护法、放射性污染防治法；森林法、水土保持法、陆生野生动植物保护法、水生野生动植物保护法、水法、土地管理法等。还有许多实施条例、规章、规范。

3.设立自然保护区

自然保护区是通过法律形式固定下来的、为保护特定的资源或环境而划定的区域，又称“自然禁伐禁猎区”(Sanctuary)，“自然保护地”(Nature Protected Area)。自然保护区往往是一些珍稀动植物集中分布区，候鸟繁殖、越冬或迁徙的停歇地，具有典型、特殊的生态系统，具有特殊保护价值的地质剖面、化石产地或冰川遗迹、岩溶、瀑布、温泉、火山口以及陨石的所在地等。黄石公园是世界上最早的自然保护区。一般来说，自然保护区划分为核心保护区、过渡区和边缘区三个空间区域。核心区位于保护区中间，是被保护对象最集中、最典型的区域，也是禁止开发利用活动的区域，甚至科学考察、研究也要经过审批、许可，并限制行为和区域。过渡区是介于核心区和边缘区的中间地带，一般只准进行科学考察和非建设性的旅游观光活动，建设性的工业活动被严格禁止。边缘区属于自然保护区与外界的过渡带，可以在有限定的情况下，进行有限的开发利用和建设活动。

自然保护区有几种基本形式，即生态系统类型保护区、生物物种保护区和自然遗迹保护区三类。"世界生物圈自然保护区"是联合国教科文组织人与生物圈计划提出的保护区（一般称为"人与生物圈保护区网络"），"世界遗产保护区"是联合国教科文组织（UNESCO）和联合国基金共同设立的保护区（简称"世界自然遗产地"）。我国自然保护区分国家级和地方级，地方级又包括省、市、县三级。国家自然保护区与世界各组织的保护区多数情况下是交叉的，列入世界遗产或人与生物圈计划的保护区首先是国家或多方划定的保护区，然后再申请加入。世界自然基金会、世界自然联盟等多个国际民间组织也都积极投身自然保护事业，在资金、管理等方面予以支持。

目前发达国家自然保护区的面积一般占国土面积的10%左右，日本自然保护区面积占国土15%。发展中国家自然保护区的面积相差较大，有的已达发达国家水平，有的则几乎没有。2000年，联合国在225个国家已建立了自然保护区3036处，总面积132.46万km^2，占地球陆地表面的8.84%。而且，自然保护区的数最和面积仍在不断增加。

尽管资金不足，人均土地较少，但我国自然保护已居世界前列。1994年10月9日《中华人民共和国自然保护区条例》颁布实施。经过不断的努力，截至2008年底，我国自然保护区已达2 538个，总面积14 894万hm^2，约占我国陆地国土面积的15.13%，我国"三江源自然保护区"是世界面积最大的自然保护区。我国的自然保护区中，国家级303处，省级806处，其中28处国家级自然保护区已被联合国教科文组织"人与生物圈计划"纳入国际生物圈保护区。①

自然保护区的设立有效地缓减了人类对自然资源环境的破坏，为人类的可持续发展提供了基础和保证。

4. 收费制度

收费制度是通过收取资源税费、排污收费等经济手段，增加使用者消费自然资源、排放污染物的单价和成本，从而使其减少资源使用量和污染物排放量，达到保护环境的目的，协调人地关系。

（二）实施技术革新

1. 循环经济与零排放技术

循环经济就是按照自然生态系统物质循环和能量流动规律重构经济系统，把提高资源利用率、清洁生产与废弃物综合利用技术融为一体，从而使经济活动对自然环境的影响减少到尽可能小的程度，实现经济效益与生态效益高度统一。它将生态学中自然界物质循环理论应用于生产系统和社会系统，构建资源循环利用的途径和生产模式，形成资源利用回路，从而减少排放甚至零排放。循环经济的核心是"环境友好"和"3R"原则。

"环境友好"是一种态度，是人地关系的一种新观念，也是协调论的基本要求，要求人类在对待环境的态度上，应把环境当作"朋友"，当作人类必不可少的生存发展基础，环境受伤害，最终导致受影响的是人类。因此，在生产和生活过程中，应十分在意生产方式和生活方式对环境的可能影响，尽量考虑环境的承受能力和发展需要。

---

① 资料引自《中国环境统计年报2008》

"3R"原则是指"减量化(Reducing)","再利用(Reusing)"和"再循环(Recycling)"三种原则。减量化是指通过一定的方法和技术,尽可能减少废弃物的产生和污染排放。首先是节约利用,用较少的原料和能源投入来达到生产目的,满足消费需求,从源头减少产生废弃物的可能;其次是尽可能利用"存量"资源——已经开发利用进入经济领域的自然资源或资源制成品,从而减少从自然界获取资源,减少因资源开发而导致的环境问题和生态破坏。再利用是指对物品的再次利用,尽量不断反复地"物尽其用","变废为宝",不要过早废弃,要求制造产品和包装等能够以初始形式被反复使用。再循环是把废弃物品作为原材料进入新的"生产——流通——消费"循环之中,即废物资源化,要求生产出来的物品在完成其使用功能后能重新变成可以利用的资源,而不是不可恢复的垃圾,从而使之融入新产品生产之中,进入新的经济循环。

通过"3R"技术,减少新资源开发量,甚至零补充;减少废弃物排放量,甚至"零"排放。

2. 无害化技术

通过生物的、化学的和物理的技术,使废弃物变成对环境无害的物质的过程,即废弃物的无害化处理。包括生活垃圾无害化处理,或者特定行业的废弃物的无害化处置。无害化是保护环境的重要举措,是环境友好的体现。

3. 资源替代技术

为了减少环境破坏和污染,在资源利用中,贯彻"以多代少,无污染代有污染,无害代有害,可重复利用代不可重复利用"的资源利用原则,用资源储量比较丰富、分布较广的资源代替数量较少、分布集中的资源,这样不仅可以降低资源使用成本,而且有利于环境保护,为人类营造讲好的生态环境。

4. 资源节约技术

通过大力发展资源节约技术,如滴灌、节水龙头、节能灯、节能建筑材料等,可以减少资源使用消耗量,从而在确保人类生产生活质量不降低的情况下,达到减少资源消耗,降低二氧化碳排放,保护环境的目的。

(三)走可持续发展道路

1. 可持续发展的概念

可持续发展是指连续、不间断的稳定发展,是人类社会经济发展进程不至于中断的发展模式,强调公平、连续和效益的协调,追求持续不断和稳定,"当代人不以牺牲后代人的利益为发展代价"。

2. 可持续发展基本思想

(1)公平

包括当代与后代,地区与地区,国家与国家,人与人(男女、弱势群体)之间的发展公平。从当代与后代关系看,当代人应重视后代人的需求,不只顾眼前,不顾未来,尤其是不能"吃子孙粮,断子孙路",过度开发利用资源,严重污染环境。

从地区与地区看,发达地区、先进地区不能剥夺落后地区、欠发达地区的生存权和发展权,不能以牺牲不发达地区、欠发达地区的环境、人民健康等为代价来换取自己的发展。因此,发达地区不能凭借技术、资金、管理等优势剥削落后地区,应在资源价格、环境保护等方面对落后地区予以补偿。国与国之间同样如此。

(2)经济、社会、生态效益协调统一

经济效益、社会效益和生态效益并不是截然对立的,三者之间存在互为前提,相互影响的关系。可持续发展需要三效益的高度协调统一。没有经济效益,只做亏本买卖,难以持久,但只考虑经济效益而不顾社会效益,也不可能长期维持下去。良好的生态环境是社会经济活动长期维持的基础,如果不注重生态效益,生产生活破坏了环境,最终将导致资源枯竭、环境恶化,社会经济活动也将失去环境保障。因此,三效益的协调统一,是人类社会经济可持续发展的基础。坚持经济社会和生态效益的协调统一,走可持续发展道路,是优化人地关系的重要途径。

(3)持续性

持续性也就是长期、连续。发展是既要有量的增长,也要有质的提高,是建立在结构优化,功能完善基础上的规模扩大和数量增加。持续发展应该是我们的基本追求。

第八章　自然地理系统的分区与分类

第一节　分区与分类的逻辑基础

一、基本概念

分区与分类,在形式逻辑中都属于划分,划分的逻辑学定义为:划分就是把一个概念的全部对象,按一定标准,区分为若干个小群的一种揭示概念外延的逻辑方法。

任何划分都包括三个部分:划分的母项、划分的子项和划分的根据。划分的母项就是被划分的对象,如进行植被类型划分,划分母项就是植被;进行自然区划,划分的母项就是自然地理系统(自然区域整体)。划分的子项是被分出的类型或部分。划分根据这是进行划分时遵循的标准、依据,是据此进行划分的事物的属性。

分区属于典型的划分,是按照一定的目的或区域特征,将一个大的区域划分为若干个小区域的基本方法。通过分区,可以揭示区域的内部差异性和相似性。

分类是对分类对象属性的归纳,是将分散的个体按属性归入某个范畴的逻辑方法。分类能够揭示分类对象的属性特征,以类群代替个体,从而减少个体数量,便于人们识别和记忆。分类也是逻辑学中划分的一种,是按属性将对象区别开来的过程。

二、划分的基本方式

划分有三种基本方式,即一次性划分、继续划分和复分。

(1)一次性划分

根据一种依据进行一次划分,如把人分为男人和女人,或分为老年人、中年人、青年人和少年儿童,包括二分法、三分法等基本形式。二分法,即一分为二,该方法较为简单,方便实用,但其中的一个子项指示不明。如本校人员和非本校人员,本校人员比较明确,但非本校人员究竟包括哪些,没有明确交代。三分法,即将分类对象的第一、二类明确,其余的划入第三类的划分法方法,如职业可分为教师、公务员、其他,其中第三类指示不明。

(2)继续划分

继续划分即把母项分为子项后,再对子项进行划分。如把人分为男人、女人后,再把女人划分为女婴,女孩,女青年,中年妇女和老年妇女。

(3)复分

复分即用不同的根据把一个对象进行多次划分。如自然地理学可按研究对象分为综合自然地理学和部门自然地理学，又可按研究区域分为中国自然地理学和世界自然地理学，还可以按研究的侧重点分为理论自然地理学、应用自然地理学、自然地理方法论等。

三、划分的基本原则

(1)划分后各子项必须互斥

划分的目的是将母项的外延分成若干小群，如各子项互斥，则达到目标，如不互斥，就不能达到目的。

(2)每一次划分只能有一个依据

一个依据的意思是划分依据是一致的，而不是真的只是一个。一次划分只能用一个标准，同时用两个标准，则会出现子项不互斥的现象，被划分出来的类型会相互交叉、重叠，造成逻辑混乱。

(3)外延应周延

划分后子项的外延之和必须等于母项的外延，即外延必须周延，不容许出现外延过宽和过窄的现象。否则，将犯外延不周延的逻辑错误。

(4)划分不能越级

每一次划分时必须把母项划分为它最临近的子项，否则，就会遗漏某些子项。如把句子分为单句和复句是正确的，但如直接分为主从复句和并列复句，就错误，因这种划分遗漏了其他句子类型。

第二节　自然地理系统的识别与划分——自然区划

自然区划的形成是地域分异的结果。自然区划就是根据地域分异现象和规律将研究范围的自然地理系统划分成相对独立的各级自然区域(子系统)的过程。自然地理区划是认识地域分异的有效途径，也是揭示地域分异的基本手段，对人类正确认识地理环境，并根据区情进行因地制宜的资源开发利用与社会经济活动具有十分重要的意义。自然区划是地理学的传统研究领域，也是应用性极强的内容。自然区划的核心是识别系统边界，然后将之分开。

一、自然区划的基本原则

(1)发生统一性原则

所谓发生的统一性是指自然地理系统在形成、发展和演化过程中的血缘关系，也就是拥有共同的起源，是在共同的地理系统基础上演化而来。该原则要求，在进行自然地理区划时，应该充分考虑系统起源的共同性，演化过程的联系性。形态上的一致并不代表起源的相同，也不意味着未来演化方向的一致。因此，进行区域划分不仅要关注现状，而且要考虑历史和未来，只有具有相同起源和共同演化的区域才具有系统的整体性，才能作为一个自然地理系统，也才可能划分为同一个自然地理区域。

(2)差异性与一致性的相对最大化原则

自然地理区划的目的是揭示自然地理环境的地域分异，将各子系统识别并区分开来，使划分出来的子系统之间差异性(或异质性)尽可能最大，系统内部一致性(同质性)最大。区域与区域应该相互不同，区别越大，区划的意义越大，因地制宜的可能性越大。反之，分区的意义不大，因地制宜也较为困难。划分出来的区域内部则要求具有尽可能大的一致性，如果能够完全均质更好，内部一致性越好，区划的科学性就越高。但是，由于地理系统组成、结构十分复杂，区域之间的相互影响和物质能量往来频繁，区域的差异与一致都不可能做到真正意义上的或绝对的最大化。因此，只可能追求相对最大化，也就是相对一致性和相对差异性。这是权宜之计，但也符合实际，只要能满足区划的科学进度要求即可。

(3)区域的完整性(共轭性)原则

每一个区域是一个独立的个体，即自然地理系统，占据特定的地理位置与区域，从逻辑上说，在地球表面区域应该是一个连续、完整的面，不应该存在区外有区，即存在飞地的情况。从系统概念上说，一个系统内部与环境之间应有明显的界线，边界以内为系统，边界以外为环境，所以在进行自然地理区域划分的时候，应该坚持区域的完整性原则，不要将区域划分出飞地。行政管辖中的飞地现象是权属(管理权)的问题，不属于区划范畴，在地理上"飞地"属于另外的地理单元，不属于管辖区域。

(4)综合性与主导因素相结合的原则

因自然地理系统本身的组成要素较多，影响其运行的内外因子也不少，所以进行自然区划时应尽可能对各种因子都进行分析，在区划过程中体现各因子的作用和影响，将各组成因子都反映出来，只有这样才能较好地揭示区域的属性和特征。但如果对每个因子都进行详细的分析，在区划中给予同样重要的对待，则可能造成区划工作量巨大，难度加大，甚至难以分区。为了更好地揭示区域属性，分析、筛选出对区域属性影响较大、起主导作用的因素，并以之作为自然区划的主要依据和因素，则可以大大简化区划程序，减少工作量。只要主导因素的信息荷载能够反映系统特征，使用主导因素进行区划效果较好。因此，在进行自然区划的时候，综合分析与全面考虑区域的组成结构和影响因素，并在此基础上筛选出主导因素作为区域划分依据，可以取得较好的区划结果。

(5)标准统一的原则

在进行自然区划时，每一次划分都要用同样的标准和依据，"一把尺子量到底"，这既是逻辑的要求，也是确保分区成果科学性的前提。

二、自然区划的方法

根据划分的原则，自然区划可以有两种工作思路或技术路线，一是从上而下的划分方法，一是从下而上的归并方法。自上而下是划分的基本方法，在分区时，将划分对象区域作为一个单元——母系统看待，然后，根据划分依据和标准，将区域分为几个小区域——子系统，然后逐次进行划分(复分)，最终达到所要的区域划分方案。从下而上的方法是现将区域的最小单元(自然地理子系统)找出来，然后以最小单元为分类对象，按差异性与相似性的相对最大化原则将最小区域归并为一个更大的区域(系统)，逐层归并，最会得到分区的方案。前者采用演绎法，从整体到局部，后者采用归纳法，从局部到整体。两种方法各有优缺点，但划分结果并无明显优劣区别，在自然区划中都可以使用。

自然地理区域有两种，一种是综合性区域，即自然地理系统整体；另一种是要素区，即自然地理要素系统。本章所述的是综合分区的方法，不涉及各要素分区。

(一)自上而下划分法

自上而下划分法的核心问题是确定划分标准和分区数量(系统等级),其中划分标准是决定性的问题。

自上而下分区方法的基本思想和步骤如下:

(1)确定分区单元及范围,如一个大陆、一个大洲,一个国家,一个地区。值得注意的是,在自然地理方面,一个国家或地区往往不是一个完整的自然地理系统,更多的情况是由几个系统组成,在行政区域内几个系统可能都只有一部分。如果从自然地理系统划分来说,应该不考虑行政界线。而是从整个大陆或海洋开始,按系统的性质,逐层划分,直至最小系统。但由于目前自然地理区划大都以国家为基本单元,跨国的划分缺乏更大的实际意义,所以以国家或地区为起点,也有其必要性。

(2)根据分区范围大小,确定分区程度和等级(复分的次数)。当分区范围为一个大洲时,分区范围较大,不宜过细划分区域,往往只划分到二级系统或三级系统即可,即自然地带或干湿区。当分区单元是一个国家时,应根据分区尺度和制图比例尺,适当确定所划分的程度和级别,一般国家级别的自然地理分区其等级应控制在一至二级为好,最多不超过三级。当分区范围是一个地区时,要根据区域大小和分区目的,以及制图比例尺等综合考虑后确定分区程度。

(3)选择分区方法。自上而下的自然区划可采取要素叠置方式,即将各要素制图并进行图上分析,观察各要素的空间地域分异情况和相互重合状态,如果各要素或大部分要素重叠较好,则可以要素界线为分区界线,将分区单元划分为若干子单元。如将待划分区域的地形地貌、气候、水文、土壤、植被等要素分布情况制成同比例尺的区域分布图,然后在计算机软件支持下进行空间叠置分析,从而直观地确定区域的差异性和界线,直接划分出二级区域。这是自然区划的传统和常用方法,具有直观、简便、省时省力的特点。

也可以采取地理相关分析的方法,进行各要素、的空间关系分析,弄清基本规律和特征,然后定量计算分区标准指标值,以计量后的指标值进行分区,这称为指标分区法或地理相关分区法。常用的分区指标如干燥度、辐射干燥指数、≥10℃的活动积温等。该方法通过获取自然地理系统的定量信息,运用数学方法进行区域划分,比较客观、科学,对于自然边界比较模糊的地理系统来说,可以较好地解决划定边界存在的困难。如气候因素引起的地域差异,往往都是渐变的,区域之间的边界十分模糊,很难直观区分出不同区域,而采用活动积温等指标后,自然带和自然区的划分问题则可迎刃而解。当然,定量方法也有局限性,一是许多要素难以定量,二是各要素的定量指标在空间上不一定吻合,导致分区界线仍然难以确定。

在指标分区、要素叠置的时候,还可以根据主导因素原则,以主导因素及其指标为分区依据(系统标志),省去次要因素和不重要指标,简化分区或系统识别过程,但应注意主导因素或主导指标的信息荷载,需要有一定的代表性和信度。原则上要求主导因素或指标至少要能反映系统 90%以上的信息,才能够作为划分依据。

从上而下的系统划分过程就好比切蛋糕,如何切,属于方法和标准问题,只要确定切的方式和块数,即可快速将之分开。自然带的划分和自然地理大区的划分都适合采用自上而下划分的方法。

(二)自下而上归并法

自下而上分区方法的主要思想是首先确定最小区域单元,然后通过归类的思想将分区单元组逐层归纳为更大的区域。采用该方法,需要首先确定分区的起点单元即最小的自然地理系统,以及区域的最小单位即最小区域;其次,要对区域(自然地理系统)属性进行深入细致的分析、揭示,能够全面了解系统的组成、结构和相互作用关系,区分系统和环境。自下而上的分区方法步骤如下:

(1)确定分区范围。这与从上而下的划分没有区别。

(2)确定分区的基本单元或最小单元。这是该方法特有的步骤,确定分区的最小单元(最小自然地理系统),其实也就是明确从那一个层面的区域(自然地理系统)开始进行系统识别与归纳,这是起点问题。在此有两种思路,一是不考虑自然地理系统的最小单元问题,只从区域内的分异情况出发,先分出本次分区的最低一级区域,然后从该单元开始归纳出更高层次的区域单位。二是首先确定自然地理系统的最小单元,即最小区域,然后从最小单元开始层层归并,直到得出最大系统为止。这种分区是最为科学的分区,但更加复杂,首先要确定最小单位,归并的层次也较多。

在自然地理系统的单位确定上,地理学界至今没有统一的标准,最小单元究竟算到哪一级,尚不统一。一般来说,能够算得上自然地理系统的,首先是各自然地理要素构成齐全、完整,气候、水文、植被、土壤、地形地貌等都涉及最小单位问题,范围太小,表现不出系统性。但多大为好,众说纷纭。一般把"景观"作为最小的区划单位,也就是尚能区分出各要素系统的最小单位和特征的区域。

(3)识别自然地理系统,画出系统边界。确定分区的起点后,需要进行系统识别,确认和界定系统边界,在图上将分区单元逐一绘出。其中最为关键的是要识别和确定界线,此工作量较大,尤其是当以最小单元为起点时,工作量更多,因为区域内的最小区划单元个体数量庞大,逐一识别并在图上确定界线有较大难度。

(4)系统属性分析、概括。这是识别自然地理系统的重要环节,也是将之归并的前提。自然地理系统的属性一般从组成要素入手,从地形地貌、气候、土壤植被等逐一分析,从要素的类型、特征指标值,以及空间分布等,对每一个区域进行剖析,寻找相同点,然后予以概括、标注。相邻区域更应加以注意。相关指标的确定与自上而下划分法一致。

(5)系统归并,删除个体界线。通过属性比较,将具有相似性的相邻系统合并,保留具有较大差异性的系统之间的界线,形成范围更大的系统(区域),完成第一次分区。

(6)以分出的区域为起点,继续属性分析、概括,再次进行归并,得到更高一级区域。

三、自然区划的依据与指标

自然地理系统的地域分异主要有纬度地带性和干湿地带性两种,带性规律为主要规律。因此,分区依据主要是反映纬度地带性和干湿地带性的相关因素及指标。纬度地带性方面,热量是最重要的因素,温度是最重要的指标,常用指标为年均温、≥10℃活动积温。干湿地带性方面,降水量是主要影响因素,但干湿情况不仅与降水量有关,也与蒸发量相联系,因此,反映干湿状况常采用年降水量、湿润系数、干燥度、辐射干燥指数、大陆度等指标。

(1)年降水量

年降水量是影响区域干湿状况的最重要因素,一般来说,降水超过 800 mm 的区域,能够满足森林对水分的需要,都属于湿润区域;而降水量小于 250 mm 的区域,则是植物难以生长的干旱荒漠区。介于二者之间的为半湿润区,半干旱区。

(2)湿润系数或指数

湿润系数又称湿润指数、湿润度或水热系数,是年降水量与年可能蒸发量的比值。湿润系数越大,说明降水盈余越多,气候越湿润;反之则越干旱。因蒸发量不易计算,故在实际应用中,湿润系数常采用经验公式进行计算,但不同学者的公式不尽相同,常用的有马东公式和谢良尼诺夫公式:

①法国的马东公式

$$K_m = \frac{p}{\theta_p + 10}$$

式中 K_m 为湿润指数,p 为年降雨量,θ_p 为年均温(℃)。

②谢良尼诺夫公式

$$K_x = \frac{p_{10}}{0.1\sum\theta}$$

式中 K_x 为湿润指数,p_{10} 为≥10 ℃期间的降雨量,$\sum\theta$ 为同期的积温(℃)。

(3)干燥度或干燥指数

干燥度也叫干燥指数或辐射干燥指数,其含义与湿润度相反。用水分的可能消耗量与收入量的比值进行衡量,由著名苏联气候学家布迪科提出,计算公式为:

$$K = \frac{R}{Lr}$$

式中 K 为干燥度,R 为年辐射差额,L 为蒸发潜热,r 为降水量。根据其计算结果,$K<0.35$ 的地区为苔原,$K=0.35\sim1.1$ 的地区为森林区,$K=1.1\sim2.3$ 的地区为草原区,$K=2.3\sim3.4$ 的地区为半荒漠区,$K>3.4$ 的地区为荒漠区。布迪科的干燥度计算相对方便,应用十分广泛。

在我国,一般采用张宝堃提出的修订公式:

$$K = \frac{0.16\sum t}{r}$$

式中 t 为日平均气温≥10 ℃期间的活动积温,r 为同期降水量。张宝堃公式的 K 值对应的干燥程度为:$K<1.0$ 为湿润,相当于森林带,农业生产需排水;$K=1.0\sim1.49$ 为半湿润,相当于森林草原带,农业生产上有时水分不足;$K=1.5\sim3.99$ 为半干旱,相当于草甸、草地、干草原和荒漠草原,农业生产需要灌溉:$K\geqslant4.0$ 为干旱,相当于荒漠,无灌溉,没有农业(左大康 1990)。

除了气候的定量指标作为主导因素进行分区外,综合自然区划的标准还有地貌标准,也就是以地貌形态进行划分,如山地区、丘陵区、平原区等。

一般来说,全球性、整个大陆或大洋尺度的自然地理系统分区大多采用气候指标,大陆内部区划多采用气候与地貌相结合的标准,或综合考虑,或单独使用。当系统边界比较清晰时,一般是地形地貌分异形成的自然地理系统,可以直接从形态上进行区分,即以形态为依据分区。当系统边界是过渡性的,在形态上没有明显边界时,需要采用指标法或叠置法,取值采用中值法。从系统要素的空间分布看,一般是从系统核心区域逐渐向外递减,在系统的边缘,相邻两个系统指标的数值都属于低值,但不为零。两个系统在空间上具有交互的情况,在交集部分取中间值作为系统的边界。

四、自然区划单位及等级系统

(一)自然区划的等级单位

从使用价值和实际情况看,分区等级一般为3～5级,等级过多,不利于应用;等级太少,则达不到揭示区域差异的目的。由于自然地理系统存在纬度地带性、干湿地带性分异,因此,自然地理系统分区单位包括三个方面,一是地带性区域单位,二是非地带性单位,三是综合性单位。在进行自然地理系统分区时,分区单位的确定需要根据分区单元的大小和范围选择使用,不能机械理解,全部套用。如整个分区单元都在一个自然带内,那么自然带的划分就没有意义;如分区单元和范围仅仅局限在湿润区,就不必考虑干湿地带性。

1. 地带性单位

(1)纬度地带性单位

地带性单位也就是地带性分异的结果,从大到小可以依次划分为带、地带、亚地带、次亚地带。带、地带是基本单位,一般只划分到这两级。各单位的基本含义如下:

①自然带

自然带是纬度地带性分异形成的最大单位,常以热量为主导因素,划分出具有特定热量条件和自然过程的带状区域。全球一般分为九个自然带,即赤道带,南北热带、温带、寒带和极地带。具体采用的指标不同学者有所不同,一般主要是年均温度,并考虑冬季温度的影响。

自然带是人为划分出来的,客观上并不存在。虽然以热量为主导因素对自然带进行划分,但并不意味着自然带就只是反映热量情况。很明显,热带、亚热带等在热量、水分等方面都有区别,而且热量作为最主要的影响因素,在自然地理系统的形成、功能运转中作用巨大,应作为分区的重要依据。但是自然地理系统分区是对系统边界的识别和区分同等级系统的过程,需要系统的客观存在。从系统角度看,自然带不是一个系统,因为在一个自然带中,系统的组成要素、结构具有十分明显的差异,自然带内也不存在维系系统的物质能量交换,如热带其实是由热带雨林系统、热带草原系统和热带荒漠系统构成的,至少是三个自然地理系统,而不是一个,各个系统相对独立,系统与环境区别十分明显。因此,自然带不应该是区域的单位,而是区划的背景。从目前的国家分布情况看,世界上能够跨越几个自然带的国家都处于中纬度地区,地形复杂,纬度地带性表现都不十分明显,自然带更多是以地带的一段表现出来。我国也同样如此,只有局部地区出现热带季雨林的块状分布,不能成带,更不用说整个热带,当然没有必要将自然带作为我国自然区划的一级单位。

②自然地带

自然地带是大致沿纬线方向延伸,按纬度有规律更替的自然地理系统,每一个自然地带都有一定的热量和水分组合代表纬度地带性分异特征和规律的土壤(地带性土类)和植被类型(群系纲或植被型),以及相似的垂直带结构。自然地带的范围没有自然带宽,是自然带内纬度方向的差异引起的分异结果。自然地带在温带尤为显著。其划分标准通常是土壤植被系统的一致性,即每一个地带都有一个典型的、可以代表该地带的植被和土壤系统。自然地带也可以采用相应的水热指标作为划分标志。

自然地带较全面地反映了自然地理环境的主要特征,在综合自然区划中,是一个重要的、基本的地带性单位,如亚热带常绿阔叶林黄红壤地带、温带草原黑土地带、暖温带落叶阔叶林棕壤地带等,都具有十分明显的气候、生物和土壤共性。同一自然地带内的土地利用与改造自然方向基本相似,因而划分自然地带具有重要意义。

③亚地带与次亚地带

亚地带是在地带内根据地域分异进一步划分出来的地带性单位。由于地带内地带性分异的区域差异较大,因此,各地的亚地带划分千差万别,但其划分主要是依据单个或几个要素的地带性分异。次亚地带则是在亚地带内的进一步划分,大都依据个别要素(主导因素)进行,次亚地带是否划分应根据区划的必要性。根据伍光和等的观点,亚地带和次亚地带的划分可按以下思路进行:以土壤亚类、土系或植物群系亚纲进行亚地带划分,如暖温带落叶阔叶林地带可进一步划分为棕色森林土落叶阔叶林亚地带和褐色土半旱生落叶阔叶林亚地带。次亚地带则根据土系或植物群系划分,如褐色土半旱生落叶阔叶林亚地带可以进一步分为淋溶褐土落叶林和褐土森林草原落叶林两个次亚地带。不管怎么划分,只要划分出来的是一个完整的系统即能够满足自然地理系统划分的要求。

(2)干湿地带性单位

干湿地带性单位与地带性单位名称可以通用,但含义不同,如干湿带可分为湿润森林带、半湿润草原带、半干旱荒漠草原带、干旱荒漠带,但习惯上大多叫"区",而不叫带。各带的区域划分标准为干湿程度,一般以湿润度或干燥度作为指标。具体标准前面已有叙述。若把我国温带地区从东到西分为湿润森林区、半湿润半干旱草原区和干旱荒漠区。则根据干湿程度,还可以进一步划分过渡区(亚带、次亚带),如我国温带半湿润区从东向西分为三个亚区(亚地带),即草甸草原区、典型草原区和荒漠草原区。森林草原是草原向森林的过渡区域,属半湿润气候,年降水量 350～550 mm,植被以草甸草原和林缘草甸为主;典型草原主要由丛生禾草草原构成,呈带状由东北伸向西南,年降水量 250～450 mm,属半干旱半湿润区;荒漠草原是草原向荒漠的过渡,气候进一步旱化,年降水量 150～250 mm,属干旱区与半干旱区的过渡区,小型针茅在草群组成中占优势,构成稀疏的矮草草原,常与荒漠群落交错分布。

对于干湿地带性单位的理解,很多学者是归入到非地带性单位之中,但作者认为,干湿地带性带状分布特征明显,与纬度地带性具有同等重要性,加之独立列出对于认识地理环境的地域分异意义重大,故单独列出。

2. 非地带性单位

非地带性单位也即表现不出地带性的自然地理系统的划分单位,一般采用大区、地区、亚地区、次亚地区的划分方式,以便与地带性单位相对应。

(1)大区

大区是最大的非地带性单位,与带相对应。大区的划分的依据是地形和和大地构造特征,一般以构造起源相同的大地貌为单元,如青藏高原、西伯利亚高原、西欧平原等,面积往往数百平方千米。我国的自然区划中,青藏高原是非地带性单位中的大区。每个大区是一个独立的大规模自然地理系统,其内部的组成、结构及其物质能量运动变化都与其他系统相区别。因此,大区是客观存在的自然地理区域单位。

(2)地区

地区是大区内部的地貌差异等引起的分化导致的自然地理系统单位,是大陆的宽广部分,相当于地质构造区域或地貌区,也可以是由于地形地貌的非地带性分异引起的自然系统差异的地带性单位叠加分区结果。前者如云贵高原、四川盆地,后者如青藏高原的藏南地区与藏北地区。地区的自然地理系统完整性尚好,气候和植物土壤等具有较好的一致性。

(3)亚地区和次亚地区

亚地区和次亚地区是地区内部的进一步划分,依据同样是地形地貌,以及有地形地貌引起的植被土壤差异。如云贵高原地区可进一步划分为贵州高原区、云南高原区,贵州高原区又可进一步分为西部高原区、中部山原区和东部丘陵区等。

(二)自然区划的单位系统

从自然区划的含义可知,自然区划是对自然地理系统的划分,也就是将区划单元——一定范围的自然地理系统,按照等级层次区分开来的过程,区划的结果应该是一个个区域,而且各下级区域面积相加应等于上一级区域面积。因此,区划单位应该只有一套等级系统。

从系统识别的目的看,我们至少有三种单独的自然地理系统区划,一是以揭示纬度地带性分异为目的的自然地理区划——自然分带或自然带划分,当然其单位系统自然是地带、亚地带、次亚地带;二是以揭示干湿状况的区域差异的区划——干湿分区,其单位系统自然是湿润森林区、半湿润半干旱草原区、干旱荒漠区。第三种分区是不考虑体现地带性分异的分区,也就是非地带性分区,这时候,不能再考虑纬度地带性或干湿地带性单位,而应该采取综合的等级划分单位,以揭示非地带性区域差异的分区,故可以采用大区、地区、亚地区、次亚地区单位。三种目的的分区,形成三套等级单位,各有其含义和用途,互相不交叉,应单独使用。

但也有一种分区思路,就是想综合揭示自然地理系统区域差异的各方面,分区结果要求体现这种综合性,并尽可能反映出各种地域分异规律(狭义的综合自然地理区划)。关于这种分区的单位系统,地理学界曾经出现过单列系统和双列系统的说法。所谓单列系统就是将纬度地带性单位和非纬度地带性单位交叉使用或叠加形成新的单位,形成一套系统。双列系统就是将地带性和非地带性单位并列使用,以反映纬度地带性分异和非纬度地带性分异。

很显然,双列法虽然可以较好地反映出地域分异规律,但不符合分区的逻辑规定,因此,只能使用单列系统。但如何在单列系统中尽可能反映出纬度地带性分异规律、干湿地带性分异规律和非地带性分异特征,确实存在较大难度。地理学前辈曾经采取的较好办法是陈传康先生的叠加法,他将纬度地带性单位与干湿地带性单位叠加,得到带段、地带段、国、省、州单位系统。其中带段也就是带的一段,是自然带受非地带性因素或干湿性因素割裂形成的单位;地带段则是地带被割裂的结果;国是地带段与地区叠加的结果,省是国与亚地带相交的结果。他的这种做法想法虽好,但实施效果不佳,并未真正达到同步、综合揭示各种地域分异规律的目的,反而使分区变得十分复杂。因此,也没有在实践中得到推广应用。一般仍然采用地带性与非地带性单位交叉使用的方式进行分区。但是,是先分区、还是先分带,也有较大争议,也就是说,在单列系统单位排列的时候,是"大区－自然带－地区－地带……"排列还是"自然带－大区－地带－地区……"排列,观点不同。究其原因,其实是"不识庐山真面目,只缘身在此山中"。如果我们在宇宙空间俯视地球,在这样的角度进行自然区划,应该不难得出如何划分、如何排列分区单位。我们首先看到的是海陆两大单元,因此,自然系统分区,首先应该将之分开,在大陆内部,我们能够看到的首先是地表起伏等外观上显示出来的区域差异,也就是地形地貌引起的差异,因此,进一步划分出大的地貌区域应该顺理成章。大的地貌区域其实也对应大的大气结构和气候状态,如蒙古－西伯利亚高原,不仅在地形地貌上相似,而且对应于极地大陆气团和特有的大陆干燥气候。接下来,再进行分区分带,则应视具体情况而定。在山地高原区,地带性不明显,可仍然按地形地貌进行分区,单位继续使用非地带性单位;在平原区,地带性表现较清楚,分区可按地带性划分,使用地带性单位。作者认为单位排列不应一成不变地交叉排列或者非要谁先谁后，而是应根据地域分异特点和规律，具体问题具体分析。其核心是抓主要矛盾、找主要因素和特征，即从系统的角度，分析区域自然地理系统，看该区域的主要作用的地域分异因素是什么，有无规律，然后在分区中体现出来，而单位仍然采用比较直观且符合习惯的区、地区、亚地区、次亚地区，通过命名揭示主要地域分异规律或特征。如我国三大自然区的划分就是如此：青藏高原区，综合特征是高寒，海拔高是影响其自然地理系统的决定性因素和显著特征；西北干旱区，显著特征是干旱；东部湿润区，特征是湿润。接下来的进一步分区也可如此，如东部湿润区可将温度、地形与干湿因素相结合划分为：东北冷湿平原山地区、华北暖湿平原区、华南湿热平原区、西南温湿高原盆地区等。当然，这种划分对地域分异的规律性反映不强。

五、自然区的命名

自然区的命名是一种采用主导因素＋带或区的命名方式，如热带雨林砖红壤地带、湿润森林区。也可以采用"地名＋自然环境特征"的方式进行命名，如蒙古高原区、青藏高原区。前者适用于以揭示地带性规律和自然地理系统结构为目的的区域划分，后者适用于揭示非地带性区域差异的分区。前者的命名突出了主导因子的作用，后者强调地名，具体实用。但在主导因素方面，由于过于简单，一般只用1～2个因子，因此，容易引起误解，如热带雨林砖红壤带，只有植被、土壤两个因子，对地形地貌、水文、气候等的反映不清楚，容易误解为植被类型。又如湿润森林区，土壤、地形地貌、水文等都没有很好反映，实为不足。后者有地名，容易联想到区域，是比较好的分区命名方法，但对其上的植被土壤等反映不明确，也不完善。因此，可以考虑在分区的时候，将地名与自然地理要素相结合进行命名，但会比较长，过于复杂。

六、我国的综合自然区划

（一）罗开富方案

1956年，发表于中华地理志丛刊第1号《中国自然区划草案》。首先将全国分为东西两大区域，东为季风影响显著区域，西为季风影响微弱或无影响区域。然后提出最冷、最热、最干和空气稀薄四个相对极端的区域，中间划出几个过渡区。最后将全国划分为东北区、华北区、华中区、华南区、康滇区、青藏区和内蒙古新疆区七个大区域，然后划分为23个副区。

（二）黄秉维方案

1958年，以黄秉维牵头的中国科学院自然区划工作委员会编辑出版《中国综合自然区划》。该方案按照大自然区、热量带、自然地区、自然地带、自然省、自然州、自然县等7级单位系统（前二者为零级、最后二级在全国区划中未作具体划分），将全国分成3大自然区（东部季风区、蒙新高原区、青藏高原区），6个热量带（赤道带、热带、亚热带、暖温带、温带、寒温带），18个自然地区和亚地区，28个自然地带和亚地带，及90个自然省。其中自然地带和亚地带是整个区划方案的主要分类单位。这一区划着重考虑地域分异的基本规律和过程，采取了地带性和非地带性单位交叉使用的单列系统方案，每一级单位都有较明确的定义和划分方法，并且明确规定以农业为其主要服务对象。同时，采用≥10℃的活动积温来衡量一地区热量的多寡和农业生产潜力；并将亚热带分为北、中、南三个亚带。辽东半岛和辽宁省南部从东北区划入华北地区。

（三）任美锷、杨纫章方案

1961 年发表，方案依据自然差异的主要矛盾，以及利用改造自然方向的不同，将全国分为 8 个自然区，即东北区、华北区、华中区、华南区、西南区、内蒙古区、西北区和青藏区，下分 23 个自然地区、65 个自然省。该方案把大兴安岭南段划入内蒙古区，把辽河平原划入华北区，把横断山脉北段划入青藏区，把柴达木盆地划入西北区，同时又将其周边山地划入青藏区等。

（四）赵松乔方案

提出于 1983 年，1985 年纳入中国科学院《中国自然地理》编辑委员会编写的《中国自然地理．总论》。该方案先把全国分为东部季风区、西北干旱区和青藏高原区三大自然区。自然区之下，再按温度、水分条件的组合，及其在土壤、植被等方面的反应，分出 7 个自然地区和 33 个自然副区。自然地区命名因区而异：东部季风区按水热状况命名，如东北湿润、半湿润温带地区，华北湿润、半湿润暖温带地区等，体现了水热组合对划分地区的标志作用；西北干旱区按热量和植被类型命名，如内蒙古温带草原地区、暖温带荒漠地区等。

我国的自然区划在三大区和二级区划分上基本没有太多差异，但在具体的划分标准和范围上各有千秋。

第三节　自然地理系统分类

分类是人类认识的深化和对认识的总结，是为了加深对事物的认识、方便记忆而进行的逻辑思维，分类有时又叫类型划分。自然地理系统分类是对自然地理系统属性的概括，目的是减少系统数量，揭示共性特征。从此定义出发，当自然地理系统数量不多时，如等级较高，区域范围较大的系统地带、大区等，进行分类的价值不大。分类主要在系统个体数量较多，同时又存在较多共性的情况下才有较大的价值。自然地理系统分类可以是要素系统，也可以是区域综合系统。本节所述内容为自然地理系统的综合分类。

一、分类的原则与依据

自然地理系统分类的基本原则主要包括发生统一性原则、层次性原则、综合性与主导因素相结合原则、指标的互斥性和针对性原则、实用性与可操作原则。

发生统一性原则，综合性与主导因素相结合的原则与自然地理系统分区原则基本一致，发生统一性强调系统起源的相关性和历史渊源，综合性与主导因素相结合要求进行分类时既要综合考虑、分析自然地理系统的各个要素及其相互作用，又要考虑简单实用，使用主导因素作为分类依据。

层次性原则强调每次分类都应统一在一个系统层次，不能交叉。如果层次混乱，分类必然违反逻辑和科学性。

指标的互斥性，是指在进行系统分类时，所选用的分类指标必须相互排斥，不存在信息和内容的交叉，否则，分出的类型就可能出现外延不周延，内涵不明确等逻辑错误。指标的针对性主要是强调进行系统分类时要考虑分类的目的，有针对性地选择分类依据指标，从而使分出来的类型与目的相一致。

实用性与可操作性要求分类的方法、指标具有实用价值，可以获得分类所需的数据、信息，分出的类型具有实用性，能满足使用需要。

自然地理系统分类的依据是自然地理系统的综合属性，包括可视和不可视部分。可视部分就是系统的外观(景观)，是有地形地貌、植被土壤等有形要素构成的部分，不可视部分主要是大气和气候条件，尤其是水热条件。从系统分类角度看，分类的依据应该是整体的、综合的，包括可视和不可视部分在内。由于有形的植被土壤等因素是无形的水热条件与岩石圈层相互作用的结果，其形成、发展受水热条件严格制约，植被土壤能够较好地反映水热条件，因此，在具体操作时，可将有形的部分作为分类的基础依据，无形部分作为辅助依据。

由于分类对象——自然地理系统，具有层次性，范围大小不一，其综合程度也不同，因此，在对不同层次的系统进行分类时，采取的分类标准和依据有所不同，综合性也有差异。等级较高、尺度较大的自然地理系统，分类依据多采用少数几个控制性因素及其指标，如地形地貌，或者热量因素。小尺度的自然地理系统分类，则更多采用综合性与主导因素相结合的方式，主导因素可能是有形的地貌、植被土壤，也可能是无形的小气候等。

二、自然地理系统分类等级单位

自然地理系统具有层次性，因此分类对象也具有等级层次性，分类单位与之相对应，有等级新单位。在分类学界，生物的分类历史悠久，分类系统深入人心，科学合理，因此，在其他学科分类的时候，往往采用生物学的分类思想和单位体系。自然地理系统也不例外，但自然地理系统与生物不同，生物的个体性极强，分类对象是一个个独立的生物个体，不像自然地理系统等分类对象本身是一个个相互包容的系统，在空间范围上存在大包小的级别性。所以对这类系统的分类，需要明确分类对象的级别，并针对每一级进行分类，而不能只针对最小的个体进行分类。

如前所述，自然地理系统的层次性最大的是陆地海洋两大系统，然后才是海陆内部的大区或自然带，大区或自然带内是地区或地带，依此类推。自然地理系统的高级系统数量较少，低级单位(土地类型)数量较多，所以低级单位的分类意义更大。

有关自然地理系统的分类单位，不同学者给出的等级数和名称都有差异。如前苏联将自然地理系统(自然环境)从上而下划分为：地带，地区，省，景观，地方，限区，相；英澳等国家则划分为土地带(land zone)，土地省(land province)，土地区域(land region)，土地系统(land system)，土地刻面(land facet)，土地元素(land element)等(伍光和等 2005)。总的来说，大尺度的多采用带、区概念，小尺度的差异较大。

地理学前辈往往强调自然地理分区与分类的不同，应相互区别，把分类局限于土地——小尺度自然地理系统，分类单位与分区单位互不相关。作者认为，分区域分类的对象都是自然地理系统，只不过是从不同的角度进行分析、认识该对象，分区将自然地理系统从空间上分开，主要工作是确定系统边界；分类则是对分出来的不同等级的系统进行属性概括、抽象，主要工作是系统共同属性的提取。分区是分类的基础，分类是分区的延续，分类的对象就是分区的结果——不同尺度的自然地理系统“区域”，分类单位是对分类对象的概括和说明，分类单位应对应于自然地理系统分区等级单位。

三、自然地理系统分类

(一)大尺度自然地理系统分类

大尺度的自然地理系统分类一般不多,只涉及少数情况,包括自然带的分类和自然区的分类。由于个体数量少,大尺度的自然地理系统分类实际意义较小。

1. 自然带的分类

自然带分类以地带性分异因素为依据,综合考虑气候和植被土壤进行划分,属一级分类,可分为热带雨林带、热带季雨林带、热带稀树草原带、热带荒漠带,亚热带常绿阔叶林带、亚热带荒漠带、亚热带常绿硬叶林带,温带落叶阔叶林带、温带草原带、温带荒漠带,亚寒带针叶林带、极地苔原带、极地冰原带等13种自然地理系统类型(自然带)。一级类型的自然地理系统每一个类型在地球表面都有不止一个分布区域,但个体数量相对并不太多,分类只是对其属性进行概括,揭示其共同特征。

在此基础上可进行二次、三次分类。如热带雨林可分为海岛型热带雨林带和内陆型热带雨林带,亚热带常绿阔叶林带可以分为常绿阔叶林带、常绿阔叶落叶混交林带、常绿阔叶针叶混交林带等类型。温带草原带可以分为湿润草原带、典型草原带和荒漠草原带等。

2. 自然区的分类

自然地理系统的非地带性单位为自然区,也可以进行类型划分,一般采用地形地貌为主导因素进行分类,一级区可以分为大陆和海洋两大区,然后在大陆内针对二级自然区进行类型划分,分为山(地)区、丘陵区、高原区、平原区、盆地区、海岛区6种类型。在二级区分类基础上可以进行三级区的分类,如平原区可分为滨海平原区、洪积平原区、冲积平原区等。高原区可以按海拔高度分为高高原、中高原、低高原,或者按主要地貌类型分为黄土高原、喀斯特高原、古台地高原等。三级区以下则既可以从非地带性角度继续分类,也可以从自然带的角度进行分类,具体应根据分区结果确定分类对象,然后对不同的"区域"进行分类。

(二)小尺度自然地理系统——土地系统分类

1. 土地系统分类对象与土地分级

土地系统分类对象是不同级别的土地系统,即小尺度的自然地理系统。土地的分级是分类的基础,是对自然地理系统复杂程度的空间范围划分,是自然地理系统的识别过程,属于自然区划的范畴。从土地范围看,土地系统一般可以分为三级,但不同学者对土地等级的理解、所给的划分依据、名称等不同。根据前人的研究成果,比较有代表性的是英澳学派和前苏联学派。我国学者也提出了独立的土地分类等级单位,以更切合于中国实际,其中蔡运龙等的系统比较有影响。

(1)前苏联学派

上世纪40年代,在自然地理研究中,前苏联形成了景观生态学派,认为"陆地表面可以区分出一些自然条件综合特征非常一致的地段,在这样的地段上采取相同的经济利用措施,其经济效益也应相同,因此,在土地利用规划上应规定同样的利用方式"(伍光和,蔡运龙 2005)。他们从上而下将陆地地表分为地带、地区、省、景观、地方、限区、相七级单位。一般认为,景观是最小区域单位,景观以下作为土地单位。

相是最小的土地等级,是"自然特征最一致的地段",相当于各自然地理要素的最小单位的组合，对应的地形最小单位是地貌面，即坡度、坡向和地表组成物质相同的坡面。最小气候单位是小气候，但范围难以界定，一般指与地貌面相当的范围内的光照、温度、降水等要素构成的小气候。水文的最小单位是土壤中水的含量、地下水位高低、流向的一致性。相对应于土壤变种和植物群丛，是不能再进行划分的自然地理系统，如果再分就只有要素。

限区是相互联系的相在空间地域上的组合状态。对应于初级地貌形态、小气候组合、排水与潜水的一致性，土壤变种组合和群丛组合。初级地貌形态是划分限区的重要指标和因素，是指具有独立形态的地貌个体，如一个独立的山丘，洼地等。在初级地貌形态的控制下，地表排水条件和地表地下流向具有一致特征，物质运动方向一致。

地方是限区重复出现构成的限区的有规律组合，如峰丛洼地，峰丛与洼地重复出现，规则排列，形成峰丛洼地地方。有规律的重复出现是地方的显著特征。地方与景观基本相当。

各级土地单位具体的划分标准见表 8-1。

表 8-1　前苏联土地分级单位及对应的自然要素(刘黎明 2004)

土地级	地形	气候	水文	土壤	植被
相	地貌面	小气候	土壤水性质相同	变种	群丛
限区	初级地貌形态(简单、复杂)	小气候组合	排水和潜水条件相同	变种组合	群丛组合
地方	初级地貌形态组合	地方气候	水文复区	复区	复区

(2)英澳学派

英国和澳大利亚的思想较相近，可归纳为一个系统。基本的分级为三级，分别是立地(site)或土地相(land phase)、土地型(land type)、土地系统(land system)。

立地是最小的土地单位，是内部性质和土地利用特点相对一致的区域，类似于前苏联的相，是景观最简单的部分，岩性、土壤、植被等具有一致性。

土地型是次级土地单位，相当于前苏联的限区，具有相对明确的界线和独立的组成。是土地利用方向相似的立地的组合，即地形、土壤、植被相对一致的土地单位。

土地系统是土地型的重复构成的土地整体，与前苏联的地方一致，其地形、土壤、植被出现重复，构成区域上的重复组合特征。

(3)中国的土地分级系统

我国的土地分级受前苏联影响较大，20 世纪 60 年代以来一致沿用，后来，年轻学者如蔡运龙等对土地分级进行了新的探索，提出不同于国外的分级系统。

蔡运龙依然把土地分级单位确定为三级，即地块、地段、地方。地块相当于国外的相、立地、土地元素等，其含义是组成地段的最小土地单位，其内的自然地理成分(地貌、基质、土壤、植被、水文、小气候)都是一致的，因此，地块内的土地利用可以采取完全一致的经营管理措施。地段是一组相关地块的组合，具有单一的地貌形态，常与初级地貌形态相联系，与周围地块有明显的界线。地段内的岩性和沉积物是一致的，物质迁移方向也一致。比较简单的初级地貌形态组合也划为一个地段。该单位相当于国外的限区、土地单元等单位。地方是指几种地段有规律重复出现的地区，是初级地貌形态与植被土壤的有机组合，其特点是地段结构的一致性。

蔡运龙的土地等级系统虽然在等级数量等与国外相通，但更关注于土地制图的需要，名称上更符合中国人习惯，具有较强的实用性。

2. 土地系统分类

分类是对各个级别的土地按组成要素特征进行的属性概括，是以土地自然属性的差异性和共同性为依据，从土地的某一自然属性或土地的自然综合特性方面进行抽象，分成不同的类型的过程。土地分类的目的是揭示自然地理系统在小尺度、小范围的地域分异规律，为合理利用土地提供科学基础。土地类型划分针对土地的自然属性进行，但也考虑了土地的利用需要，一般来说，相同的土地类型具有大致相同的生产潜力。

(1)土地分类方法

土地类型的划分方法有景观法，参数法和过程法等。

①景观法

景观法也就是形态外貌法，主要根据土地的形态特征，尤其是地貌特征进行分类。一般来说，地貌是小尺度地域分异的重要基础，是影响土地属性的主导因子。根据主导因素法，以地貌为主要识别标志，然后对地貌因素和其他因素之间的相互作用进行深入分析研究，明确制约关系，然后可以划分出内部相对一致的小尺度自然地理系统单元(土地)。景观法判断指标易得，在野外实地分类比较方便，划分土地类型边界清晰，实践中已被广泛接受和使用，尤其是在山区等自然地理系统边界比较清晰的区域，实用性极强，应用普遍。

②参数法

参数法，也叫指标法，是根据土地组成要素选取具有代表性的指标，获取指标的数值，以定量的方式划分土地类型的一种方法。在气候因素作为主导因素时，常采用参数法进行土地类型划分。参数法需要选取反映土地属性的指标并定量，可以较好地反映土地属性的量化特征，适宜于计算机制图等，符合科学发展趋势。参数法可以广泛应用于各种土地分类，但对土地界线比较模糊的地区和土地类型，参数法具有唯一性和不可替代性。

③过程法

过程法，也叫机理法，是通过对土地分异各主要过程以及过程动力学持点的研究，以土地内部的作用过程为依据，将不同成分过程效应在空间上的变化界线作为土地单位的边界，进而产生土地单位在一定程度上的独立性(刘黎明 2004)。

(2)土地类型命名

土地类型的命名长期以来也未统一，一般采用习惯法进行命名，如岗台地、低山地等。

四、我国的土地类型划分

目前，我国土地类型划分已取得了丰硕成果，其中 1∶100 万土地类型分类是我国土地类型划分的标志性成果。

1∶100 万土地类型以全国为分类范围，将中国自然地理系统分为三级，分明按土地纲、土地类和土地属命名。等级单位借用生物学分类单位，但名称上有所变化。土地纲根据水热条件划分，以地带性单位为主体，全国共分出 12 个土地纲：湿润赤道带、湿润热带、湿润南亚热带、湿润中亚热带、湿润北亚热带、湿润半湿润暖温带、湿润半湿润温带、湿润寒带、黄土高原、半干旱温带草原、半干旱暖温带荒漠、青藏高原。在土地纲之下按大(中)地貌类型(山区以垂直地带性划分)划分出土地类，土地类主要反映景观特征，如滩涂、低湿河湖洼地、海积平地、冲积平地、沟谷河川平坝地、岗台地、丘陵地、低山地、中山地、高山地、极高山地等。然后再根据土壤亚类、植被亚型或群系的差异进行三级划分(土地型),如在岗台地中又可分为棕壤岗台地、褐土岗台地、紫色土岗台地等。土地型以下未再进行细分。

陈传康、蔡运龙等曾按科、属、种的层次进行过更低级层次的自然地理系统(土地系统)类型的划分,不过效果不太理想。

第九章　自然地理系统调查与观测

第一节　野外调查的传统方法

一、野外调查的含义和内容

野外调查是通过野外的观察、调查、测量等，对自然地理系统的组成、分布、结构、外貌等特征数值进行测量和登记，从而获取所需数据的方法，是地理学的传统方法。由于研究区域一般都比较大，故多采取点、线、面(区)相结合的调查技术获取大面积区域的数据，是一种区域野外抽样调查方法。调查的内容和调查的详细程度根据研究的需要进行设计，在调查之前作出安排。具体内容是：

(1)按“区域——路线——点”的顺序选定调查、研究范围

首先是选择调查区域，即根据研究目的、计划，在空间上明确研究区的界线和范围。然后，对区域自然地理情况进行初步了解和分析，按一定原则选定调查路线。最后，在各条线路上按典型性选出详细调查的点(地段)，作为调查、观察的重点。

(2)按路线进行野外考察、调查

先进行初调，从总体上了解区域和路线的情况，对室内选定的线路进行评价，如有必要，应进行现场选线和布点。然后再按交通条件开始逐条线路的调查，按每条线路的前进方向边走边观察、调查、绘图，并作好记录。

(3)典型点的详细观察、测量与绘图

在选定的典型地段进行详细的观察、测量、绘图等，获取尽可能详尽的自然地理系统要素(由研究目的确定)数据。

(4)野外采样

在野外调查中有时候需要进行土壤、植物、水等要素的采样，然后在室内进行分析研究。野外调查需要完成实地采样任务。

具体的调查内容需要根据调查目的，结合专业知识确定。一般来说，地理调查的基本目的是认识自然地理系统，因此，系统的组成要素，如地质地貌、气候、水文、植被土壤等要素状况调查，系统结构调查以及相应的地理过程、自然演化调查，要素相互作用，自然地理系统的地域差异等都是系统调查的基本内容。当然，每一次调查的目的有所不同，不需要每一次都开展全部内容的调查，有时单项调查也是地理调查的常见情况。

二、野外调查的基本程序

自然地理的野外调查包括三个基本阶段，第一阶段为准备阶段，第二阶段为实地调查阶段，第三阶段为资料和调查成果的整理阶段。

1. 准备阶段

准备阶段是开展地理野外调查的必不可少的一个阶段和环节。在该阶段，通常需要作好三个方面准备，一是人员准备，二是调查技术准备，三是野外生活准备。

(1)人员准备

人员准备方面主要是专业技术人员的配搭和后勤服务人员的安排。前者要求根据调查目的和内容，按需要进行人员搭配，植物、土壤、气候、地质、地貌、水文等各专业人员都应配齐。如果统一行动，只需进行一组人员搭配组合即可；如果是分几个小组同时调查，则需要按小组数量分配相关人员。合理的技术人员搭配是搞好地理野外调查的前提和先决条件。后勤人员没有过多要求，但需要考虑食宿、交通等的安排需要。后勤人员可以由专人负责，也可以由技术人员兼任。如果是大规模的地理考察，涉及人员众多，则必须设专人负责。

(2)技术准备

包括调查技术路线设计，区域基础资料准备，仪器设备准备，调查表格图纸准备等几个方面。

技术路线设计包括调查目的、内容的确定，调查方法和组织方式的比选，调查时间和进度安排，调查精度和误差预设等。调查的目的是技术路线整体设计的基础，目的必须明确，只有目的明确才能确定需要做什么，为什么做，该怎么去做。调查目的是开展调查的所有人员都应清楚和牢记的内容。调查内容根据调查目的和要求设定，可分类、分项设计调查内容，有的可以明确到指标，有的只需按类型，到项目即可。

调查方法的选择在技术路线设计中也十分重要，应根据调查目的和内容，按照经济、实用、可靠的原则，选择调查方法。目前常用的方法包括座谈访问、资料收集、典型调查、重点调查等途径，观察、测量、采样分析等具体方法。不同的方法适用范围不同，应结合调查对象和要素进行筛选。准备阶段的方法选择仅仅是初步的构想，在实际调查时还需要根据实际进行调整、优化。技术路线设计环节还包括调查的时间、步骤、进度和精度等方面的设计与安排。调查时间应考虑天气因素和影响，也要考虑经费限制和整体进度要求。调查步骤是先做什么，后做什么的顺序安排，一般按空间、线路逐步展开，在调查时应先进行不对环境有影响的项目调查，然后进行采样工作，避免造成采样后的形态改变和破坏。从区域调查看，调查步骤一般是先进行资料收集，访问座谈，然后再实地考察。调查的精度与误差等在室内准备阶段要有所考虑，并从技术上设计、安排控制办法和质量管理手段，避免亡羊补牢，如调查图纸的比例尺、调查表内容的统一规定，设立质量监督人员按工作开展情况进行检查等。

区域基础资料准备包括图纸、报告、数据等的准备，尤其是各自然地理要素的调查报告、统计资料和已有专业地图等，对开展野外调查十分重要，有时甚至是关键，所以需进行预先收集整理。比如，调查区域的大比例尺地质图、地形图等，在野外调查时往往需要以这些图件为基础。

野外调查需要一定的仪器、设备，在准备阶段，需要购买或借用，保证仪器设备到位。到位后还需要进行检查、验证，从而确保仪器设备可以正常使用。

野外调查时间往往较紧，各种调查要用的表格、图纸等应该在室内准备齐全，避免急用时没有可用表格等，或者导致工作进行缓慢等。

2. 实地调查阶段

实地调查阶段应根据准备的调查技术路线和分工安排，按计划开展资料收集、实地调查和观测记录等调查工作。要注意调查内容和项目的完整性和是否已经调查完成。如果有漏项，要及时补调补测。

3. 资料整理阶段

调查结束后，需要对调查获取的资料、数据、观测记录、测量数据、图件等进行分类整理和归纳建档，为进一步开展相关研究工作作准备。

三、传统调查方法的类型

（一）地理综合考察

自然地理综合考察是由内容涉及气象气候、地质地貌、土壤植被、水文等多方面的一种大规模考察活动。往往需要众多专业技术人员，历时数月到数年，考察内容全面、细致。地理综合考察对于全面了解研究区自然地理环境、资源组成、结构特征以及分布等具有十分重要的科学和实际意义，考察所形成的考察报告往往是该地区最全面、第一手的自然地理资料和信息。由于涉及面宽，所需专业人员多，资金花费也较大，一般在需要全面了解研究区域基本情况时开展。综合考察既可以在未开发地区进行，也可以在已开发地区进行。从科学研究角度来说，自然地理的综合考察是针对未开发地区进行的全面调查活动。

地理综合考察是一次性组织各专业的人员，同步开展野外考察、调查，从而获取各方面丰富资料的活动。考察活动开展的关键是组织工作，各专业具体的野外调查方法不同，并不要求统一。调查方式往往采用线路调查法，将调查人员按专业分成若干组，以组为单位开展调查考察。分组方式既可以是各专业人员搭配成一个组，也可以是调查方式和内容相近的专业组成一组。

我国的地理综合考察始于上世纪二三十年代，40 年代时规模增大，先后有嘉陵江流域、川东、汉中盆地等地理考察，并出版了考察报告。大规模的地理考察工作始于 1951 年的西藏考察，1956 年中国科学院自然资源综合考察委员会成立以后更蓬勃展开。之后 30 多年，先后进行了华南、西北、西南、黄河中下游、青藏高原和黑龙江等地区，以及海洋、湖泊、山地、冰川、冻土等内容的大规模考察活动，考察范围遍及全国。其中，前期考察多集中在科学资料缺乏的边疆地区，60 年代以后逐步转入解决拟开发或已开发地区的地理问题。每年参加考察的人数达几千人。进入上世纪 90 年代，全国性的综合地理考察逐步减少直至停止。目前，综合地理考察的规模和范围都已经很小，仅针对性地开展一些补充性质的综合考察活动。

（二）地理专项调查

地理专项调查与综合考察相对应，是指调查项目比较单一的考察调查活动。地理专项调查的规模不能一概而论，有时规模也很庞大，如青藏高原的地质考察就人员众多，规模庞大，有时规模较小。专项调查与综合考察的区别仅是调查内容是综合的还是单项的。

相对于综合考察，地理专项调查的专业性较强，调查方法也比较统一。如黄土水土流失专项调查，在技术路线设计上将调查内容、方法等都设计得十分清楚，调查要求也比较清晰。

第二节 统计调查的技术方法

一、统计调查法的基本原理

(一)统计调查的类型与信息特征

统计调查是社会科学常用的一种方法,但在自然地理研究中也有很好的应用价值。统计调查包括许多具体的方法。按详细程度,有详查和概查;按调查的覆盖率,则有抽样调查、普查等。普查、详查由于工作量大,所需时间、人员、费用均较多,故不宜经常使用。抽样调查是最常用的一种统计调查方法。

详查、普查的调查项目一般较多,内容齐全,所获取的调查信息比较丰富,系统性更强。抽样调查通过选取具有代表性的样本进行调查统计,获取的信息只是样本的,是不完全信息,但可以利用调查方法的数学原理“推而广之”,反映整体情况。

(二)统计调查信息获取的技术途径

统计调查信息的获取有三种途径,一是通过已有统计报表进行分析、提取;二是利用相关资料进行分析统计;三是进行实地调查获取。利用统计报表进行信息获取,最直接、最简单方便,但需要进行统计汇总,有“报表”。同时,利用已有的报表,要注意信息的对称性和实用性,要去伪存真,进行误差分析和鉴定。已有统计报表在使用目的上不一定满足调查需要,而且由于时间、调查程序、精度要求等的不同,报表数据往往难以直接满足调查需要。利用相关资料进行分析统计,也是获取统计信息的一种有效途径,有时效果比使用统计报表更好。实地调查是获取信息最有效、最可信的一种途径,但需花费更多时间和精力,而且很多调查项目在短时间内难以完成,历史情况则难以通过实地调查获取信息,因此,实地调查并不一定是最好的方法。

以上三种获取统计信息的途径各有所长,各有不足,在使用中应互为补充,各取所长。

二、普查法

(一)普查的技术要求

普查是全面详细调查的一种方法,是对调查总体中的每一个调查对象进行调查,其目的是获取调查区内的全面资料和信息。普查在资源调查方面使用较多,如土壤普查、生物资源普查等,在自然地理研究中用得相对较少。

普查的技术要求如下:

(1)全面。要求调查每一个调查“个体”,区内每一个点、每一个方面都必须进行调查。

(2)细致。需对调查对象的几乎所有方面的内容开展调查。

(3)同时进行。普查一般都规定调查时点,同时开展调查,以便对获取的数据信息进行汇总和统计分析。

(4)调查项目和标准统一。普查涉及面较宽,为便于比较和工作的开展,调查项目、标准等在每个区域都一致。

(5)误差控制。普查过程因人为原因必然有误差,在技术上应进行误差控制,以确保普查数据的真实可靠。

(二)普查的基本程序

普查与一般调查程序相似,包括准备、设计、调查、数据汇总、分析处理等阶段。在调查阶段,为使调查的方法与内容符合要求,一般要先进行抽样调查(试点),然后再铺开。完成调查后,要再次进行抽样调查(补查)进行验证,分析误差。一般来说,由于区域范围大,故大多要进行分区,按各级区域进行调查,并逐级汇总。

在开展实际调查之前,需要进行调查方案设计,首先是明确调查目的和任务,然后根据目的和任务开展调查区域、调查项目、调查方式、质量标准、误差控制、统计汇总方式、成果使用等方面的全面设计,在组织形式、技术路线和后勤保障等方面提出相关方案,进行研讨优化,最后确定调查方案,组织实施。为获取相应设计信息,可以先进行小范围研究性试点,然后再进行方案设计。

(三)普查的基本方法

普查有逐级普查、快速普查、全面详查、线路调查等基本方式。逐级普查是根据行政区单位,从最基层单位开始调查,然后逐级往上汇总的一种方式。快速普查是在较短时间内,采用比较快捷的方式,快速汇总信息资料的一种普查方式,为使调查快速完成,调查时间较短,更多的是基层单位利用原有数据基础,迅速组织人员填表汇总,然后采用电子邮件、传真等汇报方式向上级汇报。快速普查多具有应急特征。全面详查是普查的基本方式,调查内容全面、项目设计齐全、调查要求详细、涉及面宽,规定统一时点、标准和调查方式等,全面铺开,历时较长。在对重要资源、自然或社会经济信息调查时,需要不定期进行这种调查,如土地资源详查、人口普查等。线路调查是地理学传统的调查方式,以线代面,以缩短调查范围和时间。只要线路设计合理,数量较多,调查内容齐全,也能满足普查的要求。在自然地理系统研究中常采用线路调查方式完成普查。

普查方式多种多样,各有优缺点,在进行具体的调查设计时,可根据各自特点和调查目的任务进行选择,也可以搭配使用。

三、抽样调查法

抽样调查法是一种非全面调查方法,在被调查对象中选取一定的"样本"作为代表,对样本进行调查、测量,并以样本统计特征值推测总体的特征值的方法。抽样调查法适合于对调查对象——样本"无限大"或"无限多"的调查。当然"无限大"或"无限多"是相对的,也可以说是"较多"、"较大"。由于样本较多较大,全面调查比较困难,费时费力,因此,在一定精度要求下,以较少的调查对象的调查信息数据代替全面调查具有省时省力的优势。为了保证调查精度,抽样需要按照一定的规则和方式进行。

(一)抽样调查的基本思想

1. 总体和样本

被研究或拟调查对象的全部个体称为总体,按一定方式从总体抽取出来的部分称为样本。组成样本的每个单元称为样本单元。一般总体单元数用 N 表示,样本数用 n 表示。总体和样本都是随机变量。

2. 总体参数和样本特征值

(1)总体参数

根据总体各单元标志值计算的综合特征值叫总体参数，常用的有：

总体平均数：$\overline{X} = \frac{1}{N}\sum_{i=1}^{N} X_i$

总体方差：$\sigma^2 = \frac{1}{N}\sum_{i=1}^{N}(X_i - \overline{X})^2$

总体标准差：$\sigma = \sqrt{\frac{1}{N}\sum_{i=1}^{N}(X_i - \overline{X})^2}$

总体成数：$P = 1 - Q$

式中 X_i 表示各单元标志值，P 表示总体中具有某种性质的单元在总体全部单元数中的比重，Q 表示总体中不具有某种性质的单元在总体全部单元数中的比重。

(2)样本参数

样本参数与总体参数基本相同，也包括样本平均数、样本方差、样本标准差、样本成数。计算公式和含义也一致。为便于区别，公式字母需作改变。标志值用 x_i，平均数用 $\overline{x}$，样本方差用 s^2，标准差用 s，样本成数用 $p=1-q$ 表示。

样本(区、类)的选择原则包括典型性、代表性、可得性原则。

3. 抽样误差

在抽样调查中，用样本代替总体所产生的误差，一种是由于主观因素破坏了随机原则而产生的误差，称为系统性误差，又叫偏差；另一种是由于抽样的随机性引起的代表性误差。抽样误差是指代表性误差，而不是系统性误差。抽样误差越大，表明抽样样本对总体的代表性越小，抽样结果越不可靠；反之，抽样误差越小，说明抽样对总体的代表性越大，结果越准确可靠。随机误差可分为平均误差和极限误差(或叫绝对误差)。误差计算方法如下：

(1)抽样平均误差

分两种情况，一是重复抽样时的随机误差，二是不重复抽样时的随机误差。都是抽样平均数的误差。

重复抽样的误差

$$\mu_x = \sqrt{\frac{\sum(\overline{x_i} - \overline{X})^2}{M}} = \sqrt{\frac{\sum(\overline{x} - E(\overline{x_i}))^2}{M}} = \sigma_{\overline{x}} = \frac{\sigma}{\sqrt{n}}$$

式中 M 为全部可能的样本数，$\overline{x}$ 为各样本平均数，$\overline{X}$ 为总体平均数，$E(\overline{x_i})$ 为数学期望，$\sigma_{\overline{x}}$ 为样本标准差，σ 为标准差。实际进行抽样调查时，标准差不易获取，故多用样本标准差代替。

不重复抽样的误差

$$\mu_x = \sqrt{\frac{\sigma^2}{n}\left(\frac{N-n}{N-1}\right)}$$

当 N 较大时，$N-1$ 可以看成 N。

可以看出，不重复抽样的误差比重复抽样的误差小。

成数的抽样误差与此计算相似。

重复抽样的误差

$$\mu_p = \sqrt{\frac{p(1-p)}{n}}$$

不重复抽样的误差

$$\mu_p = \sqrt{\frac{p(1-p)}{n}\left(\frac{N-n}{N-1}\right)}$$

同样,当 N 足够大时,$N-1$ 可以看成 N。

(2)极限误差

极限误差是指样本特征值与总体特征值之间抽样误差的范围。计算公式如下:

$$\Delta_{\bar{x}} = t\mu_x$$

成数的极限误差公式:

$$\Delta_{\bar{p}} = t\mu_p$$

式中 t 为概率度,反映用样本推断的总体特征值的可靠程度,对于一定的 μ_p,t 值越大,误差越大,t 通常取 2。

4.抽样方法

样本选取的方式即抽样方法,有重复抽样和不重复抽样两种。

(1)重复抽样

重复抽样是把抽出来的样本又返回总体中,使每次抽样的总体数都一样。由于每次抽样的总体都是一样的,因此,每个单元被抽中的可能性不止一次,可能会被重复抽中。

(2)不重复抽样

不重复抽样是将每次抽出来的样本都不放回总体中去,每抽一次,总体数就少一个,因此,每个单元只可能被抽中一次。

(3)常用抽样方法

进行抽样调查时,常用的方法有简单随机抽样、系统抽样、分层抽样、整群抽样等方法。

简单随机抽样就是在总体均匀混合状态下,随机逐个抽取样本的方法。每一个单元都有被抽中的机会,而且,前一次抽样抽到的样本与后续抽样抽到的样本并没有必然联系。简单随机抽样比较适合于总体较少、总体单元特征值比较集中的总体调查。

系统抽样又叫等距法机械抽样,是先将总体按一定的特征值排队,然后按相等的距离或间隔逐个抽取样本单元的方法。系统抽样法属于不重复抽样。在已知总体相关信息的情况下,能够保证样本单元在总体中的均匀分布,因此,该方法抽取的样本比简单抽样法抽取的样本对总体的代表性要强,精度更高。

分层随机抽样也叫分类抽样或类型抽样,即在总体样本单元呈现出明显的层次性时,先将总体样本分为几个类群或层次,在每个类群或层次中进行随机抽样,进行实现总体抽样的方法。该方法适用于总体很多,特征值呈现出明显层次性的抽样调查。

整群抽样是显见总体分为若干群或集团,然后以群或集团为单元,成群地抽取一部分群作为样本单元,对抽中的群内的所有单元进行全面调查的方法,又叫集团抽样。基本思路是以群代替总体,以减少抽样数量。但如果抽出的群对总体的代表性不够时,误差将被放大。

5.样本单元数的确定

(1)必要样本单元数

不同的抽样方法所需的样本数不同,不同的样本数,抽样调查的代表性不同、精度不同。

为此，进行抽样调查时应充分考虑经济、实用，在精度容许的情况下尽量减少抽样的样本数。能够满足抽样精度要求的最少样本数叫必要样本数。基本的计算公式如下：

随机的样本数：

重复抽样，$n=\dfrac{t^2\sigma^2}{\Delta_x^2}$；不重复抽样，$n=\dfrac{Nt^2\sigma^2}{N\Delta_x^2+t^2\sigma^2}$。

成数的样本数：

重复抽样，$n=\dfrac{t^2p(1-p)}{\Delta_p^2}$；不重复抽样，$n=\dfrac{Nt^2p(1-p)}{N\Delta_p^2+t^2p(1-p)}$。

(2)最大样本数

在保证相对误差一定情况下的最大样本数。

平均数的最大样本数：

重复抽样，$n=\dfrac{t^2c^2}{E^2}$；不重复抽样，$n=\dfrac{Nt^2c^2}{NE^2+t^2c^2}$。

式中 c 为变异系数，$c=\dfrac{s}{\bar{x}}$；E 为相对误差，$E=\dfrac{\Delta_{\bar{x}}}{\bar{x}}$ 或 $E=\dfrac{\Delta_{\bar{p}}}{\bar{p}}$。

成数的最大样本数：

重复抽样，$n=\dfrac{t^2(1-p)}{E^2P}$；不重复抽样，$n=\dfrac{Nt^2P(1-p)}{NE^2P+t^2p(1-p)}$。

(二)抽样调查程序

开展抽样调查的基本程序为：样区研究——抽样方法选取——抽样设计(样本量设定，调查区、点的划分，调查表、问题设计)——实地考察、调查、绘图——统计分析。

抽样方法的选择应根据调查研究的范围和需要，一般而言，面积在 1 000 km^2 以上的可选用分层抽样法，抽样可靠性 80%～85%，最小样本数占总样本数的 1%～10%；1 000 km^2 以下的采用一般随机抽样或系统抽样调查，抽样可靠性 90%～95%，最小样本数占总样本数的比例不少于 10%。

样地形状可根据实际情况确定，圆形、方形或梯形均可。植物群落调查还可以采用无样方调查，一般等距离抽样调查。调查样地面积不同，调查要求不同，如植物群落调查，乔木一般为 400(20×20)m^2 或 600 m^2，灌木 10～20 m^2，草本 1～4 m^2。

第三节 遥感遥测调查与监测

一、遥感调查技术的基本原理

(一)基本原理

遥感是 20 世纪 60 年代发展起来的一门对地观测综合性技术，自 20 世纪 80 年代以来，遥感技术得到了长足发展，遥感技术的应用也日趋广泛。遥感是指用间接的手段来获取目标物状态信息的方法，通常利用遥感器从空中来探测地面物体的性质，它根据不同物体对波谱产生不同响应的原理，利用飞机、飞船、卫星等飞行物上的遥感器收集地面数据资料，并从中获取信息,经记录、传送、分析和判读来识别地物。

地面上的任何物体(即目标物),如大气、土地、水体、植被和人工构筑物等,在温度高于绝对零度时,都具有反射、吸收、透射及辐射电磁波的特性。当太阳光经大气层照射到地面时,地面上的物体就会对由太阳电磁波产生反射和吸收。由于物体的物理和化学特性不同,以及入射光的波长不同,因此对入射光的反射率也不同。各种物体对入射光反射部分叫做物体的反射光谱。同时吸收太阳辐射后的地面物体也会发射出一定波长的电磁辐射,因温度较低,大多为长波辐射。遥感器就是根据收集反射光谱和辐射光谱来获取地面或地下物体信息的。

遥感的实现涉及遥感平台和信息获取装置(遥感传感器)。遥感中搭载遥感器的工具统称为遥感平台。按平台距地面的高度大体上可分为地面平台、航空平台、航天平台。地面遥感平台指用于安置遥感器的三脚架、遥感塔、遥感车等,高度在 100 m 以下。在上放置地物波谱仪、辐射计、分光光度计等,可以测定各类地物的波谱特性。航空平台指高度在 100 m～100 km 的平台。航天平台一般指高度在 240 km 以上的航天飞机和卫星等,其中高度最高的要数气象卫星 GMS 所代表的静止卫星,它位于赤道上空 36 000 km 的高度上,Landsat、SPOT、MOS 等地球卫星高度也在 700～900 km。

遥感传感器是获取遥感数据的设备,种类繁多,一般可分为摄影类,扫描成像类,雷达成像类,非图像类四类。无论哪种类型的遥感传感器,都由四个部分组成:

(1)收集器:收集地物辐射来的能量的元器件,如透镜组、反射镜组、天线等。

(2)探测器:将收集的辐射能转变成化学能或电能的元器件,如感光胶片、光电管、光敏和热敏探测元件、共振腔谐振器等。

(3)处理器:对收集的信号进行处理,如显影、定影、信号放大、变换、校正和编码等摄影处理装置和电子处理装置。

(4)输出器:输出获取的数据,有扫描晒像仪、阴极射线管、电视显像管、磁带记录仪、XY 彩色喷笔记录仪等。

目前常用的是成像光谱仪。成像光谱仪属于多光谱扫描仪,是以多路、连续并具有高光谱分辨率方式获取图像信息的仪器,通过将传统的空间成像技术与地物光谱技术有机地结合在一起,可以实现对同一地区同时获取几十个到几百个波段的地物反射光谱图像。

(二)遥感技术的特点

(1)探测范围广,信息采集速度快

遥感探测能在较短的时间内,从空中乃至宇宙空间对地面大范围的地区进行观测,并获取遥感数据。这种技术手段与传统的手工作业相比,不仅获取信息的速度快,而且范围广,有的信息还是使用传统方式难以获取的或不可能获得的。因此,遥感手段为研究自然现象和规律提供了崭新的视角、可靠的技术和宝贵的信息。

(2)能够动态反映和跟踪地面事物的变化

遥感探测能重复不断地对同一地区进行对地观测,连续不断或定期地获取地物的遥感信息数据,从而为实施动态监测,发现并跟踪自然地理系统各组成要素的动态变化创造了条件。在监视天气变化、自然灾害、环境污染等方面,遥感技术具有不可比拟的优势和条件。

(3)可获得多要素、全方位的地物信息和数据

遥感探测所获取的地物遥感数据,覆盖自然地理系统的各要素和整体,可以综合反映许多自然现象与过程特征,真实展现地质地貌、土壤植被、水文、人工构筑物等的外貌特征和空间分

布格局，对于全面揭示地理事物之间的关联性具有重要作用。

二、遥感调查技术的应用

（一）遥感调查方法的选择

1. 调查方式选择

目前遥感调查技术可以选择有卫星遥感、航空遥感、遥控飞机、飞艇等技术方式，其中常用的是卫星遥感和航空遥感。

（1）卫星遥感

卫星遥感是通过卫星搭载的遥感器获取地面物体的信息，并通过卫星影像数据的形式传输到地面信息中心，经过计算机处理，形成卫星影像或数据。其特点是覆盖范围广，更新速度快，动态数据全，价格便宜，缺点是分辨率较低。但随着高清晰度的遥感卫星传感器的使用，卫星影像的分辨率已经可以达到较高的水平，如美国的快鸟卫星影像清晰度可达 0.6 m 的精度，因此，目前使用范围最广的是卫星影像数据。但高清晰度的卫星影像的价格昂贵，使用成本较高。常用的卫星影像数据有：美国陆地卫星（Landsat）TM 和 Quick Bird 遥感数据，法国 SPOT 卫星遥感数据（分辨率可达 2.5 m），加拿大 Radarsat 雷达遥感数据等，中巴卫星影像数据也有不同波段的数据可以使用。

（2）航空遥感

航空遥感是比较传统的遥感调查方法，主要是使用飞机搭载特制的照相机等传感器，通过定向飞行进行拍照，获得航空照片，通过航空照片的解译，提取地物的信息。航空照片的清晰度较高，但航拍成本极高，更新缓慢，现势性不强。目前已逐渐被现势性更强、价格低廉的卫星影像所取代。

（3）遥控飞机调查

当调查范围较小，现势性要求较强时，可使用遥控飞机进行现场调查，但遥控飞机的稳定性较差，飞行范围小，与卫星影像信息相比所能获取的信息有限，影像质量不高，覆盖范围较小，一般只适合于小范围和精度较低的自然地理调查。

（4）飞艇遥感

飞艇与飞机相似，但飞行高度较低、速度较慢，可以获得更高清晰度的影像，不过，飞艇的稳定性差，范围有限。除个别情况外，一般不再使用。

2. 时相和时间跨度选择

在进行调查方式选择时，还包括时相的选择和时间跨度的确定等内容。时相选择应根据工作区域和工作任务进行。同一地物在不同时相形成的影像可能差异较大，判译难度较大。由于不同地方、不同时段成像的影像光谱特征差异较大，因此，应注意根据地区差异进行选择。

时间跨度是使用不同时间成像的卫星影像数据出现的情况，时间跨度应按照区域级别确定，不宜太长。相距时间太久的影像，在使用时，地物变化可能会较大，难以对比和配对使用。

（二）遥感调查的程序

开展遥感调查，除技术方式与传统方法有基础性区别外，在调查程序等方面并无本质区别。但由于遥感技术毕竟不同于传统方式，因此，在相关步骤和内容安排方面，仍有所不同。具体步骤为：

(1)确定调查任务,制订调查计划。

(2)组织人员培训,统一技术路线和要求。

(3)野外考察,明确调查路线。

(4)建立影像判译标志(野外建标)。

(5)遥感影像室内判读解译(预判)。

(6)野外验证校对。

(7)图形编辑与制作。

(8)数据提取、建库。

(9)检查验收。

在该调查程序中,与传统方法区别较大的是野外建标、影像判译、实地验证三个环节。野外建标其实就是在调查区域寻找独立、具有显著特征的标志物,作为与影像相互验证的参照物,并以此分析、判断卫星影像的光谱特征与实物之间的对应关系,从而明确判断不同光谱特征对应的实物的标准和依据。影像判译是遥感调查的重要环节,是对卫星影像资料进行人工或人机互动,将影像所包含的地物信息判断、解读出来,还原为实际地物的过程。该过程工作量较大,不仅要看,而且要想,还要在计算机上进行点、线、面的划分,建立相应的拓扑关系。室内解译工作,本身就是一项调查验证的过程。当然,由于室内工作限制,难以直接将影像与实际情况进行对比,因此,难免会有误差。为此,室内解译完成后,需要将解译成果拿到野外进行对比、验证。修改错误的解译内容,完善调查成果。遥感调查因为可以在室内进行影像解译,因此大大节约了调查工作的人力、物力和时间。

(三)遥感影像解译

1. 卫星影像数据处理

卫星传回地面接收站的数据,往往不能直接使用,需要进行处理。卫星影像数据处理是对数字影像数据进行倾斜和投影差改正、影像镶嵌、图幅切割、图廓整饰等。

由于用途不同,对卫星影像数据的要求也有所不同,应根据需要将选择卫星影像数据波段或波段的组合,进行数据图像增强。影像增强常采用改变亮度、反差、目标对比度、颜色等使卫星影像达到最佳视觉效果,主要通过计算机完成,包括反差增强、边缘增强、平滑、滤波、彩色增强等。

卫星传感器在进行信息采集时使用的投影方式与调查需要的制图投影可能存在不一致的情况,因此,首先要进行投影矫正,将不同的投影矫正到同一投影系统。我国常用的小比例制图投影多为双标准纬线等积圆锥投影(Albers Conic Equal－Area):第一标准纬线是 25°N,第二标准纬线是 47°N,中央经线为 105°E。坐标原点在(105°E,0°N),椭球体为克拉索夫斯基椭球体。我国大于 1∶50000 地形图都采用高斯－克吕格投影,1∶25000～1∶50000 的采用 6°分带投影,1∶10000 或比例尺更多采用 6°分带投影。将影像投影矫正到与地形图相应的投影形式才能满足使用要求,投影矫正十分必要。

卫星传回的影像数据往往是根据飞行轨迹,按设定的拍摄模式进行,每一个数据带并不对应调查所需要的图幅和比例尺,图廓不完整,拍摄倾斜角度也可能不同,所以也都需要进行处理。不同图幅的影像拼接还涉及影像的镶嵌处理,尤其要主要镶嵌时的投影和比例尺,要有足够的重叠区域,多幅影像镶嵌时应以中间一幅为准,以减小累积误差。影像镶嵌的方法是读取已经纠正过的图像和图像的四角点的坐标,可以将图像地理坐标变换为成图像像元坐标。

2.影像解译

影像解译目前多采取人机互动方式，计算机自动解译，由于精度不高，误差较大，一般不直接采用。解译过程主要是根据影像光谱特征和形态，人工判断地物的类型和边界，然后将边界勾绘出来，标注地类符号、名称等属性。为了判读方便，一般采取合成假彩色影像的方式对卫星影像数据进行处理后在假彩色图像上进行判读。

在进行解译时首先要对影像进行几何矫正。一般是根据地形图，选取控制点进行几何矫正。矫正后图面误差要求不超过 0.5 mm，最大不超过 1 mm。控制点应均衡分布，一景影像的控制点数应不少于 20 个。几何矫正后的影像应有坐标。

在卫星影像像中，飞机场跑道等水泥建筑物，红外波段和红色波段及绿色波段反射率都较高，因此呈白色；树木的红外反射率比作物强，因此呈现大红色，而作物偏品红色。由于地面上物体错综复杂，光谱特征千差万别，因此必然会在假彩色合成像片上出现许多种颜色，增加了判译难度。为此，可以根据地物的波谱特性、合成时使用的波段、滤光片和合成的条件等因素，制定出颜色色别、明度和饱和度与地物的关系表，作为判读标志，对全片各种地物进行判读。因为像片上色调受许多因素影响，不是固定不变的，如摄影处理条件的变化会使色别、明度和饱和度都发生变化，滤光片和曝光时间以及底片本身的差异都可能引起判读标志的变化，需要在判读时注意。

在利用光谱判读标志的同时，还可以用图像上的空间特征来进行判读。尽管卫星像片比例尺较小，但地物的空间特征在像片上仍然可以较好地反映出来。从纹理特征上看，城市中由于房屋、道路及其他物体排列较规则，与江水完全不同；而树木和农田在纹理上差别很大，树木群生，农田一般都呈块状。至于像飞机场，无论光谱标志和空间形状都较特殊和直观。但在地物类型交杂处，由于两者混合后光谱特性改变，导致颜色与其他区域不同，判读时要特别小心。可通过使用反差增强、密度分割、边缘增强等方法提高空间特征的目视效果，方便解译。

如果使用高清晰度的卫星影像进行判译，相对比较简单，高清影像上已能清晰显示树木分布、街区道路、行驶的汽车、建筑物形状等。目前，关于卫星影像的解译已有较多的研究成果，在进行具体的影像解译时可以参考借鉴。

3.精度要求

(1)图像拼接与投影质量

航片处理时，航向重叠不得小于 60%，旁向重叠不得小于 30%，每张像片的倾角不应大于 2°，个别不应大于 3°，每张航片上 4 条压平线的弯曲度不得大于 0.01 mm，影像清晰、色调均一，反差适中。投影误差应控制在±0.4 mm。

卫星影像处理应经过几何矫正与辐射矫正，保证无错误的条带。误差控制在 1 个像元内。

(2)解译质量

解译质量要求与制图比例尺有一定的关系。一般来说，1∶50000 的制图应按下面的精度要求进行解译：

① 图斑属性判对率应大于 90%。

② 图斑边界线的走向和形状与影像特征的允许误差：卫星影像小于 1 个像元，航片按成图比例尺控制在 0.5 mm 以内。

③ 最小图斑面积为 4 mm，条带状图斑短边边长不应小于 1 mm。

此外，还有其他相应的误差要求需要满足，如定位要准确，弧线应封闭，图幅的接边应平顺并符合规定等。

第四节　自然地理系统野外定位观测与实验

一、定位观测

（一）概述

定位研究和实验研究是20世纪中期引入自然地理学研究的现代技术方法。定位研究是指在野外选定适宜的研究地点（区），作为开展自然地理系统研究的基地，进行详细的、长期的、连续性的观察、测量，从而了解研究对象的发展变化过程、影响因子的作用、规律等。由于定位于某一地点，进行长期研究，因此，对于地理空间过程和时间演化研究具有特别重要的意义。

定位观察研究特别适于自然地理过程研究。目前，野外定位实验研究应用的领域有：坡面过程（水土流失、泥石流、滑坡等过程和机理），植物群落、生态系统的演化，水一气界面过程，河流、冰川运动等。

定位观测有长期的，也有短期的。长期定位观测可以积累长期的观测数据，对分析研究自然地理的演化具有重要作用和使用价值。长期观测一般都通过建立长期定位观测站点进行，定位观测站点的观测内容和任务明确，如水文站、气象站、泥石流观测站、水土流失监测站等，有的已经积累了数十年的观测数据资料。短期观测往往根据研究需要，观测时间一般有几月或几年，有时甚至只有几天。短期观测对于补充观测资料，了解研究区域现状有比较重要的作用。尤其是长期观测覆盖面不够的时候，短期观测数据对修订区域数据和参数不可缺少。在许多定位研究中，往往都采用长短结合的方式，便于进行数据内插和外推。在开展相关的自然地理研究中，依托国家已有长期定位观测站，进行适当的短期观测，补充完善研究数据，不失为一种有效方式。

更为短期的定位观测可叫临时性观测，往往在野外只进行很短时间的观测、测量即结束观测任务，也是开展自然地理研究的重要方式。

（二）野外定位站选择

野外定位站的选择一般根据具体的研究需求进行。但作为自然地理研究也有共同性。故有一般规则供选点时参考。

1. 选点原则

（1）典型性和代表性

定位观测研究的区域，其自然地理系统要素或整体的性质、特征等必须具有典型性，能够代表一定范围的自然地理系统的综合性特征或者是某类自然地理系统的典型和代表。

（2）交通方便

观测站点要有必要的道路与交通干线相连，便于研究人员进出。距离交通干线不应太远。当然，如果有条件和经费，远离交通干线，深入自然腹地开展定位观测所得到的数据信息具有十分重要的意义。

（3）生活无虞

具备基本的生活条件，可以较为方便地获取生活必需品。或者拥有足够的食物等生活必需品的储藏设备，能够在较长时间无外界支持的情况下，独立支撑观测站正常运转和观测人员的生活和生命安全。

2.站点选择

(1)综合性站点的选择

综合性站点的建立多为自然地理综合性、多主题研究服务。因此，一般从自然地理环境方面的综合特性出发进行选点。如南极研究的站点，喀斯特研究的普定实验站。选点的时候最重要的一条就是站点所在地及其附近的自然地理系统是否具有开展综合观测和研究的条件，系统的典型性和代表性如何。如果具备，再从生活、交通、安全等方面进行综合比较、评估，最后进行选择。如果第一条不能满足，其他方面再好都没有意义。

目前来看，我国综合性自然地理研究的站点已比较齐全，不仅在南极等建立永久性的观测研究站点，而且在国内很多地区建立了长期定位观测站点，基本上涵盖了自然地理系统的各种类型和区域。综合性站点往往规模较大，设施齐全，生活等方面已经不再构成影响，所以主要还是考虑研究的需要。站点本身一般都成为独立的研究中心和开放实验室，研究人员可以定期和不定期开展自然地理的观测研究。

(2)专门性站点的选择

专门性站点，如气象站、冰川站、泥石流站、水土保持站等。研究站点的建立主要为特定的某一自然地理过程或现象的研究服务。这类站点的选择一般着重考虑建站目的和研究对象的属性。按典型性等原则进行选择，尽量不受人类活动影响。当然专门针对人类活动与自然环境关系研究的除外。

二、地理实验研究

地理实验研究就是运用物理、化学等的实验技术对自然地理过程、现象等进行在人类控制下的模拟分析，通过不断改变影响变量的值进行调控，以发现其运动变化的规律和各种因素的作用机理。实验研究在自然地理学中的运用包括野外实验研究和室内实验研究。野外实验在定位基础上进行，属于定位研究的基本内容。室内实验研究与物理、化学实验类似。实验研究与定位研究密不可分，但实验研究不仅仅是野外实验，也包括室内的模拟分析和自然过程的人为设计和定向研究。二者的区别是定位研究不受控，实验研究受控。定位实验研究打破了地理学研究的传统，使地理研究的科学性大大提高。

室内实验研究多用于自然地理要素(土壤、岩石、水等)的物质成分分析，某些过程的室内实验模拟分析。

实验地理学是地理学的新兴学科，20 世纪中叶在竺可桢、黄秉维、钱学森等老一辈科学家的大力提倡下发展起来。实验地理学与其他地理学科在研究对象上具有一致性，但实验地理学实验研究在研究方法上强调运用物理、化学方法研究地理事物、地理过程和地理现象，其研究的结论更符合科学要求。

实验地理学的任务是：

(1)揭示地表的物理、化学和生物过程。

(2)探索地理系统物质运动和能量转换的基本规律，科学表达地理规律。

(3)进行典型示范研究，为资源利用，环境保护、治理决策区域服务开展实验。

实验地理学研究一般都通过野外实验站进行，但也可以在室内完成。实验地理学研究一般按如下程序进行：

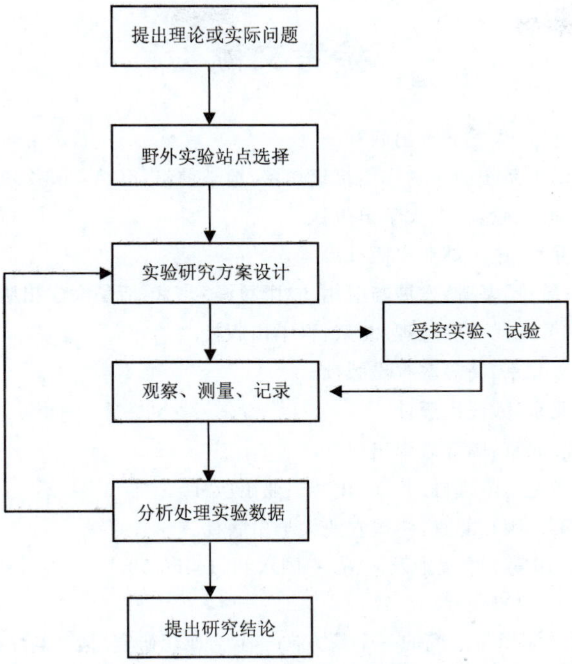

图 9-1　实验地理学研究工作程序

参考文献

北京大学等.1979.地貌学.北京:人民教育出版社.

曹建华,林玉石.2001.岩溶动力系统的生物作用机理初探.地学前沿,8(1):203-209.

陈建明,徐依吉.2003.海洋学.北京:石油大学出版社.

崔玲华.2005.植物学基础.北京:中国林业出版社.

冯·贝塔朗菲.1987.一般系统论:基础、发展与应用.林康毅译.北京:清华大学出版社.

黄秉维、郑度、赵名茶等.2000.现代自然地理.北京:科学出版社.

李博.2000.生态学(第一版).北京:高等教育出版社.

李春生.1981.土壤地理学.北京:人民出版社.

刘德生.1986.世界自然地理.北京:高等教育出版社.

柳劲松、王丽华等.2003.环境生态学基础.北京:化学工业出版社.

刘黎明.2004.土地资源学(第4版).北京:中国农业大学出版社.

刘孝盈,秦伟,赵磊磊.2008. 印度土壤侵蚀及防治.中国水利,16:56-58.

罗汉民.2000.气候学.北京:气象出版社.

倪海洋,杨清书 .1997.红树林海岸带研究的一个新方向—生物地貌研究.地球科学进展,5:451-454.

潘树荣等.1985.自然地理学(第二版).北京:高等教育出版社.

施祺.2006.珊瑚礁生物地貌过程的生物建造与生物侵蚀.海洋地质动态,22(4):1-5.

宋学庆,陆峻 . 2003.全球矿产资源形势.北京:地震出版社.

伍光和,蔡运龙.2005.综合自然地理学(第二版).北京:高等教育出版社.

伍光和等.2002.自然地理学(第三版).北京:高等教育出版社.

王根厚,王训练,余心起.2008.综合地质学.北京:地质出版社.

王建.2001.现代自然地理学.北京:高等教育出版社.

王数,东野光亮,2005.地质学与地貌学教程.北京:中国农业大学出版社.

王颖.1994.海岸地貌学.北京:高等教育出版社.

武吉华等.1988.植物地理学.北京:高等教育出版社.

熊康宁.2008.贵州喀斯特石漠化现状、演化趋势及综合治理.[2010－06－14] http://karst.gznu.edu.cn/tzb/channel.do? method＝shownews&id＝87.

张家诚,朱明道,张克恭等.1976.气候变迁及其原因.北京:科学出版社.

张润祥.1989.近代自然科学史概论.上海:华东师大出版社.

郑粉莉,王占礼,杨勤科 . 2008.我国土壤侵蚀科学研究回顾和展望.自然杂志,30(1):12-15.

朱安国.1986.水土流失与水土保持.贵阳:贵州人民出版社.

左大康.1990.现代自然地理学辞典.北京:商务印书馆.

A N Strahler.1981.自然地理学原理.北京:高等教育出版社.

本书还参阅了以下文献,有兴趣的读者可查阅

曹立军等.1999.可持续发展评价理论与方法.北京:科学出版社.

陈效述.2009.自然地理学原理.北京:高等教育出版社.

楚泽涵.2002.环境地球物理学.北京:石油工业出版社.

龚子同等.1999.中国土壤系统分类:理论·方法·实践.北京:科学出版社.
过宝兴.2001.地理调查研究方法(第二版).北京:高等教育出版社.
郭永胜,王庆.2007.自然地理学原理.北京:科学出版社.
华思文等.2002.地球系统科学.北京:科学出版社.
乐昌硕等.1998.岩石学.北京:地质出版社.
李天杰等.1992.土壤地理学.北京:高等教育出版社.
刘南威等.2009.综合自然地理学(第三版).北京:科学出版社.
刘天齐等.1999.环境保护概论.北京:高等教育出版社.
潘守文等.1994.现代气候原理.北京:气象出版社.
张荣祖等.1999.中国动物地理.北京:科学出版社.
周淑贞.1997.气象学与气候学.北京:高等教育出版社.
Houghton J.2001.全球变暖(第二版).戴晓苏等译.北京:气象出版社.
M H 格兰茨等.1998.变化的洋流:厄尔尼诺对气候与社会的影响.王邵武等译.北京:气象出版社.
M J Padilla. 2003.科学探索者·地表的演变.李绿芊等译.浙江:浙江教育出版社.